产教融合赋能智能制造人才培养的协同路径探索实践

陈玉杰　宋　慧　洪秀琴　李　丹　姜云春　著

中国海洋大学出版社

·青岛·

图书在版编目(CIP)数据

产教融合赋能智能制造人才培养的协同路径探索实践 /
陈玉杰等著. -- 青岛：中国海洋大学出版社，2025.7.
ISBN 978-7-5670-4270-4

Ⅰ. TH166

中国国家版本馆 CIP 数据核字第 20258TS166 号

出版发行	中国海洋大学出版社		
社　　址	青岛市香港东路 23 号	邮政编码	266071
出 版 人	刘文菁		
网　　址	http://pub.ouc.edu.cn		
电子信箱	qdjndingyuxia@163.com		
订购电话	0532-82032573(传真)		
责任编辑	丁玉霞	电　话	0532-85901040
印　　制	青岛国彩印刷股份有限公司		
版　　次	2025 年 7 月第 1 版		
印　　次	2025 年 7 月第 1 次印刷		
成品尺寸	185 mm×260 mm		
印　　张	16.75		
字　　数	367 千		
印　　数	1—1000		
定　　价	78.00 元		

发现印装质量问题，请致电 0532-58700166，由印刷厂负责调换。

前　言
FOREWORD

当前,全球制造业正经历深刻变革,以人工智能、大数据、物联网、云计算等为代表的新一代信息技术与制造业深度融合,推动智能制造成为产业升级的核心方向。中国作为全球制造业大国,正加速推进"中国制造 2025"战略,力争实现从"制造大国"向"制造强国"的跨越。在这一过程中,高素质的智能制造人才成为关键支撑,人才供给的结构性矛盾成为制约产业升级的首要瓶颈。

产教融合作为破解这一难题的重要途径,近年来受到国家高度重视。2017 年,国务院办公厅印发的《关于深化产教融合的若干意见》,明确提出要促进教育链、人才链与产业链、创新链有机衔接。2019 年,教育部、国家发展改革委等部门联合发布《国家产教融合建设试点实施方案》,进一步推动校企协同育人模式创新。党的二十大报告指出"推进职普融通、产教融合、科教融汇",为新时代人才培养指明了方向。在此背景下,深化产教融合、赋能智能制造人才培养,已成为推动制造业高质量发展的必然选择。

智能制造是技术密集型产业,涉及机械工程、自动化、信息技术、工业互联网等多个领域,要求人才具有一定的复合型能力。突破传统教育模式,依托虚拟仿真教学环境、产业真实生产场景,通过校企产教深度融合的人才培养,能够实现以下目标:高校邀请企业参与课程设计、实训基地建设,使教学内容与行业需求精准对接,提升人才培养的针对性和适应性;通过校企共建实验室、产业学院、实习基地等,学生能够在真实生产环境中锻炼技能,提高解决复杂工程问题的能力;高校与企业联合开展技术攻关,推动产学研协同创新,加速科研成果落地应用;产教融合使学生提前接触行业前沿技术,增强职业竞争力,实现高质量就业。因此,深化产教融合不仅是教育改革的重要方向,更是支撑智能制造产业发展的重要举措。

本书旨在系统探讨如何通过产教融合模式培养适应智能制造发展需求的高素质人才。梳理了产教融合的政策背景与发展现状,帮助读者理解国家战略导向和行业发展趋势;分析了智能制造人才需求特点,探讨了当前人才培养的痛点与挑战;总结了国内外产教融合的典型模式,为相关读者提供参考;提出了产教融合赋能智能制造人才培养的路径与策略,助力构建校企协同育人长效机制。

本书的目标读者主要包括高等院校管理者及教师、职业院校负责人及教师、企业人力资源与技术人员、政府及行业组织相关人员，以及对智能制造与职业教育感兴趣的研究者。

全书共分为三篇十二章，采用"理论＋实践＋展望"的写作思路，系统阐述产教融合如何赋能智能制造人才培养。理论篇（第一至四章）介绍产教融合与智能制造的发展背景，实践篇（第五至十章）介绍产教融合的实践模式与典型案例，展望篇（第十一、十二章）介绍产教融合的未来展望与实施策略。

产教融合是破解智能制造人才短缺的关键抓手，也是推动教育变革与产业升级的重要引擎。本书希望通过对政策、模式、案例及策略的系统梳理，为政府、高校和企业提供可借鉴的经验，助力我国智能制造人才培养体系的完善。

本书的编写得到了多位行业专家、教育工作者和企业高管的支持，在此深表感谢。由于智能制造与产教融合领域发展迅速，书中难免存在不足之处，恳请读者批评指正，共同推动这一领域的进步。

陈玉杰

2025 年 2 月

目 录
CONTENTS

理 论 篇

实 践 篇

展 望 篇

理 — 论 — 篇

第一章 产教融合从理论到实践的探索

第一节 定义与特性

一、定义

产教融合（Industry-Education Integration）作为当下教育与产业领域变革的关键理念与实践路径，其含义绝不是简单地把教育和产业相加起来，而是要把教育与产业这两大系统，在资源、技术、人才等主要方面进行深度的交融或是相互渗透的过程。从本质上看，产教融合致力于通过搭建教育链、产业链与创新链之间的互动桥梁，实现各模块紧密且高效的协同工作。产业的需求可作为引擎去牵引教育供给的方向，而教育创新又好比源泉，源源不断地驱动产业的升级蜕变，最终教育和产业呈现为和谐共生的生态。产教融合作为教育链、产业链和创新链的强力纽带，从这三个视角分析会具备不同的特色。

（一）教育链

从教育链的独特视角出发，人才培养始终是教育无可替代的核心使命。在产教融合大框架下，教育机构积极主动地将课程体系、教学资源、师资队伍等关键要素与产业界的实际需求进行精准对标并实现无缝衔接。传统教育中由于教育与产业的联系不够紧密，教育机构常会陷入"闭门造车"的困境，从而导致培养出的人才与市场需求脱节严重的后果。如今，产教融合促使教育机构走出自己的"象牙塔"，深入产业一线，能够及时了解行业的最新动态与技术发展趋势，以此对课程内容进行同步的更新与优化，从而确保教学资源能够随时反映产业的实际需求。同时，在产教融合环境下，教育机构能够积极引进具有丰富行业经验的师资，或者选派校内教师深入企业进行实践锻炼，致力打造既懂理论又具备实践操作能力的"双师型"师资队伍。

（二）产业链

如果切换到产业链的视角，可见企业在产教融合中也扮演着至关重要的角色，深度参与教育过程的各环节。企业会将真实的生产场景、严苛的技术标准以及亟待解决的研发需求毫无保留地融入到教学活动之中。这种深度的介入不仅能够极大地减小学生从校园学习到职场就业时的落差，而且可以缩短学生自身能力与岗位实际需求之间所存在的差距。

（三）创新链

从创新链角度分析,高校凭借深厚的学术积淀和强大的科研实力,与企业在建设实验室、开展技术攻关等方面展开广泛合作。高校与企业共同构建一个从基础研究出发,经过应用开发阶段,最终实现产业化落地的完整创新闭环。在这个过程中,高校为企业提供前沿的理论研究成果和创新思路,企业则为高校的科研成果提供应用场景和产业化资源。例如,在新能源领域,山东瑞福锂业有限公司与中国石油大学(华东)的合作中,中国石油大学在锂矿提纯、电池材料改性等基础研究领域提供技术支持,山东瑞福锂业则建设年产 500 吨钛酸锂的生产线,推动锂资源产业链的技术升级。该合作还联合其他高校和企业,共同制定新能源装备技术标准,培养适应产业需求的技术人才,推动了整个行业的技术进步和产业升级。

基于以上多维度分析,可以了解产教融合的核心定义。产教融合是产业需求与教育供给双向互动、资源共生的系统性工程。其终极目标在于通过政府、产业界、学术界以及科研机构等多元主体的深度协同与通力合作,实现教育质量的显著提升,使教育能够更好地满足社会经济发展对高素质人才的需求;推动产业竞争力的大幅增强,助力产业在全球经济竞争中占据优势地位;促进区域创新生态的持续优化,为区域经济的可持续发展注入源源不断的创新活力,最终达成教育、产业与区域发展的三重共赢。

产教融合作为一个复杂的系统,包含众多相互关联、相互影响的要素,如课程体系、技术研发、资本投入等(方益权,2024)。这些要素之间的耦合程度以及整个系统的结构优化水平将直接决定产教融合的整体功效,所以需要合理配置和协调这些要素来优化产教融合系统结构,比如建立科学有效的治理机制、公平合理的利益分配机制等等,将产教融合系统的功效达到最大化。

二、特点

了解了产教融合定义之后,接下来,将具体介绍产教融合的特点,以及它在实际应用中展现出的魅力。

（一）主体多元性：四维网络驱动

产教融合是一个系统性的复杂工程,由政府、企业、高校以及科研机构四方构成的强大驱动共同发力,而非由某一方单打独斗是其特点之一,具体表现如下。

首先,政府作为政策的制定者与资源的协调者,在产教融合中扮演着至关重要的引领与保障角色。以教育部颁布的《产教融合型企业认证管理办法》为例,这一政策通过给予企业税收减免、项目倾斜等实实在在的激励措施,极大地调动了企业参与产教融合的积极性。政府通过制定科学合理的政策法规,为产教融合搭建起良好的制度框架,引导各方资源向产教融合领域汇聚。同时,政府还积极协调各方关系,解决产教融合过程中可能出现的矛盾和问题,为产教融合的顺利推进创造有利的外部环境。例如,在一些由地方政府主导的产教融合项目中,政府不仅为参与项目的企业提供税收优惠,还协调土地、资金等资源,支持企业与高校共建实习实训基地,促进了教育与产业的深度融合。

其次,企业作为产业需求的提出者与先进技术的供给者,在产教融合中发挥着关键的牵引作用。以海尔集团为例,其与多所高校共建"智能制造学院",将自身领先的工业互联网平台"卡奥斯"深度融入教学体系。企业凭借自身在市场竞争中积累的丰富实践经验和对行业前沿技术的敏锐洞察力,能够准确把握产业发展趋势和人才需求方向。通过与高校的合作,企业将真实的生产场景、先进的技术标准以及实际的项目案例引入教学中,使学生能够在学习过程中接触到最前沿的行业知识和实践技能,使高校培养出符合企业需求的高素质人才。同时,企业也能从合作中获得高校的科研支持和人才储备,提升自身的创新能力和市场竞争力。

再次,高校无疑是人才培养的主阵地与知识创新的源泉。以天津大学与腾讯的合作为例,双方携手开设"新工科试验班",针对人工智能领域的发展需求,大胆重构人工智能(AI)课程体系。高校拥有丰富的教育资源、雄厚的师资力量和完善的科研设施,能够为学生提供系统的理论知识和良好的学术氛围。在产教融合中,高校积极与企业合作,根据企业需求调整专业设置和课程内容,加强实践教学环节,培养学生的创新能力和实践能力。同时,高校的科研团队也能够与企业开展联合研发,为企业解决技术难题,推动科技成果转化。例如,天津大学的科研团队在与腾讯的合作中,针对人工智能领域的关键技术问题展开研究,取得了一系列科研成果,并将这些成果应用到企业实际生产中,为企业创造了显著的经济效益。

最后,科研机构作为技术转化的关键桥梁,在产教融合中发挥着不可替代的作用。以中国科学院自动化所与株洲人工智能职业技术学校的合作为例,双方联合开发"工业机器人实训标准"。科研机构具备强大的科研实力和专业的技术研发能力,能够在基础研究和应用技术开发方面取得重要成果。通过与高校和企业的合作,科研机构能够将自身的科研成果迅速转化为实际生产力,推动产业技术升级。同时,科研机构也能从合作中获取更多的应用需求和实践反馈,进一步提升科研成果的实用性和针对性。例如,中国科学院自动化所在与株洲人工智能职业技术学校合作开发"工业机器人实训标准"的过程中,将自身在机器人领域的科研成果融入实训标准中,为株洲人工智能职业技术学校培养工业机器人领域的专业人才提供了有力支持,同时也通过与株洲人工智能职业技术学校的合作进一步了解企业对工业机器人人才的实际需求,从而为自身的科研工作提供新的方向。

(二)目标协同性:三位一体价值导向

在产教融合的实践进程中,人才培养、技术创新与产业升级三者紧密相连,共同构成了三位一体的价值导向体系。

在人才培养层面,产教融合推动教育模式从传统的单纯知识传授向注重能力建构的方向转变。以西门子(中国)有限公司(以下简称西门子)与众多院校合作推行的"双元制"模式为例,学生在学习过程中有多达 50％的时间深入企业一线,接受真实工作场景下的实训。这种模式打破了传统教育重理论轻实践的弊端,使学生在学习理论知识的同时,能够通过实践操作将知识转化为实际能力。在实训过程中,学生不仅能够熟悉企业的生产流程和工作规范,还能培养团队协作能力、沟通能力和解决实际问题的能力。例如,在西门子的工厂,学生参与到实际的产品生产项目中,与企业的工程师和技术人员共同工作,学习如何运用所学知识解决生产过程中遇到的技术难题,从而提升自身的综合能力和职业素养。

在技术创新领域,校企共建"应用型研发中心"已成为推动科技创新的重要模式。以华为技术有限公司(以下简称华为)与清华大学成立的"智能基座"实验室为例,双方聚焦于 5G 与 AI 底层技术的突破。在这个合作过程中,清华大学的科研团队凭借其深厚的理论基础和创新思维,为技术研发提供前沿的研究思路和方法;企业则依托自身丰富的市场经验和强大的工程化能力,将科研成果转化为实际产品或为项目提供方案。通过校企合作,双方实现了优势互补,加速了技术创新的进程。例如,在"智能基座"实验室的研究项目中,清华大学的科研人员在 5G 与 AI 融合技术的理论研究方面取得了重要突破,华为的工程师则在此基础上,将研究成果应用于实际产品的开发中,推出了一系列具有创新性的 5G 与 AI 融合产品,提升了企业的核心竞争力。

在产业升级维度,产教融合所产生的教育反哺效应,对提升产业竞争力发挥着关键作用。据中国电子技术标准化研究院发布的《智能制造发展指数报告(2021)》,参与产教融合试点的企业平均生产效率大幅提升 18％,研发周期显著缩短 23％。这充分证明了产教融合能够实实在在地提高企业效益。企业通过与高校和科研机构合作能够获取最新的技术成果和高素质人才,优化生产流程,提高产品质量,降低生产成本,从而在激烈的市场竞争中占据优势地位。例如,富士康科技集团(以下简称富士康)在参与产教融合项目后,通过与上海交通大学等高校合作引进先进的生产管理理念和技术,对企业的生产流程进行了优化,实现了生产效率的大幅提升。此外,富士康与上海交通大学合作开展新技术研发,缩短了产品的研发周期,能够更快地推出新产品,满足市场需求,提升了企业的市场竞争力。

(三)过程动态性:需求导向的适应性调整

产教融合的实施过程并非一成不变,而是具有显著的动态性,始终以需求为导向进行适应性调整。

动态反馈机制是实现这一调整的关键手段。通过开展企业调研、毕业生跟踪以及产业技术预测等多种方法,能够实时获取产业界对人才培养的最新需求信息,并据此对教育培养方案进行及时调整。以浙江大学为例,该校基于自主研发的"制造业人才需求指数",对机械工程专业课程进行动态优化。通过定期收集和分析制造业企业的人才招聘信息、毕业生的就业情况以及行业技术发展趋势等数据,构建了"制造业人才需求指数"模型。根据该模型的分析结果,及时调整机械工程专业的课程设置、教学内容和教学方法,确保培养出的学生能够满足制造业不断变化的人才需求。例如,当模型显示市场对智能制造领域的人才需求大幅增加时,浙江大学及时在机械工程专业中增设了智能制造相关的课程,并加强了实践教学环节,培养学生在智能制造领域的应用能力。

弹性组织结构的建立也是产教融合过程动态性的重要体现。为了打破传统科层制组织的壁垒,更好地适应产教融合的需求,各类柔性机构应运而生,如校企合作委员会、产业教授工作室等。这些机构能够更加灵活地协调校企双方的资源和利益关系,促进双方在人才培养、技术研发等方面的深度合作。以"校企合作委员会"为例,该委员会通常由校企双方的高层管理人员和专业技术人员组成,定期召开会议,共同商讨合作项目的推进计划、解决合作过程中出现的问题。在制订人才培养方案时,校企合作委员会能够充分听取企业的意见和建议,将企业的实际需求融入培养方案中。同时,产业教授工作室则为企业的技术专家走进校园提供了平台,产业教授可以定期到学校开展讲座、指导学生实践等活动,将企业的最新技术和实践经验传授给学生,增强学生的实践能力和职业素养。

第二节　效能与影响

一、产教融合的效能

产教融合作为一种创新的教育与产业协同发展模式,在当今社会经济发展格局中发挥着至关重要的作用,成为教育高质量发展、产业转型升级以及社会创新进步的关键动力。

(一)人才培养优化

产教融合人才培养优化涵盖了一系列旨在提升人才培养质量、促进教育与产业深度衔接的重要功能。其核心在于打破传统教育与产业发展之间的壁垒,构建一个以产业需求为导向、以实践能力培养为重点、以校企合作为支撑的全方位人才培养体系。通过优化产教融合人才培养,能够实现教育资源与产业资源的有效整合,使学生在学习过程中更好地接触实际产业环境,掌握行业前沿知识和技能,从而提高学生的就业竞争力和职业发展潜力,为产业升级和经济社会发展提供高素质的专业人才。

为了更深入地理解和实施产教融合人才培养优化,可以从多个关键方面进行细化和落实。下面将从两个重要维度进行详细阐述。

1. 精准对接市场需求

产教融合搭建起学校教育与产业需求之间的桥梁,通过深入调研产业发展动态、岗位技能要求,学校能够及时调整专业设置、课程体系以及教学内容。例如,深圳职业技术学院(以下简称深职院)紧跟当地科技产业发展步伐,在人工智能领域,与华为、腾讯等头部企业紧密合作。企业则依据自身在图像识别、智能算法、大数据分析等实际项目中的技能需求,为深职院提供课程设置建议。深职院据此开设了人工智能编程基础、机器学习应用实践等课程,使学生所学知识与技能精准匹配市场岗位。毕业生进入相关企业后,能迅速适应岗位需求,就业竞争力显著提升,有效降低了人才培养的盲目性。

2. 强化实践教学环节

企业深度参与人才培养过程,为学生提供丰富的实践平台。校内实训基地按照企业真实生产环境建设,引入企业生产设备、工艺流程和管理模式,让学生在校内就能体验实际生产场景。同时,企业实习实践项目贯穿学生在校学习过程,学生在企业实习期间,参与真实项目运作,积累工作经验,掌握实际操作技能,从"校园人"顺利过渡为"职业人"。如陕西工业职业技术学院的机械制造专业与陕西汽车控股集团有限公司(以下简称陕汽)开展深度合作。陕西工业职业技术学院的校内实训基地模拟建设陕汽的汽车零部件生产车间,使学生在实训时便能操作真实的数控加工设备。学生在企业实习期间,参与汽车发动机缸体、变速器齿轮等产品的设计、加工制造、质量检测等各个环节,对机械制造流程有了全面且深入的理解,实践能力得到显著提升。许多学生毕业后直接入职陕汽,成为企业技术骨干。

(二)助推产业发展

产教融合在产业发展、科技创新以及社会服务等方面也发挥着至关重要的作用,为经济社会的高质量发展注入强大的动力。它通过整合教育资源与产业需求,实现人才培养与产业发展的紧密对接,促进科技成果转化与创新协同,成为推动产业升级、提升区域竞争力的重要力量。接下来将具体分析产教融合对产业发展的助推作用。

1. 提供高素质人力资源保障

产教融合培养出的人才具备扎实的专业知识基础和丰富的实践经验,能够迅速适应产业发展需求,为产业注入新鲜血液。这些高素质人才不仅能够满足产业当前的生产运营需要,还能凭借其创新思维和学习能力,推动产业技术创新和管理创新。在合肥的集成电路产业,中国科学技术大学与长鑫存储技术有限公司(以下简称长鑫存储)开展深度产教融合。中国科学技术大学相关专业依据长鑫存储的人才需求制定培养方案,培养出的集成电路设计、制造等专业人才入职长鑫存储后,在芯片研发的光刻、蚀刻、封装测试等关键环节发挥关键作用,助力企业不断突破技术瓶颈,实现快速发展,提升了我国集成电路产业在国际市场的竞争力。

2. 促进产业升级转型

随着科技的快速发展和市场竞争的加剧,产业升级转型迫在眉睫。产教融合促使高校与企业共同开展技术研发、产品创新等,加速科技成果转化。高校通过与企业合作,能够更快地实现科研成果的产业化应用。例如,江南大学研发出一种新型环保包装材料技术,利用该技术生产的材料具有可降解、高强度等特性,通过与洽洽食品股份有限公司合作后,这种材料被迅速应用于坚果类产品包装。新包装不仅提升了产品防潮、防氧化性能,延长了食品保质期,还降低了包装成本;同时契合环保理念,不仅推动洽洽食品从传统包装向绿色、高端包装转型升级,还带动了整个食品包装产业的技术革新。

(三)科技创新协同

产教融合的科技创新协同功能,指的是产业界与教育界通过深度合作,整合双方资源,在科技创新领域形成强大合力,实现互利共赢、共同发展的一种功能模式。它打破了产业与教育之间的壁垒,使二者在科技创新的各个环节紧密相连、相互促进。产教融合的科技创新协同功能可通过多种具体途径和方式得以实现。

1. 整合创新资源

高校拥有丰富的科研人才、先进的科研设备以及浓厚的学术研究氛围,企业则具备敏锐的市场洞察力、充足的资金和产业化能力。产教融合将双方的创新资源有机整合,形成强大的创新合力。高校科研团队与企业研发人员共同组成项目攻关小组,针对产业发展中的关键技术难题进行联合研究。比如,清华大学与宁德时代新能源科技股份有限公司(以下简称宁德时代)在新能源汽车电池技术研发方面展开合作。清华大学的材料学专家利用校内先进的材料分析设备,对电池正负极材料性能进行深入研究;宁德时代的工程技术人员结合企业产业化经验,对电池设计与制造工艺进行优化。双方合作成功研发出高能量密度、长循环寿命的磷酸铁锂电池,提高了创新效率,加速了新能源汽车电池技术瓶颈的突破速度,推动新能源汽车产业迈向新台阶。

2. 营造创新生态环境

产教融合促进了知识、技术、人才、资金等创新要素的流动与共享,营造出良好的创新生态环境。学校与企业之间的频繁交流互动,催生新的创新理念和合作模式。企业将市场需求和行业发展趋势反馈给学校,引导学校科研方向;学校的科研成果和创新思维为企业带来新的发展思路。这种良性互动循环,激发了各方的创新活力,吸引了更多创新主体参与到产业创新发展中来,推动了整个行业的科技创新水平不断提升。以武汉光谷的光电子产业为例,华中科技大学与众多光电子企业如烽火科技集团、华工科技产业股份有限公司等紧密合作。学校根据企业反馈的市场对高速光通信器件、激光加工设备智能化等方面的需求,开展相关科研项目。学校的科研成果又促使企业加大研发投入,开发出一系列具有市场竞争力的新产品,吸引更多上下游企业集聚光谷,形成了以光电子产业为核心的创新生态系统,推动武汉成为全球知名的光电子产业创新高地。

(四)社会服务拓展

产教融合的社会服务拓展功能,主要体现在通过教育与产业的深度融合,为社会提供更广泛、深入的服务。这种功能不仅促进了教育与产业的共同发展,还提升了社会的整体福祉和创新能力。产教融合的社会服务拓展功能在多个领域和层面发挥着重要作用,下面将从以下两方面探讨其具体表现和应用。

1. 助力区域经济发展

产教融合紧密围绕区域产业布局开展,能够有效促进区域经济增长。产教融合通过培养本地产业所需人才,推动本地企业发展,吸引外部投资,带动区域相关产业协同发展。例如,新疆农业职业技术学院与新疆果业集团有限公司(以下简称新疆果业集团)合作。新疆农业职业技术学院针对新疆特色林果业发展需求,开设农产品加工、市场营销等专业。培养出的专业人才助力新疆果业集团扩大红枣、葡萄等特色农产品加工规模,提升产品质量,开发出一系列果脯、果汁等深加工产品。同时,带动了当地农业种植户扩大种植规模,促进了物流运输、包装等相关产业发展,吸引来了更多外部投资,有力促进了新疆地区经济繁荣。

2. 提升社会职业培训水平

在产教融合模式下,学校和企业的培训资源得到整合利用,为社会提供更优质、更实用的职业培训服务。企业可以借助学校的教学资源对在职员工进行技能提升培训,学校也可以根据社会需求,开展各类职业技能培训项目,提高劳动者素质,缓解就业结构性矛盾。比如,重庆城市管理职业学院与当地多家养老机构合作,针对下岗职工再就业需求,开展养老护理职业技能培训。学院提供专业的养老护理课程体系和师资,养老机构提供实践场地和经验指导。通过培训,下岗职工掌握了老年人生活照料、康复护理、心理慰藉等专业技能,重新走上工作岗位,为社会养老服务行业注入新力量,也为社会稳定和就业做出贡献。

二、加强产教融合的基本策略

产教融合的诸多功能为职业教育发展和产业升级奠定了坚实基础,但要将这些功能充分且持续地发挥出来,离不开一系列行之有效的基本策略,唯有如此,才能让产教融合在推动经济社会发展中释放出更大效能。接下来具体介绍加强产教融合的基本策略。

(一)完善政策法规与激励机制

政府应出台更为细化且具强操作性的产教融合政策法规。明确规定企业参与产教融合在税收减免、财政补贴、项目审批等方面的具体优惠措施。例如,对深度参与人才培养、技术研发合作的企业,按照其投入金额给予一定比例的税收抵扣,降低企业运营成本,激发企业积极性。设立产教融合专项奖励基金,对在产教融合工作中表现突出的企业、高校和个人进行表彰与奖励,从荣誉和资金层面给予双重激励,营造良好的产教融合发展环境。

(二)构建深度合作模式

产教融合是职业教育改革与发展的重要方向,构建深度合作模式则是加强产教融合的核心策略之一。深度合作模式能够打破学校与企业之间的壁垒,实现人才培养与产业需求的无缝对接,促进教育链、人才链与产业链、创新链的有机融合。以下将从合作机制角度阐述构建深度合作模式的具体策略。

1. 共建产业学院机制

在产教融合深度合作中,高校和企业应成为共同的育人主体。学校发挥其在理论教学、基础研究和人才培养体系构建方面的优势,企业则凭借其在实践教学、技术应用和产业发展前沿的经验,高校与企业联合共建产业学院,打破传统办学模式。企业全面参与学院专业规划、课程设置、师资队伍建设、人才培养方案制订以及实习就业等各个环节。例如,在智能制造产业学院中,企业工程师与高校教师共同授课,企业将真实的项目案例融入课程教学,学生在产业学院内完成从理论学习到实践操作的全过程,实现教育教学与产业需求的无缝对接。

2. 利益共享与风险分担机制

要实现校企深度合作的可持续发展,必须建立合理的利益共享与风险分担机制。一方面,企业参与人才培养可以获得稳定的高素质人才供应,提高企业的创新能力和竞争力;高校则可以借助企业的资源和平台,提升实践教学水平和科研成果转化能力。企业与高校签订人才培养订单,根据企业岗位需求制订培养方案。高校按照订单要求设置课程、组织教学,企业为学生提供实习岗位、实践指导以及毕业后的就业保障。如南京紫峰洲际酒店与江苏旅游职业学院合作开设的订单班极具典型性。双方针对酒店的前厅、客房、餐饮等不同岗位需求,定制化培养学生,学生毕业后直接进入订单企业工作,满足企业用人需求的同时,保障学生就业。另一方面,在合作过程中可能会面临市场风险、技术风险和人才流失等问题,需要明确双方的权利和义务,制定相应的风险应对措施,确保合作的稳定性和安全性。

(三)强化师资队伍建设

师资队伍建设在教育领域乃至整个社会发展中都具有极其重要的意义。在产教融合大背景下,师资队伍建设应具备以下特点。

1. 教师到企业实践锻炼

建立常态化的教师到企业实践锻炼机制,要求高校专业教师定期到合作企业进行挂职锻炼,时间可设定为每 2~3 年不少于 3 个月。教师在企业参与实际项目运作、生产管理等工作,了解行业最新技术、工艺流程和市场动态,将实践经验带回课堂,优化教学内容。例如,工科院校的机械专业教师到机械制造企业参与新产品研发、生产工艺改进等工作,丰富教学案例,提升教学的实用性。

2. 高校引进企业人才

高校可采用柔性引进企业人才的方式,灵活地向企业"借师傅",聘请企业高级技术人才、管理人才担任兼职教师。摆脱传统"全职教师"与企业骨干很难长期脱岗之间的矛盾,可让企业人才通过定期授课、举办讲座、指导学生实践等多种形式参与高校教学。如互联网企业的技术专家到高校计算机专业担任兼职教师,给高校带来行业前沿技术和实战经验,拓宽学生视野,弥补高校教师实践经验不足的短板。

(四)加大资金与资源投入

加强产教融合是提升职业教育质量、促进产业发展的重要途径,而加大资金与资源投入则是实现这一目标的关键因素。从资金资源的角度促进产教融合的进一步发展,可从以下方面作为切入点。

1. 设立产教融合专项资金

政府、高校和企业共同出资设立产教融合专项资金,专款专用。专项资金主要用于支持校企合作项目开展、校内实训基地建设、校外实习实践平台搭建以及产教融合科研项目研发等。例如,专项资金可资助院校与企业联合开展新能源汽车电池回收技术研发项目,推动技术创新与产业发展。

2. 搭建产教融合资源共享平台

搭建产教融合资源共享平台,整合高校的教学资源(如课程资源、实验设备等)和企业的生产资源(如生产场地、生产设备、项目案例等)。高校师生可通过共享平台获取企业实际生产数据、项目案例用于教学和科研,企业员工也能借助平台学习院校的前沿理论知识和先进技术。如化工企业员工通过资源共享平台学习高校最新的化工工艺优化理论,高校师生利用企业提供的生产数据进行模拟实验,提高教学科研与生产实际的结合度。

综上,产教融合是推动职业教育与产业协同发展的关键纽带。我国通过完善政策激发企业参与积极性,通过构建产业学院、签订人才培养订单等深度合作模式实现供需精准对接,完成强化教师到企业实践与院校引进行业专家入校并行的师资建设,以及通过设立专项资金、搭建资源共享平台等措施,形成"政府引导、校企联动、资源互补"的良性生态。这些策略将有效打破教育与产业之间的壁垒,培养更多高素质技术技能人才,为经济高质量发展注入持续动能。

第三节　理论基础

产教融合的发展是建立在一系列的理论基础之上的。在推动教育与产业体系的人才、资本、信息、技术等要素跨界融合的过程中,理论基础占据着核心地位,具有极其重要的意义。科学的理论基础不仅能够为产教融合实践提供明确的方向指引,避免实践的盲目性,还能够对实践中的经验进行系统总结和提炼,形成可复制、可推广的模式与方法。一套完善的理论基础,能够让政府、企业、高校和社会各界对产教融合的理念、目标和价值达成共识。当各方都深刻理解并认同产教融合的重要性和意义时,便能够形成强大的合力,共同推动产教融合事业的发展。接下来将围绕教育生态学、协同创新理论、三螺旋模型理论、人力资本理论、教育经济学理论等展开深入剖析。从理论内涵、在产教融合中的应用及实际案例等方面,探讨这些理论如何为产教融合的实践提供坚实的支撑。

一、教育生态学

(一)教育生态学的核心

受生态学家奥德姆生态系统理论的启发,教育学家提出了教育生态学。教育生态学将教育视为一个与周围环境相互作用的生态系统。其核心观点在于教育系统与产业系统并非孤立存在,而是通过资源交换形成紧密的共生体(范国睿,2000)。在产教融合情境下,这种共生关系体现得尤为明显:学校通过知识资本与人力资源的持续输出为企业创新注入活力,企业则以实践场域与市场需求为导向反哺教育体系的优化升级,双方在动态交互中实现价值共创与可持续发展。企业为教育系统提供实训设备、实践项目、行业经验等资源,弥补学校实践教学资源的不足。例如,某汽车制造企业向相关职业院校捐赠先进的汽车生产设备,并提供实习岗位,让学生在真实的生产环境中学习操作技能。而高校则向产业系统输出研发成果、高素质人才,为企业的技术创新和发展注入新动力。如某高校研发的新型电池技术,被相关企业应用于新能源汽车生产中,推动了企业产品的升级换代。教育生态系统内的资源共建共享是产教融合的关键。高校与企业通过共建实训基地、共享研发平台,将企业的技术引入课堂,同时反哺企业技术革新,形成"资源输入—价值创造—成果输出"的闭环。

从能量流动的角度来看,毕业生进入企业将在学校学到的知识应用到工作中创造价值,就是在把教育系统的能量通过学生这个媒介传递到产业中。而企业将部分利润以科研经费、奖学金等多种形式再反哺到高校,又完成了产业系统向教育系统的能量回流。以华为为例,其与多所高校合作,设立奖学金鼓励优秀学生投身相关专业学习,同时资助高校开展前沿技术研究,促进了高校科研水平的提升,为未来人才培养和技术创新奠定基础。这种资源互补和能量循环的机制形成"学生培养—企业发展—教育提升"的良性循环。这种你中有我、我中有你的关系,让教育和产业像齿轮一样紧密咬合,政府、高校、企业、行业协会等多方共同编织出一张资源共享的生态网。

教育生态学是将生态学的理论和方法引入教育研究领域而形成的一门交叉学科。它强调教育系统与外部环境之间的动态平衡与协同进化,关注教育系统内部各要素(如教师、学生、课程、资源等)与外部环境(如社会、经济、文化等)之间的相互作用。教育生态学认为,教育系统并非孤立存在,而是与外部环境相互依存、相互影响,通过资源流动、能量交换和信息传递,实现系统的可持续发展。产教融合是一种典型的教育生态系统,涉及政府、高校、企业、行业协会等多元主体。在这个系统中,教育链、产业链、创新链和人才链相互交织,形成一个复杂的网络结构。各主体之间的资源流动(如资金、设备、人才)、能量交换(如技术转移、知识共享)和信息传递(如市场需求反馈、教育成果展示)是系统运行的核心机制。

(二)教育生态学的应用前景

在产教融合进程中,教育生态学理念有助于打破教育与产业之间的资源壁垒,构建高效的资源共享机制。简单来说,教育生态学就是打破学校和企业"各干各的"的局面,把双方的资源盘活起来。学校拥有丰富的教育资源和科研成果。企业则具备大量的物质资源与实践场景,像生产设备、运营资金、真实项目案例等。借助教育生态学原理,学校和企业可实现精准对接与深度融合。例如,企业能够将先进的生产设备捐赠或租赁给学校用于实践教学,使学生在课堂上就能接触真实的生产工具,提升实践操作能力。学校的科研成果也可通过技术转让、合作研发等方式直接交给企业使用,帮助企业升级技术。这种资源互补与共享的模式,不仅提高资源的利用率,让学校的知识"不落灰",企业的设备"不积灰",而且还降低了双方发展的成本,使学校省了买设备的钱,企业省了研发成本。这种模式的应用,最终使学生获得实战经验,企业获得技术支持,进而使校企双方获得更大的发展空间。就像拼乐高一样,把学校和企业的资源模块正确拼接,就能搭建出产教融合的共赢生态。生态要素在教育系统和产业系统的对比见表 1-1。

表 1-1　教育系统与产业系统生态要素对比

生态要素	教育系统	产业系统
核心资源	智力资本/知识生产	物质资本/价值创造
载体形式	科研团队/学术成果	生产设备/项目案例
生态功能	人力资本培育	技术成果转化

教育生态学还强调个体在生态环境中的适应和成长的能力。所以,在产业和教育融合的大环境下,这种理念推动着人才培养的方式往更贴合实际、更具生态适应性的方向转变。传统教育往往侧重于知识的传授,让学生在脱离产业实际的环境中学习,导致学

生毕业后难以迅速适应职场生活。而引入教育生态学后,学校可根据产业生态需求,构建模拟真实产业环境的教学情境。例如,在工科专业中,学校与企业合作打造"校内工厂",按照企业生产流程与标准进行课程设计与组织教学,让学生置身于打造的企业工作场景中学习。此外,学校还可邀请企业专家参与教学,给学生授课,将行业最新动态、实际问题解决方法加到课程当中,让学生学到更有用的知识。这种新的学习方式能让学生更懂产业怎么运作,培养他们解决复杂问题的能力,将来能为产业输送更多优秀的人才。

综上,产教融合的核心目标之一是推动创新,而教育生态学为构建一个可持续创新的产教融合环境提供了理论支撑。在教育生态系统中,各生态要素相互作用、协同进化,形成动态平衡的创新环境。高校、企业、科研机构和政府协同合作,共同营造一个互利共赢、协同发展的良好生态。高校作为知识创新的源头研究新理论和技术,为产业发展提供新的理论与技术思路;企业则凭借对市场需求的敏锐洞察,将高校的科研成果变成实际产品与服务;科研机构在中间起到桥梁作用,助力加速科技成果转化;政府则通过制定政策、提供资金支持等方式,营造有利于创新的环境。就像某地发展新能源产业,高校研究材料生产技术,企业根据研究成果做出产品,科研机构帮助企业解决技术难题,政府出台补贴政策鼓励产品的推广应用。这样,各方通过合作,使得产业技术不断进步,创新不断出现,形成一个可持续发展的好环境,从而也为产教融合的长远发展注入强大动力。

二、协同创新理论

(一)协同创新理论的核心

协同创新理论主张多个参与者通过整合资源和协同机制,共同推动知识的创造和技术的实际应用。在产教融合的背景下,这种协同创新体现在政府、企业、高校等多方拧成一股绳,通过共享资源和协同机制,让知识和技术更快地变成实际成果。该理论认为,当创新主体(比如企业、高校和政府)共享资源、共同承担风险时,就能产生比单个主体独立行动时更大的效益,即"1+1>2"的协同效应(张敏,2003)。在产教融合实践中,政府起主导作用,通过制定政策(例如税收优惠和项目资助)来平衡各方利益,激发校企合作的积极性。例如,山东省对参与产教融合的企业实施低息贷款政策,激发校企合作动力。校企合作方面,企业带来市场经验、生产设备和资金,而高校则拥有学术成果、科研人才和创新思维。比如,山东英才学院与北京京东世纪贸易有限公司(以下简称京东)、中通快递股份有限公司(以下简称中通)等企业合作,通过人才交流、联合研发项目,加强了创新链与产业链的衔接。同济大学冯晓教授提出"研—教—用"互动机制,也是通过解决企业技术难题,将科研成果转化为教学内容,实现了知识从实验室到生产线的转移。这些例子充分体现了当企业、学校、政府三方协同合作时,能够充分发挥各自优势,产生知识溢出的倍增效果。

(二)协同创新理论的应用

1.制造业领域

赣南科技学院智能制造现代产业学院(以下简称赣南学院)是协同创新理论应用的一个典范。该学院成立于2021年9月,专注于为赣南、江西乃至赣粤地区的智能制造产业培养人才。它构建了"政校企会"协同模式,与地方政府、企业和行业学会合作,形成了"1+3N"的合作模式,并设立了产业学院理事会等管理机构。在这种协同模式下,各方优势得以充分发挥。政府发挥政策引导与资源协调作用,为学院与企业的合作提供政策支持与发展环境;企业凭借先进的生产设备、丰富的实践项目以及对市场需求的敏锐洞察,深度参与人才培养与技术研发;高校利用自身的科研团队、专业知识体系,为产业发展提供创新思路与技术支撑;行业学会则发挥专业指导与信息交流作用,促进产业规范化发展。

在人才培养上,赣南学院实施"2+1+1"培养模式。前两年开展基础教育,培养学生的职业认知与创新实践能力;第三年学生选择性进入共建开设的"特色班级",进行专业方向的学习,提升创新实践应用能力;第四年学生进入产教融合基地实习实训,完成毕业设计。此外,赣南学院还开设了多种形式的产教融合班,形成"一人一课堂""一人一导师""一对一学徒"等特色培养模式。校企双方共同制定特色人才培养方案,开发校企合作课程,采用"双导师"授课。通过这种协同育人模式,赣南学院培养了大批能适应智能制造产业需求的高素质应用型、复合型、创新型人才。

在科研创新与技术服务方面,赣南学院构建了"专业+企业+项目"嵌入式"双导师"协同育人机制。在这种协同育人机制下,合作企业派遣资深工程师参与教学和课程开发,开发了多门省校级校企合作课程与实践教学课程,比如能体现智能制造企业所需、行业紧缺、产业前沿的专业课程体系;学院师生则参与企业技术革新项目、校企双导师指导的大学生创新创业训练项目和毕业设计等。例如,在赣南学院与企业合作开展的智能制造技术研发项目中,针对企业生产线上的效率提升与质量优化问题,高校科研团队从理论层面提供创新解决方案,企业则将这些方案应用于实际生产,经过反复实践与优化,成功提升了企业的生产效率与产品质量,实现了科研成果的产业化应用,推动了智能制造产业的技术升级。

2.职业教育领域

在职业教育领域,湖南电气职业技术学院成功应用了协同创新理论。该学院构建了工科高职院校积累的技术技能理论体系和实践路径,通过与企业、行业组织的合作,形成联盟化、集约化的合作模式。在组织层面,该学院与企业共建产业学院,深入合作开展人才培养、课程开发和技术研发。在学院层面,通过"双元育人"模式,让学生在学校学习理论知识,在企业进行实践操作,实现了技能的传承与创新。此案例充分展示了协同创新理论在产教融合中的应用效果和价值。

在组织层面管理上，学院采取多种路径加强与企业的合作。以共建产业学院为例，湖南电气职业技术学院与奥的斯电梯管理（上海）有限公司（以下简称奥的斯电梯公司）共建奥的斯电梯产业学院。在该产业学院建设过程中，双方在人才培养、课程开发、实践教学、技术研发等方面深度合作。企业参与制订人才培养方案，将企业的岗位需求、技术标准融入课程体系；并且提供先进的电梯生产设备用于实践教学，让学生在真实的工作场景中学习操作技能；安排技术人员与学院教师共同授课，实现师资互补。同时，双方还合作开展电梯技术研发项目，针对电梯运行安全、节能等问题进行技术攻关，取得了一系列科研成果，并将成果应用于企业生产实践，提升了企业的技术创新能力与市场竞争力，也提高了学院的技术技能积累水平。

在技能层面上，学院又非常注重学生、企业、教师之间的技能传承与创新。通过"双元育人"模式，学生在学校学习理论知识，在企业进行实践操作，实现技能的积累与提升。教师通过到企业挂职锻炼、参与企业项目等方式，提升自身的实践教学能力，将企业的新技术、新工艺引入课堂教学。企业则通过接收学生实习、与教师合作开展研发等方式，为企业培养潜在人才，同时也从高校获得技术创新支持。例如，学院的学生在企业实习期间，参与企业的生产项目，将所学理论知识应用于实践，提升了实际操作技能；教师在参与企业项目研发过程中，不仅提升了自身的科研能力，还将项目中的实际案例引入课堂，丰富了教学内容，提高了教学质量。通过技能层面上的协同，促进了教育链、人才链、产业链与创新链之间的有机融合，为电气行业培养了大量高素质技术技能人才。

这些案例充分展示了协同创新理论在产教融合中的应用效果和价值。产教融合需要形成"创新共同体"，汇聚高校、科研机构和企业的资源，共同推动智慧城市技术和教育资源的协同发展，为区域发展注入持续的创新动力。

三、三螺旋模型理论

（一）三螺旋模型理论的意义

三螺旋模型理论强调"政府政策支持""产业需求拉动""高校知识推动"三者相互交织，形成螺旋上升的结构（Etzkowitz等，1995）。简单地说，三螺旋模型就是一个互动模型，它讲的是政府、企业和高校三方如何携手合作，共同推动创新发展。在产教融合实践中，政府出台优惠政策，比如税收减免、财政补贴，吸引企业和高校一起搞研发。政府对参与产教融合的企业给予税收减免，鼓励企业与高校共建实习实训基地。企业会根据市场需求告诉高校需要什么样的人才和技术，提出对人才培养规格和技术创新的要求。高校据此调整专业和课程。比如，当前随着智能制造业的发展，企业急需工业互联网和人工智能方面的人才，高校就会据此开设相关专业。这样，高校的知识创新就能更好地服务于产业发展。

例如，湖北大学新闻传播学院用了三螺旋模型理论来培养融媒体人才。通过政府引导、媒体参与、高校主导,三方一起制订人才培养方案、建设课程体系,使学生不仅能学到最新的行业知识和技能,还能去媒体实习,将理论和实践结合起来。

如今,三螺旋理论还在不断发展。它不仅关注自然科学和技术,还越来越看重社会科学和人文科学。而且,这个理论的应用也越来越广,在人工智能、新能源等新兴产业都有应用。政府、高校和企业通过三螺旋模型紧密合作,共同推动技术创新和产业发展。有些地方还建起了创新生态系统,让资源共享、信息交流、协同创新变得更加容易。

(二)三螺旋模型理论的应用实例

为保障政府、企业和高校三方合作更顺畅,还需建立一系列制度。比如"风险补偿基金",可降低企业和高校在合作研发中的风险,当研发项目失败时,对各方损失进行一定补偿,增强合作信心。还有"知识产权共享协议",能明确知识产权的归属和利益分配,避免纠纷,促进知识共享与转化。有了这些保障,政产学研的合作就能更上一层楼,不断推动教育、产业和社会的共同进步,为经济社会的可持续发展提供持续动力。

以宇树科技股份有限公司(以下简称宇树科技)为例,这家机器人企业在全球四足机器人市场占据了 60% 的份额,其智能机器人核心部件自研率超 90%,涵盖电机、减速器、电机驱动器、编码器、传感器、主控系统以及电池等关键部件,成功打破了国外技术垄断。这一成果的背后,离不开政府、产业和科研机构的紧密合作。

在运用三螺旋模型理论的合作中,政府给场地、给政策,使企业敢放手研发。宝山区政府为宇树科技与宝钢集团的合作提供了智能工厂试验场。这一举措为企业开展技术研发与产品应用提供了关键的场地资源,降低了企业的研发成本与试验风险,有力地推动了双方合作项目的进展。例如,宇树科技与宝钢集团借助该试验场,成功开发出高效、稳定、安全的智能冷轧送样系统,为工业场景的智能化转型提供了范例。政府通过政策引导与资源支持,在企业发展中扮演了引导者与推动者的重要角色。企业不断提出新需求,推动高校技术创新,寻求自身发展。例如,宇树科技凭借自身强大的技术研发实力与市场拓展能力,不断推动关键技术攻关。企业持续投入资源进行技术创新,以满足市场对智能机器人日益增长的需求。同时又积极寻求与高校、科研机构的合作,整合各方资源,提升自身的创新能力与竞争力。例如,宇树科技与上海大学合作,获批国家重点研发计划智能机器人专项,研发基于生成式 AI 的机器人集群三维环境协同探索技术。这一技术已在灾害救援、环境监测、地质勘探等多个场景中初显成效,不仅拓展了智能机器人的应用领域,也为企业带来了新的市场机遇。高校和企业一起建实验室,攻克技术难题。例如,上海大学与宇树科技共建联合实验室,聚焦具身智能与人形机器人两大前沿领域,致力于建立"基础研究—技术攻关—场景验证—产业孵化"全链条创新体系。高校的科研人员凭借深厚的学术积淀与前沿的学术思想,为企业的技术研发提供了理论支持与创新思路。在联合实验室的运行过程中,高校科研人员与企业技术人员紧密合作,共同攻克技术难题,加速科研成果的转化应用。例如,在基于生成式 AI 的机器人集群三维环境协同探索技术研发中,上海大学的科研团队从理论层面进行深入研究,为技术的突破提供了关键的理论支撑;宇树科技则利用自身的工程化能力,将科研成果转化为实际产品,并推向市场。最终,三方通过合作形成了一个良性循环。

(三)三螺旋模型理论的发展

1. 三螺旋模型理论研究方面的发展

在理论研究方面,创业型大学与三螺旋模型理论创始人、美国斯坦福大学客座教授亨利·埃兹科维茨(Henry Etzkowitz)指出,创新不仅仅依赖于自然科学和技术,还应从社会科学和人文科学出发。这一观点拓展了三螺旋模型理论的内涵,强调了跨学科研究在创新中的重要性。同时,学者开始关注三螺旋模型理论在不同层面上的应用和实践,如在地区、国家和国际层面的合作与交流。

2. 三螺旋模型理论实践应用方面的发展

在实践应用方面,三螺旋模型理论在新兴产业领域的应用不断拓展。以人工智能、新能源、生物医药等为代表的新兴产业,对技术创新与人才培养提出了更高的要求,三螺旋模型理论为这些产业的发展提供了有效的创新模式。例如,在人工智能产业中,政府通过制定产业扶持政策、设立科研基金等方式,引导高校与企业开展人工智能技术研发与人才培养。高校利用自身的科研优势,开展人工智能基础理论研究,为技术创新提供理论支撑。企业则将科研成果转化为实际产品与服务,满足市场需求,并通过市场反馈,进一步推动高校调整科研方向与优化人才培养方案。此外,一些地区开始构建基于三螺旋模型理论的创新生态系统,通过建设科技园区、产业创新中心等平台,促进政府、高校与企业之间的资源共享、信息交流与协同创新,提升区域的整体创新能力与产业竞争力。

四、人力资本理论

(一)人力资本理论的溯源与内涵深化

人力资本理论研究的是怎么把人的知识和技能转变成国家财富。该理论最早在古典经济学时期就有了,亚当·斯密在《国富论》里就提到过劳动者的技能和知识是种资本,能增加国家财富。但直到 20 世纪 60 年代,该理论才形成体系。美国经济学家西奥多·舒尔茨和贝克尔系统地阐述了该理论。西奥多·舒尔茨在 1960 年发表的《人力资本投资》演说中,明确提出了人力资本的概念,强调人所具有的知识、技能和健康等因素是一种重要的资本,跟物质资本一样重要,都是经济发展的动力。在产教融合的背景下,该理论的核心在于教育成为提升人力资本的关键手段。学校不仅要注重知识的传授,更要关注与产业实际需求的对接。例如,通过产教融合,学校可以根据企业的岗位需求设置课程体系,使学生在学习过程中就能接触到行业的最新技术和获得实践经验,这样学生的专业技能和知识水平就能得到有效提升,人力资本也就积累起来了。

(二)人力资本理论的核心观点

1. 人力资本是一种生产要素

人力资本理论认为,人力资本是与物质资本相对应的一种资本形式,它体现在劳动者身上,表现为劳动者的知识、技能、体力这些素质。这些素质是通过教育、培训、健康投资等方式得来,在生产过程中能派上用场,可提高生产效率,推动经济增长。

2. 教育是人力资本形成的关键

教育是提高人力资本质量的主要途径。劳动者接受教育多了,知识也丰富了,技能也提升了,这样在劳动力市场上就更有竞争力和生产能力。不同层次和类型的教育对人力资本的形成作用是不一样的:基础教育为人力资本的形成奠定基础,职业教育和高等教育则更侧重于培养专业技能和创新能力,与产业需求联系得更紧密。

3. 人力资本投资具有经济收益

人力资本投资,如教育投资、培训投资等,会带来经济回报。这种回报不仅体现在个人收入上,还体现在社会层面,如促进整个社会的技术进步和经济增长。人力资本投资的收益率可以通过计算教育投资的回报率等方法来衡量。一般来说,人力资本投资的收益率较高,是一种有效的经济增长方式。

(三)人力资本理论在产教融合中的作用

1. 引导教育资源配置

人力资本理论指导产教融合,根据产业发展需求合理配置教育资源。例如,当某一新兴产业崛起时,如人工智能产业,根据人力资本理论,教育部门会加大对相关专业教育的投入,包括在高校和职业院校中增设人工智能专业,配备相应的师资和教学设施,以培养出适应产业发展需要的专业人才,实现教育资源与产业需求的精准对接。

2. 促进人才培养模式创新

产教融合借助人力资本理论推动人才培养模式的创新。以现代学徒制为例,它将学校教育与企业实践相结合,学生在学校接受理论知识教育,在企业跟随师傅学习实践技能。这种模式能够使学生更好地掌握与产业需求相匹配的技能和知识,快速提升其人力资本水平,同时也为企业培养了所需的技能人才,满足企业的生产和发展需求。

3. 推动校企合作深入发展

人力资本理论为校企合作提供了理论依据。企业参与产教融合,通过与学校合作开展人才培养、科研项目等,可以获得具有高人力资本的人才,提高企业的创新能力和竞争力。学校则可以借助企业的资源,如实践基地、设备等,提升学生的实践能力和就业竞争力。双方基于人力资本的共同利益,形成了紧密的合作关系。

（四）人力资本理论的实践应用

1. 企业培训与员工发展

（1）分层分类培训体系搭建

众多大型企业会搭建完善的分层分类培训体系。以腾讯为例，新员工入职时，会开展为期数周的"启航计划"，培训内容涵盖企业文化、基础业务知识以及通用技能等内容，帮助新员工快速融入企业环境。对于在职员工，依据不同的岗位序列和专业方向，设置技术、产品、运营、管理等多条培训发展路径。例如，技术岗位员工可以参加"技术大咖分享会"，接触行业前沿技术；管理岗位员工则有机会参与"领导力提升训练营"，学习先进管理理念与实践方法。通过这些精准化培训，员工不断更新知识技能，适应快速变化的互联网行业发展需求，提升在企业内部的工作效能与职业竞争力。

（2）内部导师制助力员工成长

企业会推行内部导师制，加速员工人力资本积累。如联想集团给每位新员工配备一位经验丰富的导师，导师不仅在工作技能上给予指导，还在职业规划、企业文化融入等方面提供帮助。在项目实践中，导师带领新员工参与实际业务项目，从方案策划到执行落地，全程给予细致指导与反馈。这种一对一的指导模式，让新员工能够快速掌握工作要领，避免常见错误，在实践中不断提升自身能力，缩短成长周期，为企业创造更多价值。

（3）培训效果评估与激励机制

企业注重培训效果评估，并建立相应激励机制。比如西门子通过CNC4YOU平台构建"学习—激励—评估"闭环。员工完成在线课程（如数控编程、智能制造）可获得积分，积分可用于兑换西门子原厂认证考试资格。通过认证者可晋升为独立团队工程师，优秀者被选派至西门子中国培训中心深造，并优先参与高端项目（如工业4.0产线设计）。

2. 职业教育与产业对接

（1）专业跟着产业需求变

职业院校紧盯产业发展的风向标，及时调整专业设置。以深圳职业技术学院为例，随着当地电子信息产业向高端化、智能化方向发展，学校撤销了一些传统电子制造专业，增设了人工智能技术应用、新能源汽车技术应用等新兴专业。同时，对现有专业课程体系进行全面升级，如在电子信息工程技术专业中，增加智能芯片设计、5G通信技术应用等前沿课程内容，确保专业教学内容与产业最新技术和需求高度契合，培养出符合产业发展趋势的高素质技术技能人才。

（2）校企共建实训基地强化实践教学

职业院校与企业共建实训基地，为学生提供真实的工作环境。如顺德职业技术学院与美的集团合作共建智能制造实训基地，基地按照美的集团实际生产车间标准建设，配备先进的自动化生产设备、智能检测仪器等。学生在实训基地中，能够参与美的产品的生产制造过程，在实践中掌握智能制造技术与工艺。企业技术骨干定期到实训基地开展现场教学与指导,让学生了解企业生产实际流程与管理规范,提升学生的实践能力和职业素养,实现学生从学校到企业的无缝对接。

(3)企业参与人才培养全过程

企业要深度参与职业院校人才培养的各个环节,包括制订方案、开发课程、教学评价等。比如,重庆电子工程职业学院和华为合作,一起制订 ICT 专业的人才培养方案。华为根据行业和企业的需求,给出课程设置的建议,还参与编写课程内容。教学的时候,企业的工程师和学校的教师一起给学生上课,还会用企业的真实项目做案例分析,让教学内容更接地气。课程结束后,企业会用自己的标准来考核学生,确保培养出来的学生能满足企业的要求。这样,职业教育的人才质量和产业需求就更匹配了。

3. 高校与企业的产学研合作

(1)联合攻克关键技术难题

高校与企业围绕产业关键技术问题开展联合科研攻关。例如,复旦大学与上海微电子装备(集团)股份有限公司(以下简称上海微电子公司)合作,针对集成电路制造装备中的光刻技术难题,共同组建科研团队。双方紧密协作,复旦大学利用其在光学、精密机械、电子控制等多学科领域的科研优势,上海微电子公司则凭借在工程化、产业化方面的经验。经过多年努力,在光刻技术的光源系统、精密运动控制等关键技术上取得突破,为我国集成电路制造装备产业的发展提供了重要技术支撑,推动了相关产业的技术升级,同时也提升了高校科研成果的实际应用价值与企业的核心竞争力。

(2)科技成果转化落地

高校和企业合作,把科研成果变成实实在在的产品。以清华大学与同方威视技术股份有限公司(以下简称同方威视)合作为例,通过与同方威视合作,清华大学研发的集装箱检查系统技术实现了从实验室成果到市场产品的转变。同方威视利用自身的市场渠道、生产制造能力以及资金优势,对该技术进行工程化开发、产品化设计与市场推广。如今,同方威视的集装箱检查系统已广泛应用于全球多个国家和地区的海关、港口等场所,对保障国际贸易安全起了很大作用。这种合作不仅给高校带来了经济效益,还带动了相关产业的发展,创造了更多就业机会,提高了社会整体的人力资本利用效率。

(3)共建产业学院培养创新型人才

高校与企业共建产业学院,探索新的人才培养模式。如江南大学与益海嘉里食品集团(以下简称益海嘉里)共建食品营养与健康产业学院。产业学院整合高校的学科专业优势与企业的产业资源优势,共同制订人才培养方案,构建"专业基础课程＋产业特色课程＋实践实训课程"的课程体系。在实践教学环节,学生到益海嘉里的生产基地、研发中心进行实习实训,参与企业实际项目。同时,企业高管和技术专家走进课堂,为学生授课讲学,分享行业最新动态与实践经验。通过这种深度融合的培养模式,培养出既具备扎实专业知识,又具有创新能力和实践能力的食品营养与健康领域的高素质人才,满足了产业发展对创新型人才的需求,为产业发展注入新的活力。

通过产教融合实现的人力资本与产业需求匹配,能够为产业发展提供高素质的劳动力。一方面,企业能够获得符合自身需求的专业人才,提高生产效率和创新能力,增强企业的竞争力;另一方面,劳动者的技能提升也有助于推动产业的升级和转型,促进产业向高端化、智能化发展。

五、教育经济学理论

(一)教育经济学理论的起源与发展

教育经济学作为一门独立学科,兴起于 20 世纪 50 年代末 60 年代初。当时,西方一些经济学家开始关注教育在经济增长中的作用,通过对教育投资与经济增长之间关系的研究,逐渐形成了教育经济学的理论体系。该理论的代表人物有美国的西奥多·舒尔茨和爱德华·丹尼森。舒尔茨提出的人力资本理论为教育经济学的发展奠定了坚实的基础,他通过对美国经济增长的研究,发现教育投资是推动经济增长的重要因素之一。

(二)教育经济学理论的核心观点

1. 教育的经济属性

教育具有生产性,是一种对人力资源的投资。教育通过提高劳动者的知识、技能和能力,提高个人的劳动生产率,进而促进经济增长。教育不仅可以为个人带来更高的收入和更好的职业发展机会,还能为社会创造更多的财富和价值。

2. 教育与经济的相互作用

一方面,经济发展是教育发展的基础,经济增长为教育提供了物质保障和资金支持,决定了教育的规模、速度和质量;另一方面,教育对经济具有反作用,教育通过培养高素质的劳动力、推动科技创新和促进技术进步等方式,为经济发展提供动力和支持,推动产业结构升级和经济发展方式转变。

3. 教育资源的优化配置

教育资源是有限的,因此需要进行合理配置,以实现教育效益的最大化。在产教融合中,这意味着要根据产业需求和市场变化,调整教育资源的分配,使教育资源在不同层次、不同类型的教育之间以及学校与企业之间得到合理利用。例如,加大对职业教育和应用型学科的投入,加强学校与企业在人才培养、科研合作等方面的资源共享与合作,提高教育资源的利用效率。

(三)教育经济学理论的关键原则

1. 成本效益原则

教育投资如同其他经济活动一样,需要考虑成本和效益。教育成本包括直接成本(如学费、教学设施投入等)和间接成本(如学生因上学而放弃的工作收入等),教育效益则包括个人效益(如个人收入增加、职业发展机会改善等)和社会效益(如经济增长、社会文明程度提高等)。在产教融合中,要通过合理的制度设计和资源配置,降低教育成本,提高教育效益,确保教育投资能够获得良好的回报。

2. 供需平衡原则

教育的人才供给应与经济社会的人才需求相匹配。产教融合需要准确把握产业发展的趋势和人才需求的变化,及时调整教育的专业设置、课程内容和培养模式,避免出现人才过剩或人才短缺的现象。例如,当新兴产业如人工智能、大数据等快速发展时,教育机构应及时扩大相关专业的招生规模和教学投入,培养适应产业发展的人才。

(四)教育经济学理论的实践应用

1. 指导教育政策制定

教育经济学理论为政府制定教育政策提供了理论依据。政府可以根据经济发展的需要和教育的经济属性,制定相应的教育发展战略和政策,如加大对教育的财政投入、调整教育结构、鼓励产教融合等,以促进教育与经济的协调发展。例如,政府出台相关政策鼓励企业参与职业教育办学,通过税收优惠等措施引导企业与学校开展合作,共同培养高技能人才。

2. 优化学校教育教学

学校可以依据教育经济学理论,结合产业需求和市场反馈,优化专业设置和课程体系;加强实践教学环节,提高学生的实践能力和就业竞争力。同时,学校还可以通过与企业合作开展科研项目、建立实习基地等方式,提高教育资源的利用效率,为学生提供更多的实践机会和就业渠道。例如,高校与企业合作建立产学研基地,学生可以在基地参与企业的实际项目研发,将所学理论知识应用于实践,提高解决实际问题的能力。

3. 促进企业人才培养与发展

企业在参与产教融合过程中,能够根据自身的发展战略和人才需求,与学校共同制订人才培养方案,开展定制化培训。这样可以提高人才培养的针对性和实用性,降低企业的人才招聘和培训成本。同时,企业还可以借助学校的科研力量和人才资源,开展技术创新和产品研发,提升企业的核心竞争力。例如,企业与高校合作建立联合实验室,共同开展前沿技术研究,推动企业技术升级和产品创新。

(五)教育经济学理论的重要性

1. 促进教育与产业协同发展

教育经济学理论为产教融合提供了理论支撑,有助于打破教育与产业之间的壁垒,促进双方在人才培养、技术创新、资源共享等方面的深度合作,实现教育与产业的协同发展。通过产教融合,教育能够更好地适应经济社会发展的需求,为产业发展提供有力的人才和智力支持;产业也能够为教育提供实践平台和发展动力,推动教育教学改革和质量提升。

2. 提高教育投资效益

在教育经济学理论的指导下,产教融合能够优化教育资源配置,使教育投资更加精准地投向市场需求大、回报率高的领域和专业。同时,通过企业与学校的合作,能够降低教育成本,提高人才培养的质量和效率,从而提高教育投资的经济效益和社会效益。例如,企业参与职业教育办学,可以为学校提供实习设备和师资支持,减少学校的重复建设和师资培养成本,同时培养出的学生更符合企业需求,提高了就业质量和企业的生产效率。

3. 推动经济转型升级

随着经济全球化和科技革命的不断深入,经济转型升级对高素质人才和创新能力的需求日益迫切。教育经济学理论指导下的产教融合,能够培养出大量适应产业升级和技术创新需求的高素质劳动者和创新型人才,为经济转型升级提供人才保障。同时,产教融合还能促进科技成果转化和技术创新,推动产业结构向高端化、智能化、绿色化方向发展,提高经济发展的质量和效益。

（六）教育经济学理论成功案例

1. 天津财经大学与中汽数据（天津）有限公司合作

2024年,天津财经大学经济学院与中汽数据（天津）有限公司（以下简称中汽数据）联合申请的"天津财经大学·中汽数据（天津）有限公司经济理论与数据分析研究生工作站"获批立项。双方通过共建研究生工作站,促进理论经济学科与企业的深度合作,实现资源共享、优势互补。

中汽数据拥有我国汽车产业最全面、完整的大数据资源,能为学生提供丰富的实践素材和真实的业务场景。学校则利用自身的学科优势和师资力量,为企业提供人才支持和智力支撑。通过合作,学生的实践能力和创新能力得到提升,同时也为企业的发展提供了有力的人才保障,实现了教育与产业的协同发展,提高了教育投资的效益。

2. 哈尔滨商业大学数字经济学科建设

哈尔滨商业大学数字经济学科建立之初就秉承产教深度融合理念,通过打造联合平台与资源深度共享,形成一致的数字经济"方法论"。学校与哈尔滨新区、黑龙江省教育厅、哈尔滨市教育局共建职业教育与产教融合示范合作先导区"数字经济共同体",还与阿里巴巴集团控股有限公司（以下简称阿里巴巴）等企业签订就业实习基地协议,获阿里云计算有限公司数字经济就业实习基地建设。学校构建起数字经济本科、硕士、博士完整人才培养体系,为中国移动黑龙江分公司、黑河市政府编制"十四五"数字化转型高阶规划,依托数字经济与商务智能实验室,助力数字供销、公共视频监控系统、基层治理、数据流通交易等省市重点项目加速落地,赋能行业龙头企业数字化转型,实现了教育链、人才链与产业链、创新链的有机衔接,推动了区域数字经济的发展。

3. 湖南财政经济学院探索数字化人才培养

湖南财政经济学院将数字技术与专业知识深度融合,构建跨学科课程体系,积极探索全民数字素养与技能的提升路径。同时,引入校企合作项目,与数字科技、电商、外贸等领域的企业建立长期稳定的合作关系,将企业项目引入课堂,打造"理论+应用+实践"的课堂教学模式。

湖南财政经济学院的学生在全国跨境电商创新创业能力大赛及全国外贸从业能力大赛中获得多项国家级奖项,提升了利用大数据技术解决经济领域及数据治理等相关问题的能力。学院还加强与企业、中国国际贸易学会等行业合作,共同打造课程内容和校外实习基地,确保人才培养策略契合企业实际需求,向社会输送杰出的经济专业人才,实现了教育与产业的深度协作与资源共享,提高了人才培养的质量和效益。

4. 同济大学与国泰君安共建产教融合创新实践基地

同济大学与国泰君安证券股份有限公司(以下简称国泰君安)签约共建产教融合创新实践基地,双方在实践实训基地、课程建设、就业职业指导、资源共享等方面开展合作,联合培养金融科技复合型人才。这是国泰君安信息技术条线首次与高校开展成建制的实践实训合作,开启了联合培养金融科技复合型人才的新模式。校企双方发挥各自资源优势,为学生提供了优质的实践机会和就业渠道,同时也有利于企业提前发掘人才,针对性地培育人才,满足了经济社会对金融科技复合型人才的需求,推动了金融行业的创新发展。

产教融合的理论基础体现了多学科交叉的复杂性,教育生态学提供系统观,协同创新理论驱动资源整合,三螺旋模型理论强调政府企业学校的相互交织。未来需进一步探索理论的本土化适配,尤其在数字经济与绿色经济背景下,如何重构产教融合的生态位与协同路径。

第四节　发展历程

在当今高等教育领域,产教融合已成为推动教育改革与产业发展的关键力量。回想从前,高校里的教学与企业生产实践像是两条平行线,各自前行。学生在课堂上苦学理论知识,却难以将其应用于实际工作场景;企业急需专业人才,却常常招不到符合需求的毕业生。

随着时代的发展,这种脱节现象引发了广泛关注。产教融合应运而生,它就像一座桥梁,将高校与企业紧密连接起来。从最初的萌芽探索,到如今成为教育与产业协同发展的重要模式,产教融合经历了怎样的发展历程?接下来从国外和国内角度进行介绍。

一、国外脉络：从"校企合作"到"生态融合"

（一）德国应用技术大学"双元制"（Dual System）

德国是世界上最早开展职业教育的国家之一。德国的"双元制"是一种独特的职业教育模式，被誉为德国的"国宝"级教育模式，也可堪称国际产教融合领域的典范，其发展历程源远流长（黄磊，2024）。追溯至19世纪末，当时手工业行会与职业学校之间的初步合作为"双元制"模式的形成奠定了雏形。这一模式主要由企业和职业学校共同完成对学生的培训工作，将理论学习与实践教学紧密结合。在这种模式下，学生大部分时间（60%～70%）在企业接受职业技能培训，由企业导师传授实践技能；剩余时间（30%～40%）则在职业学校学习理论知识。这种教育模式通常为期两年到三年半，学生在培训期间还能获得企业支付的津贴。完成培训后，学生会获得由德国工商业协会或德国手工业协会颁发的职业资格证书，该证书在欧盟和全球德资企业均有效通用。简而言之，德国的"双元制"是一种高效、实用的职业培训体系，旨在培养既有理论知识又有实践经验的专业人才。

德国巴登符腾堡双元制应用技术大学（以下简称DHBW）是校企合作的"双元制"大学，开创了德国高等教育产学研合作的先河。DHBW在经济、技术、健康和社会工作领域与超过9000家企业和社会机构合作，提供国家和国际认可的学士学位课程，同时也提供职业一体化硕士课程和职业伴随硕士课程。这种广泛的合作伙伴关系为学生提供了丰富的实习和就业机会。

此外，为应对全球化经济对技术人才的国际化需求，培养学生的国际视野和跨文化理解力，DHBW与全球200多所高校也进行了合作，为学生提供为期一个学期的国外学习机会，既包括在国外大学的课程学习，也包括在国外相关企业的实践学习。比如，我国的上海大学与DHBW（卡尔斯鲁厄校区）建立了校际交流项目，让两国的优秀学生在能感受两国文化的同时还能接受两国的教育，推动我国与德国在文化、教育和科研方面的进一步发展与交流。我国的深圳职业技术大学自2016年与DHBW在多个领域也进行了非常深入的合作，一起建立了职业教育培训与研究中心。通过国际传播，德国与众多国家建立了双元制合作伙伴关系，为其他国家职业教育的发展提供了优秀范例和宝贵经验。

在德国，这种独特的人才培养模式取得了显著成效。青年失业率长期维持在较低水平，通常低于6%。德国联邦职教所（BIBB）的报告显示，双元制教育的供需匹配度在2022年达到较高水平，且制造业岗位空缺中约85%可通过现有培训体系填补。这使得德国制造业在全球范围内始终保持着强大的竞争力，其产品以高品质、高精度著称。例如，在德国的汽车制造业领域，凭借"双元制"模式培养出的大量高素质技术工人，在汽车设计、生产工艺等方面不断创新，生产出的汽车产品在全球市场备受青睐。德国的"双元制"模式不仅为企业培养了大量熟练掌握专业技能的一线工人，还为企业的技术创新和产业升级提供了坚实的人才支撑。

（二）美国"合作教育计划"（Cooperative-Education）

美国的合作教育，简单来说，就是学校和企业等社会机构合作，一起给学生提供教育。这种教育模式历史悠久，并且随着时间不断发展变化，对美国乃至世界的教育都产生了深远影响。美国的合作教育计划侧重于通过校企合作伙伴关系，使学生在真实的工作环境中学习和成长。1906 年，美国辛辛那提大学赫尔曼·施奈德教授首次在工程学院试点校企合作，这一合作模式很快在美国、加拿大、英国、澳大利亚等国家推广和施行。辛辛那提大学约有 1500 家合作企业，其中不少在世界 500 强之列。学生带薪实习期间每周工作 40 小时，在 12～18 个月的实习中，人均收入 4 万美元，最高可达 6 万多美元，带薪实习地点遍及全美乃至全球。合作企业参与课程设计和教学过程，确保教育内容与行业需求紧密结合。学生能够在真实的工作环境中学习和应用知识，从而更好地进入职场，这对于他们的就业和未来的职业发展具有重要意义。

此外，美国在产教融合方面还有着创新性的实践。斯坦福大学的"硅谷模式"便是其中的杰出代表。斯坦福大学通过设立技术转让办公室（OTL），积极推动高校科研成果向企业转化。在这一模式下，斯坦福大学的科研人员在校园内开展前沿科学研究，取得的科研成果通过 OTL 与企业进行对接和合作。许多知名企业，如谷歌信息技术有限公司、惠普有限公司等，都是在斯坦福大学科研成果的基础上孵化而来。这种模式不仅促进了高校科研成果的产业化应用，还带动了区域经济的快速发展，形成了以斯坦福大学为核心的硅谷创新生态系统。在这个生态系统中，高校、企业、科研机构以及风险投资等各方资源相互融合、相互促进，不断推动科技创新和产业升级。

（三）日本"产学官合作"模式

日本是国际上第一个提出产学官合作理念的国家。"产学官合作"模式是一个更为综合的产教融合体系，它不仅包括学校和企业的合作，还涉及政府、行业协会等多方的参与，旨在通过多元化的合作伙伴关系促进人才培养和产业发展。此模式在国际上也展现出了强大的合作能力和影响力。通过国际合作，日本进一步扩大了其在全球教育和科研领域的影响力。

冈山大学的"产学官合作"模式主要通过与企业和政府机构的合作来实现。具体来说，冈山大学与日本贸易振兴机构和冈山县工商会议所联合会签订了三方合作协定，推动冈山县的产学官国际化。其中，日本贸易振兴机构拥有日本国内 48 个据点、海外 55 个国家 76 个据点合计 120 个以上的事务所网络，该机构全力支持日本企业与地区拓展海外业务，助力其实现经济活力提升与持续发展等，为日本经济的成长和竞争力强化作贡献。

冈山大学还积极参与日本文部科学省支持的"通过地区核心、特色研究大学的合作进行产学官合作、共同研究的设施整备事业"，进一步加强与企业和其他研究机构的合作。在具体的合作方面，冈山大学与中国东北地区的 7 所大学共同开展了冈山大学-中国东北部研究生院留学生交流项目,培养国际优秀人才;与西安交通大学签署国际交流协议,双方师生共同参与教学科研活动。这些合作不仅包括学术交流和人才培养,还包括技术研究和商业探讨。

日本的"产学官合作"模式在政策驱动下不断发展完善。日本政府颁布的《产学官合作促进法》规定,企业的研发投入可抵免30％的税额,这一政策极大地激发了企业参与产学合作的积极性。在实践中,日本的企业、高校和政府部门紧密合作,共同推动技术创新和产业发展。

以丰田与名古屋大学共建"未来汽车研究院"为例,双方聚焦于氢燃料电池技术的研发。在这个合作项目中,名古屋大学凭借其在基础研究方面的优势,为氢燃料电池技术的研发提供理论支持和技术创新思路;丰田作为全球知名的汽车制造企业,拥有强大的工程化能力和丰富的市场经验,能够将高校的科研成果转化为实际产品,并推向市场。通过产学官三方的紧密合作,日本在氢燃料电池汽车领域取得了显著成就。

二、中国实践:从"点状探索"到"国家战略"

(一)萌芽期(1949—1977年):计划经济下的"工学结合"

1. 背景与标志事件

新中国成立初期,工业基础薄弱,急需大量技术工人支持经济建设。当时,在职业教育方面主要学习苏联的模式,也就是"厂校一体"。那个时候,技术学校和中等专业学校是职业教育的主要力量,职业教育目标就是培养出能在工业生产中发挥作用的技术工人,这些工人就像一颗颗螺丝钉,安到哪里就在哪里稳稳地发挥作用。在当时的计划经济体制下,国家对工业生产有统一规划,工厂的生产任务明确,这就要求职业教育能快速培养出符合生产需求的工人。1951年,政务院发布《关于改革学制的决定》,首次明确技术学校的地位,推动中等技术教育发展。1958年,刘少奇提出"两种教育制度、两种劳动制度",倡导"半工半读"的教育模式,这个制度就是让学生一半时间在学校学习理论知识,一半时间到工厂参加实际生产劳动。这一政策旨在通过"厂办学校、厂校一体"的形式,快速培养熟练工人。上海机床厂的"七二一大学"就是在这个背景下诞生的,它主要是为工厂里的工人提供再教育的机会。工人白天在工厂干活,晚上或者业余时间到"七二一大学"学习知识和技能,提升自我。这所学校成为当时工人再教育的一个典型范本,很多地方都学习它的模式,开办类似的学校,让更多工人有了提升自我的途径,形成"工学结合"的初步实践。

2. 阶段特点

这一时期的职业教育发展主要依靠行政指令强力推动,政府通过一系列政策法规,将教育与生产紧密联系在一起,集中力量解决新中国成立初期工业化进程中人才短缺的关键问题。

1951年政务院要求技术学校依托厂矿设立,许多地区迅速响应。如东北地区,在中国第一重型机器厂周边,建立起了相关技术学校。学校设置了诸如重型机械制造与装配、大型铸锻件工艺、重型机床操作与维护等专业,这些专业紧密围绕企业生产需求。学校部分教学场地就位于厂矿内部,学生学完机械制图、金属材料与热处理等理论知识后,能马上进入工厂车间,在经验丰富的师傅指导下,参与大型机械零件的加工、设备的组装调试等实际操作训练。又如,齐齐哈尔车辆厂附近的技术学校,开设了铁路货车制造与检修、铁路起重机操作与维护等专业,学生毕业后能迅速投身铁路装备制造行业,有效缓解了当时工业生产中技术工人短缺的状况。

在推广"半工半读"模式方面,各地也积极实践。例如,南通第一棉纺织厂与当地职业学校合作,学生上午在学校学习纺织材料学、纺织工艺学、纺织机械原理等理论课程,下午进入南通第一棉纺织厂的纺织车间,参与清花、梳棉、并条、粗纱、细纱、织布等实际生产环节。通过这种方式,学生不仅加深了对理论知识的理解,还熟练掌握了纺织生产的各项技能。又如,无锡第一棉纺织厂与周边职业学校合作,使学生参与到棉花检验、配棉、纺纱、织布、印染等全流程实践操作中。在该模式推广后的几年内,当地纺织行业的技术工人数量大幅增加,产品质量也得到显著提升,有力地推动了地方纺织产业的发展。

然而,"工学结合"由于处于探索阶段,尚未形成完善的制度化框架。在实施过程中,更多的是依靠行政手段来维持教育与生产的结合,缺乏长期稳定的制度保障和规范化的运行机制。例如,在一些学校办工厂的实践中,工厂的生产任务安排往往缺乏科学规划,学校正常的教学秩序会因企业临时的生产需求而打乱。而且,对于学生在工厂劳动期间的权益保障、劳动强度控制等方面,也没有明确的制度规范。这种模式虽在短期内能够快速培养出大量适应生产需求的技术工人,但从长远来看,不利于职业教育的可持续发展,也难以满足不断变化的产业发展对人才多样化的需求。

(二)发展期(1978—2013年):市场经济催生"校企合作"

随着改革开放的推进,中国经济逐步向市场化转型,职业教育也迎来了新的发展机遇与挑战。在这一时期,职业教育的核心理念转变为在市场化改革的大背景下,鼓励多元主体参与办学,强调工学结合的人才培养模式。通过引入市场机制,充分调动行业企业、学校以及社会各方的积极性,共同推动职业教育的发展,使培养出的人才能够更好地适应市场经济条件下产业发展的需求。

1985年,《中共中央关于教育体制改革的决定》出台,这一决定对职业教育的发展具有深远影响。它首次将高等职业教育纳入国民教育体系,拓宽了职业教育的发展空间。同时,该决定积极鼓励行业企业参与职业教育办学,打破了以往政府单一办学的格局,开启了职业教育多元化办学的新局面。行业企业的参与为职业教育带来了丰富的实践经验、先进的技术设备以及真实的市场需求信息,使职业教育能够更加贴近产业实际,培养出更符合市场需求的高素质技术技能人才。

1996 年,《职业教育法》正式颁布,这是我国职业教育发展历程中的重要法律文件。这是首次以法律形式明确规定"职业教育实行产教结合",并对学校与企业之间的密切联系提出了明确要求。《职业教育法》的颁布为职业教育产教结合提供了坚实的法律保障,使得产教结合从以往的政策倡导上升到法律层面,具有了更强的约束力和执行力。这一法律的出台,进一步规范了职业教育办学行为,明确了各方在产教结合中的权利和义务,为职业教育的健康发展营造了良好的法治环境。

2005 年,国务院发布《关于大力发展职业教育的决定》,提出"工学结合、校企合作"的人才培养模式,并大力推广"订单培养""顶岗实习"等具体合作模式。"订单培养"模式下,学校根据企业的人才需求订单,有针对性地制订人才培养方案,使学生在毕业后能够直接进入订单企业工作,实现了人才培养与企业需求的无缝对接。"顶岗实习"模式则让学生在真实的工作岗位上进行实习,全面参与企业的生产经营活动,不仅提高了学生的实践操作能力,还增强了学生的职业素养和就业竞争力。这些模式的广泛应用,极大地推动了职业教育与企业的深度合作,提高了职业教育人才培养的质量和效益。

(三)深化期(2014—2016 年):从校企合作到产教融合

1. 顶层设计升级

2014 年,国务院发布了《关于加快发展现代职业教育的决定》。这是一个具有重要意义的文件,因为它第一次把"产教融合"这个概念写入了国家文件。这意味着国家对职业教育和产业之间的关系有了更深入的认识,不再仅仅停留在校企合作的层面,而是要从更宏观的角度,让产业和教育全方位融合。这个文件的发布,为后续产教融合的深入发展指明了方向,也让各地政府、企业和学校更加重视产教融合工作。

2. 制度性突破

2015 年,教育部发布了《关于深化职业教育教学改革全面提高人才培养质量的若干意见》,这个文件明确了企业参与教学的法律地位。以前,企业参与职业教育教学没有明确的法律依据,在合作过程中可能会面临一些潜在风险。这个文件出台后,企业参与教学有了法律保障,企业可以更放心地将资源投入职业教育中。比如,企业可以和学校联合制订人才培养方案,参与课程开发,派员工到学校担任兼职教师。这一系列举措都为产教融合的深入推进提供了制度保障。

(四)体系化阶段(2017 年至今):国家战略驱动融合发展

1. 里程碑政策

2017 年,国务院办公厅发布了《关于深化产教融合的若干意见》。这是一个里程碑式的政策文件,因为它第一次把产教融合上升为国家战略。这说明产教融合不再只是教育领域或者产业领域的局部工作,而是关系到国家整体经济发展和人才培养的重要战略。这个政策出台后,各地政府纷纷制定相关配套政策,加大对产教融合的支持力度。企业和学校也更加积极地参与到产教融合工作中,因为大家都认识到这对国家、对企业、对学校、对学生都有很大好处。

2. 创新载体

2019 年,国家推出了《国家产教融合建设试点实施方案》。这个方案旨在通过试点的方式,探索产教融合的新模式、新路径。首批有 21 个城市、63 家企业入选试点。这些试点城市和企业在产教融合方面进行了很多创新探索。比如有些试点城市搭建了产教融合公共服务平台,为企业和学校提供信息交流、资源共享等服务。入选的企业也积极和当地学校开展深度合作,在人才培养、技术研发等方面取得了很多成果。这些试点为全国的产教融合发展提供了可复制、可推广的经验。

3. 数字时代转型

随着数字时代的到来,产教融合也面临新的机遇和挑战。2021 年,腾讯与深圳职业技术大学共建"云智学院",这是在数字时代背景下探索产教融合新模式的典型案例。双方在人工智能专业开展"课程共建、师资共培、项目共研"新模式。在课程共建方面,腾讯把自己在人工智能领域的前沿技术和实践经验融入到学校课程中,让学生能学到最实用的知识。在师资共培方面,腾讯的技术专家到学校授课,学校教师也到腾讯参与培训,提升教学能力。在项目共研方面,学校和腾讯共同开展人工智能相关项目研究,让学生参与到实际项目中,提高实践能力和创新能力。这种模式为数字时代的产教融合提供了新的思路,很多学校和企业都在学习借鉴。

中国产教融合的发展历程是一个从无到有、由浅入深的过程,经历了多个阶段的发展和完善。在不同阶段呈现出鲜明的特征。从萌芽期的"半工半读"到体系化时期的"智能融合",中国产教融合始终围绕产业需求与教育供给的动态平衡展开。尽管各阶段面临不同挑战,总体而言,产教融合在推动教育与产业协同发展方面取得了显著成就,但在政策完善、合作深化和区域协调等方面仍需持续改进和优化,以更好地适应经济社会发展的需求,培养出更多符合产业需求的高素质人才,推动产业升级和创新发展。尤其是数字化与智能化技术的引入,也为未来产教深度融合提供了新方向。下一步需进一步破解"校热企冷"问题,完善利益共享机制,推动教育链与产业链的深度融合。

第五节　类型、模式及典型案例分析

一、产教融合类型划分

在当今快速发展的经济社会中,产教融合不仅有助于提升教育教学的实践性和针对性,还能为企业注入新鲜血液,推动产业创新和升级。然而,产教融合并非一成不变的模式,它根据不同的主体、融合内容以及合作深度,展现出了多样化的形态。为了更深入地理解产教融合,并探索其在不同场景下的应用,笔者设计了产教融合分类模块。在这个模块中,将详细阐述产教融合的多种类型,包括按主体划分的政府主导型以及市场驱动型等;同时,还将从融合内容的角度,探讨人才培养融合型、科研创新融合型以及社会服务融合型等不同类型的产教融合。通过这一分类模块,将为大家介绍一个更全面、立体的产教融合图景,帮助大家更好地把握其内涵与外延,为理解教育与产业更深度的融合奠定基础。

(一)按主体关系分类

1. 政府主导型

在产教融合体系中,政府在这类产教融合模式中扮演着核心引领者与统筹协调者的角色。政府主导型产教融合通过多维度的积极举措,有力地推动着教育与产业的深度融合。

(1)政府凭借其宏观调控的职能,制定一系列科学合理、切实可行的政策法规,为产教融合搭建起坚实的制度框架。例如,出台专项政策明确规定企业参与产教融合的责任与义务,同时为积极参与产教融合的企业提供税收优惠、财政补贴等实质性的激励措施。以某地区为例,当地政府规定,对于参与产教融合且成效显著的企业,可享受一定比例的企业所得税减免,减免幅度最高可达15%。这一政策极大地激发了企业的参与热情,促使众多企业主动与高校建立合作关系。此外,政府还制定了严格的人才培养质量标准,要求高校与企业在合作过程中必须依据该标准制订人才培养方案,确保培养出的人才符合产业发展的实际需求。在专业设置方面,政府根据区域产业发展规划,引导高校优先开设与本地支柱产业、新兴产业相关的专业。比如推动当地高校对智能制造、新能源汽车等专业的建设力度,为产业升级储备了大量专业人才。

(2)政府充分发挥资源协调者的角色,协调与整合各方资源,为产教融合创造有利条件。在场地资源方面,政府协调土地资源,为校企合作项目提供建设用地,支持建设实习实训基地、产业学院等。例如,政府划拨专门土地,用于建设一所由高校与企业共建的智能制造产业学院,学院内配备了先进的生产设备和教学设施,为学生提供了良好的实践教学环境。在人力资源方面,政府组织开展各类人才交流活动,促进高校教师与企业技术人才的双向流动。一方面,鼓励企业技术骨干到高校兼职授课,将企业的实际生产经验和前沿技术带入课堂;另一方面,选派高校教师到企业挂职锻炼,提升教师的实践教学能力。同时,政府还积极协调科研资源,推动高校、科研机构与企业之间的科研合作。设立专项科研基金,支持产学研合作项目,鼓励各方联合攻克产业发展中的关键技术难题。例如,在新能源领域,政府组织高校、科研机构与相关企业共同开展科研项目,针对新能源电池的续航里程、充电速度等关键技术问题进行联合攻关,取得了一系列重要科研成果,并实现了产业化应用。

（3）政府主导规划一系列产教融合项目，并全力推动项目的实施。在项目规划阶段，政府深入调研区域产业发展现状与趋势，结合教育资源情况，确定重点扶持的产教融合项目领域。例如，在某地区，政府通过调研发现当地的生物医药产业具有良好的发展基础和广阔的市场前景，但在人才培养和技术创新方面存在短板。于是，政府规划了一系列生物医药产教融合项目，包括建设生物医药产业创新中心、设立生物医药人才培养基地等。在项目推动过程中，政府成立专门的项目推进小组，负责协调项目实施过程中的各项事务，确保项目顺利进行。同时，政府定期对项目进展情况进行评估和监督，及时解决项目实施过程中出现的问题。例如，对于一个校企合作的生物医药研发项目，政府项目推进小组定期到项目现场了解进展情况，协调解决企业与高校在合作过程中出现的知识产权归属、资金使用等问题，保障项目按计划推进，最终成功研发出一款具有自主知识产权的创新药物，并实现了产业化生产，推动了当地生物医药产业的快速发展。

政府主导型产教融合在国际上有广泛的应用，以德国的"生物集群计划"（BioRegio）为典型案例，该计划旨在推动区域内生物医药产业的协同发展。政府通过设立专项资金，明确产业发展规划与重点支持领域，积极搭建产学研合作平台。在具体实施过程中，政府制定了一系列优惠政策，如对参与合作项目的企业给予税收减免、科研经费补贴等。这些政策激励措施有效降低了企业参与合作的成本与风险，吸引了众多生物医药企业、高校以及科研机构积极投身于合作项目。通过政府的有力引导与资源调配，区域内逐渐形成了完整的生物医药产业链条与创新生态系统，促进了产业的集聚与创新发展，提升了区域在全球生物医药领域的竞争力。

2. 市场驱动型

此类型中，市场需求成为产教融合的关键驱动力，企业与教育机构基于对市场动态的敏锐洞察，自主开展合作。以特斯拉（美国）（以下简称特斯拉）与奥斯汀社区学院（以下简称社区学院）的合作为例，随着全球电动汽车市场的迅猛发展，特斯拉对具备专业知识与技能的电动汽车维修人才需求急剧增长。社区学院凭借其对市场需求的敏感度，迅速与特斯拉达成合作，共同开设"电动汽车维修认证课程"。在合作过程中，特斯拉充分发挥自身在电动汽车技术研发、生产制造方面的优势，为学院提供专业的课程内容、先进的技术支持以及丰富的实习实训机会。社区学院则利用其教育资源与教学经验，严格按照企业标准培养符合市场需求的专业人才。这种基于市场需求的合作模式，使企业与学院通过市场化的合作机制实现了互利共赢，不仅有效满足了市场对特定专业人才的迫切需求，也推动了电动汽车产业的健康发展。

（二）按融合的内容分类

1. 人才培养融合型

人才培养融合模块，根据融合的具体对象又可以细分为以下几点。首先是在课程上融合。高校会把企业的实际工作岗位技能要求融入课程体系。教学内容除了理论知识外，大量增加企业实践案例、实际操作技能等内容。其次是在师资上融合。高校教师会到企业挂职锻炼，学习企业的最新技术和管理经验；同时，企业的技术骨干、专家也会到高校兼职授课或指导实践。这样可以打造一支既懂理论又能实践的"双师型"教师队伍。比如，汽车维修专业的教师到汽车"4S"店挂职半年，学习汽车新技术，之后回校将这些新技术传授给学生。最后还可以在教学方式上融合。高校采用学校教学与企业实践交替进行的教学方式。如"工学交替"模式，学生在学校进行一段时间理论知识学习后，到企业进行一段时间的实践工作，然后再回校学习，通过这种方式让学生在理论和实践之间不断切换，提高学生的职业技能。通过多方面的融合去实现人才培养的融合。

2. 科研创新融合型

科研创新融合型产教融合指的是高校、企业和科研机构三方合作开展科研项目，将高校的科研力量与企业的实践场景、科研机构的前沿研究相结合，共同攻克技术难题。例如，某高校的材料学院与当地的新材料企业以及中国科学院材料研究所合作，开展新型复合材料的研发。在该合作项目中，高校的科研人员提供理论基础，企业提供试验场地和市场反馈信息，科研机构提供先进的测试设备和研究方法。除此以外，企业向学校提出自身的技术需求和技术难题，使高校的科研成果优先在合作企业中转化。或者高校将成熟的科研成果转让给企业，促进企业的技术创新，实现技术的转移。比如，一所农业院校将自己研发的高效种植技术成果转让给当地的农业企业，帮助企业提高农业生产效率。

3. 社会服务融合型

高校利用自身的专业优势，为企业提供员工培训、技术咨询等服务。例如，计算机培训学校为电商企业的员工开展电商运营技能培训，提高员工的业务水平；化工院校的教师团队为化工企业提供生产工艺咨询服务。当然，高校还会提供社会服务，通过与企业合作，面向社区开展技术服务和文化教育活动。例如，高校与社区内的养老机构合作，开展老年人护理知识培训和健康检查服务，还为养老机构的员工提供职业培训；机械制造企业与高校合作，在社区开展智能制造科普展览等活动。

(三)按合作深度分类

1. 资源互补型

在资源互补型产教融合中，合作双方主要在资源层面展开互补协作。以富士康工业互联网股份有限公司(以下简称富士康)与高校合作建立"智能制造实训基地"为例，富士康作为全球电子制造领域的领军企业，拥有先进的智能制造设备、丰富的生产实践经验以及大量的实际生产项目；高校则具备专业的师资队伍、完善的理论教学体系以及科研创新能力。富士康将先进的智能制造设备捐赠或租赁给高校，用于建设实训基地，为学生提供接触行业前沿设备与生产技术的机会，营造真实的生产实践环境；高校则为富士康提供人才输送、技术咨询等服务,助力企业解决技术难题,提升企业的创新能力。通过这种资源互补的合作方式,实现了双方资源的优化配置与高效利用,既提升了高校学生的实践操作能力,又为富士康获取了人才与技术支持,推动了双方的共同发展。

2. 战略共生型

战略共生型产教融合体现为校企双方基于长远发展战略,建立起深度融合、共生共荣的合作关系。例如,北京航空航天大学与中国商用飞机有限责任公司(以下简称商飞)合建"大飞机学院",双方从国家航空产业发展的高度出发,围绕大飞机研发、制造等核心领域开展全方位合作。在学院建设过程中,双方共同制订人才培养方案,将企业的工程实践需求与高校的学术研究优势紧密结合,开设符合航空产业需求的专业课程。同时,双方联合开展科研项目,针对大飞机制造过程中的关键技术难题进行协同攻关。在师资队伍建设方面,实现了企业工程师与高校教师的相互交流授课,培养出既懂理论又具备实践能力的复合型人才。这种战略共生型合作模式,不仅为商飞培养了大量急需的专业人才,推动了企业的技术创新与产业升级,也显著提升了北京航空航天大学在航空领域的学科建设水平与社会影响力,实现了校企双方在战略层面的深度融合与共同发展。

产教融合的类型多种多样,每种类型都有其独特的价值和应用场景。在实际操作中,可以根据具体需求和条件选择合适的产教融合类型,以实现教育资源与产业发展的良性互动和共赢发展。

二、产教融合典型模式案例

在深入探讨产教融合的多样化形态与理论框架之后,我们需将目光聚焦于其实际应用层面。产教融合的真正价值并非仅在于理论分类的梳理,而在于将这些理念切实转化为实践操作,推动教育与产业的深度融合。为此,本节选取了一系列具有代表性的产教融合典型案例,旨在通过对其深入剖析,揭示其内在机制与成功要素。

这些典型案例涵盖了多种创新合作模式,或是在特定领域取得了突出成果的实践范例。它们不仅生动展现了产教融合在不同情境下的具体实践路径,更凸显了其在促进人才培养、产业升级以及社会经济发展中的巨大潜力与实际效益。通过对这些案例的系统分析,我们能够从中汲取宝贵的经验与启示,为完善和发展产教融合模式提供有力的实证依据与理论支撑,进而推动产教融合向更深层次、更高质量的方向发展。

(一)智能制造领域

1. 产业学院模式

为深入贯彻相关政策精神,加速推进新工科建设与产教深度融合,苏州汇川技术有限公司(以下简称汇川技术)与天津职业技术师范大学(以下简称天职师大)于2025年3月11日正式签署战略合作协议,共同打造"汇川现代产业学院"。

汇川技术具有智能制造产业生态优势,天职师大拥有职业教育资源,双方聚焦新质生产力发展需求,探索校企协同育人新范式。在合作内容上,围绕"优势互补、资源共享、合作共赢"原则,双方在创新人才培养模式、提升智能制造领域重点专业内涵、共建校企联合课程、加强"双师型"师资队伍建设、搭建产学研服务平台、建立区域产教融合示范中心、联合开展教育装备研发与产业化等七大核心领域开展合作。

通过该产业学院的建设,一方面,在人才培养上,能够为智能制造领域输送高素质复合型人才,推动智能制造人才培养标准化进程,缓解产业人才短缺痛点;另一方面,在产业层面,构建了技术成果转化平台,可赋能中小微企业智能化升级。此外,双方还将依托"鲁班工坊"国际职教合作平台,向全球输出中国智造标准与解决方案,助力构建智能制造领域的国际生态共赢格局。

2. 市域产教联合体模式

济南市智能制造与高端装备产教联合体是济南职业学院参与打造的重要产教融合平台。山东省作为职业教育创新发展高地,积极推动各类产教融合平台建设。该联合体整合了政府、学校、行业、企业等多方资源。

在运行机制上,双方通过搭建合作平台,推动多元主体参与职业教育。例如,在人才培养方面,企业参与学校人才培养方案的制订,将行业最新需求融入教学内容;学校为企业员工提供继续教育和技能提升培训。在技术研发上,学校与企业联合开展科研项目,共同攻克智能制造与高端装备领域的技术难题。这种模式形成了产教良性互动、互相促进的发展格局,推动了济南市智能制造与高端装备产业的升级发展,也提升了职业教育对产业发展的支撑能力。

3. 订单班模式

沈阳工学院与库卡机器人有限公司合作开设"沈工-库卡订单班",以培养应用型人才为目标,以"理论与实践并重、技能与创新同行"为核心。

在课程设置上,订单班课程内容紧密对接工业机器人全产业链岗位需求,涵盖 KR C5 电器维护、KUKA 智能 KR C5 工业总线技术 PROFINET、KUKA Sim 仿真软件应用、KUKA AGV 技术及应用等前沿核心课程,全面提升学生数字化设计与智能系统集成能力。同时,注重培养学生工业机器人全生命周期技术能力、跨学科系统思维以及工业 4.0 适应性等三大核心能力。校企双方共同定制课程体系,引入企业真实项目案例,确保教学内容与行业技术迭代同步。此外,学校还结合行业实际需求,为订单班学生提供专业英语培训。

从成果来看,第一批订单班的 30 名学生在实习中积累了丰富实践经验,为后续职业发展打下坚实基础。第二批订单班的开班,标志着学校产教融合进一步深化,为工业自动化领域持续输送懂理论、精技术、善创新的高素质技术技能人才。

4. 产教融合集成平台模式

无锡职业技术学院对标长三角地区现代产业需求,不断深化产教融合。学校联合政府、行业、企业共建"人才培养、生产示范、技术服务、文化融合、国际交流"五位一体的产教融合集成服务大平台,入选国家发展和改革委员会"十三五"产教融合工程项目。

5."双导师制"培养模式

华中科技大学与格力电器股份有限公司合作,充分发挥了企业工程师与高校教授的各自优势。在学生培养过程中,企业工程师凭借其丰富的一线实践经验,将实际生产中的技术难题与解决方案引入教学,使学生能够深入了解企业的生产流程与技术需求。高校教授则运用深厚的学术知识,引导学生从理论层面剖析问题,为解决实际问题提供坚实的理论支撑。在学生毕业设计环节,双方导师紧密合作,共同指导学生完成设计项目。例如,针对格力电器生产线上的自动化改造项目,学生在企业工程师的带领下,深入生产现场进行调研与数据采集,高校教授则帮助学生运用先进的控制理论与算法,对改造方案进行优化设计。通过"双导师制"培养模式,学生的实践能力与创新能力得到了显著提升。

6."虚拟工厂"实训模式

"工业机器人数字孪生平台"利用先进的数字孪生技术,精确模拟真实的工业机器人生产线运维场景。学生在虚拟环境中能够进行全方位的操作训练,包括机器人编程、故障诊断与维修等。与传统实训方式相比,虚拟实训具有诸多优势。学生可以在安全、低成本的环境下反复练习,熟练掌握工业机器人的操作技能,从而有效提升实训效率。经实践验证,该模式使实训效率提升了40%,设备损耗成本降低了65%。同时,学生在虚拟工厂中接触到的是企业实际生产中的真实场景与技术标准,毕业后能够迅速适应企业岗位需求。这种模式为智能制造行业培养了大量技能型人才,也为企业降低了人才培养成本与风险。

江苏省教育厅2023年5月22日发布的《无锡职业技术学院:"技术引领、并跑产业、科教融汇"深耕智能制造产教融合办学改革创新》表明,在智能制造领域,无锡职业技术学院围绕关键技术,与国内外行业龙头企业合作,走"平台共建、资源共享、命运共通"的产教融合道路。通过该平台,累计培养全国技术能手2名、省技术能手10名、省科技副总42名,主持和参与制定国家标准、行业标准等技术标准16项。同时,校企共建产业学院,如西门子数字孪生技术、比亚迪云新能等7大现代特色产业学院和1个"专精特新"产业学院,形成"双主体两融合多通道"人才培养模式,优化了学校技术技能人才分类培养育人体系。

(二)职业教育领域

在职业教育领域,湖南电气职业技术学院在产教融合中对协同创新理论的应用成效显著,通过产业层面战略协同、组织层面管理协同以及学生、教师等个人层面技能协同,探索出了一条具有特色的发展道路。

1. 产业层面战略协同

学院积极协同共建技术服务联盟，通过与相关企业、行业组织合作，形成了联盟化、集约化和高端化的合作模式，有效提升了学院的技术技能积累能力。例如，学院与多家电气设备制造企业、行业协会共同组建电气技术服务联盟，整合各方资源，共同开展新技术研发、推广与应用。在联盟框架下，各方发挥自身优势，针对区域内电气产业发展中的关键技术问题进行联合攻关，为区域内电气产业的发展提供了强有力的技术支持，促进了产业结构的优化升级。

2. 组织层面管理协同

学院通过多种路径加强与企业的合作，共建产业学院是加强合作的重要举措。以湖南电气职业技术学院与奥的斯电梯公司共建奥的斯电梯产业学院为例，在产业学院建设过程中，双方在人才培养、课程开发、实践教学、技术研发等方面展开深度合作。企业深度参与人才培养方案制订，将企业的岗位需求、技术标准融入课程体系，确保培养出的学生符合企业实际需求。企业还提供先进的电梯设备用于实践教学，让学生在真实的工作场景中学习操作技能。在师资队伍建设方面，企业技术人员与学院教师共同授课，实现了师资互补。同时，双方合作开展电梯技术研发项目，针对电梯运行安全、节能等问题进行技术攻关，取得了一系列科研成果，并应用于企业生产实践，不仅提升了企业的技术创新能力与市场竞争力，也提高了学院的技术技能积累水平。

3. 个人层面技能协同

学院注重学生、企业、教师之间的技能传承与创新，通过"双元育人"模式，实现了学生技能的积累与提升。在该模式下，学生在学校学习理论知识，在企业进行实践操作，将理论与实践紧密结合。教师通过到企业挂职锻炼、参与企业项目等方式，提升自身的实践教学能力，将企业的新技术、新工艺引入课堂教学，使教学内容更贴合实际生产需求。企业则通过接收学生实习、与教师合作研发等方式，为企业培养潜在人才，同时也从高校获得技术创新支持。例如，学院的学生在企业实习期间，参与企业的生产项目，将所学理论知识应用于实践，提升了实际操作技能。教师在参与企业项目研发过程中，不仅提升了自身的科研能力，还将项目中的实际案例引入课堂，丰富了教学内容，提高了教学质量。这种个人层面的技能协同，促进了教育链、人才链与产业链、创新链之间的有机融合，为电气行业培养了大量高素质技术技能人才。

第二章　产教融合人才培养模式

第一节　人才培养目标定位

在产教融合的背景下,人才培养目标的定位需紧密契合产业发展的前沿需求。智能制造作为新一轮工业革命的核心驱动力,正以前所未有的速度重塑全球制造业格局。这一领域的迅猛发展不仅对技术的创新性提出了更高要求,也对人才的专业素养和实践能力提出了新的挑战。

一、智能制造产业发展趋势与人才需求

智能制造作为新一轮工业革命的核心驱动力,正以前所未有的速度重塑全球制造业格局。国际综合数据资料库 Statista 数据显示(图 2-1),全球智能制造市场规模在过去几年呈现出稳健的增长态势。在 2018 年,全球智能制造市场规模约为 8770 亿美元,随后逐年攀升,到 2023 年,这一数字已增长至 14160 亿美元,年复合增长率达到了 9.8％。预计到 2030 年,全球智能制造市场规模有望突破 30000 亿美元大关,达到 31250 亿美元。

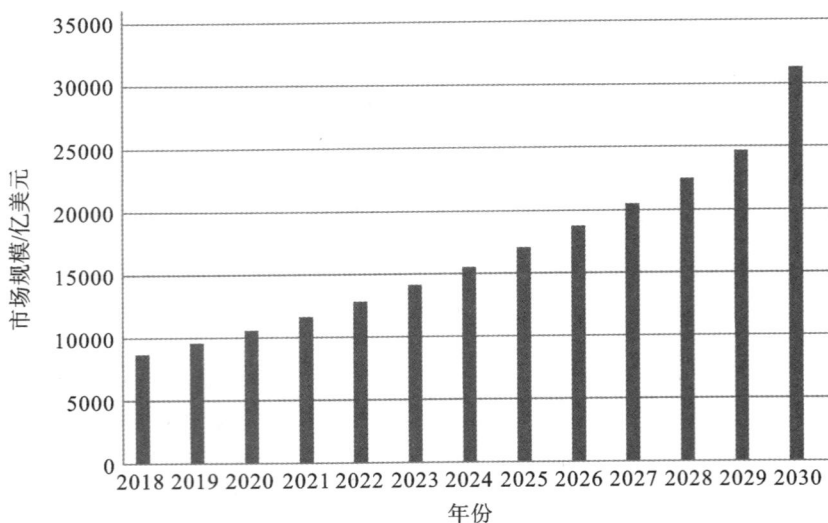

图 2-1　全球智能制造市场规模及预测

智能制造的发展呈现出鲜明的趋势。数字化转型是智能制造的基础,企业通过数字化手段把生产、管理、销售等环节都整合到一起,能及时收集、传送和分析数据。通过工业互联网进行网络化协同制造变得很常见,企业不用受地域限制,能和上下游的供应商、合作伙伴高效合作,让资源得到更好的配置。而智能化是智能制造最核心的目标,借助人工智能、机器学习等先进技术,生产过程能够实现自主决策、精准控制和智能维护。这意味着系统可以根据实时数据和预设规则自动调整生产参数、优化生产流程、减少人工干预,从而提高生产效率和产品质量。

这些发展趋势对需要什么样的人才影响很大。智能制造领域融合了机械工程、电子信息、自动化控制、计算机科学等多个学科的知识,从业人员不光要把专业知识学得很扎实,还得会把不同学科的知识结合起来用。这意味着特别需要复合型人才。当然,创新型人才对智能制造产业发展很关键。在变化很快的智能制造环境里,企业需要那些能不断想出新技术、创新商业模式的人,这样才能在竞争中保持优势。所谓“光说不练假把式”,要把智能制造落到实处,需要很多能把理论知识用到实际生产中的人,这些人须掌握操作设备、调试系统、诊断故障等实际技能,所以实践型人才也必不可少。

综上可见,全球制造业的智能化转型加速,对智能制造人才的需求呈现出多元化、高层次化的特点。这一趋势要求高校不仅要关注当前市场对技能型人才的迫切需求,更要着眼于未来产业的发展方向,培养具备创新思维和跨学科能力的复合型人才(陈裕先,2015)。因此,将产业界的人才需求与教育界紧密对接,是实现高质量就业和推动产业升级的关键所在。

二、产教融合人才培养目标

结合智能制造产业需求,产教融合人才培养目标应聚焦于以下几个关键方面。

(一)扎实专业知识与技能

培养学生掌握智能制造领域的核心专业知识,如智能装备设计、工业机器人编程、智能制造系统集成等。通过实践教学环节,学生具备熟练操作智能制造设备、运用相关软件工具的技能,能够胜任智能制造领域相关岗位工作,如智能制造工艺工程师、自动化生产线运维工程师等。

(二)创新意识与实践能力

注重激发学生的创新思维,通过开设创新实践课程、组织学生参与企业实际项目等方式,培养学生解决智能制造领域实际问题的能力。鼓励学生在实践中探索新技术、新方法,提升其创新设计与实践动手能力,为产业创新发展注入活力。

(三)良好职业素养与团队合作精神

强调职业素养的培养,使学生具备严谨的工作态度、高度的责任心和良好的职业道德。同时,通过项目式教学、团队协作实践等活动,培养学生的团队合作精神,使其能够在跨部门、跨领域的团队中有效沟通与协作,适应智能制造产业发展需求。

三、人才培养目标定位的案例分析

以中国的上海大学和美国的斯坦福大学为例,对其产教融合人才培养目标进行对比分析(表2-1)。

上海大学在智能制造相关专业人才培养上,积极响应国内制造业转型需求。课程设置紧密围绕本土产业特点,如针对长三角地区发达的智能制造装备产业,开设了智能装备设计与制造、工业物联网技术应用等课程。这些课程注重将理论知识与国内企业生产实践相结合,着重培养学生对国产智能制造设备的操作、维护及优化能力。在实践教学方面,上海大学与中国宝武钢铁集团有限公司、上海电气集团股份有限公司等当地大型企业建立了长期稳定的合作关系。学生在企业实习期间,能够参与实际生产项目,例如协助工程师进行生产线自动化改造、智能工厂信息化系统搭建等工作。学校还定期邀请企业技术专家进校举办讲座,分享行业最新技术动态和实际工作经验,使学生能够及时了解产业前沿信息。这种培养模式使得学生毕业后能迅速适应当地企业岗位,增强就业针对性。然而,上海大学在国际化视野方面存在一定局限。在课程体系中,涉及国际前沿智能制造技术和全球产业发展趋势的内容相对较少,例如对欧美先进的智能制造理念、技术标准以及跨国企业智能制造管理模式的研究不够深入。此外,跨学科知识融合培养的深度有待加强,虽然设置了一些跨学科课程,但在实际教学中,不同学科知识的融合往往停留在表面,未能有效引导学生运用多学科知识综合解决复杂的智能制造问题。

斯坦福大学以培养具有全球视野、引领智能制造技术创新的高端人才为目标。其课程设置极具前瞻性,涵盖了人工智能在智能制造中的前沿应用、全球智能制造发展战略等课程。学校拥有来自世界各地的顶尖师资,采用跨学科项目式教学,鼓励学生组建跨学科团队参与国际智能制造竞赛和科研项目,极大地提升了学生的综合素质与国际竞争力。学生在校期间能够接触到全球最新的智能制造理念与技术,并有机会与国际知名企业合作开展研究。然而,斯坦福大学与当地产业结合不够紧密。在实践教学方面,学生参与当地中小企业实际项目的机会相对较少,导致学生毕业后回国就业或进入非国际顶尖企业工作时,对不同规模企业的实际生产环境、管理模式以及本土产业特色需求缺乏足够了解,需要一定时间来适应。而且由于过于侧重前沿技术研究和理论教学,在实践技能培养方面存在不足,学生在设备操作、实际生产工艺等基础实践能力的训练上不够充分,进入企业后可能在基础实践工作中面临挑战。

表 2-1　人才培养目标定位国内外对比

高校	人才培养目标	优点	缺点
上海大学	强调培养掌握智能制造技术,能在相关企业从事设计、生产、管理工作的应用型人才;注重实践教学与企业项目对接。	紧密结合国内产业实际需求;实践教学环节有助于学生快速适应企业岗位;与当地企业合作紧密,学生就业针对性强。	国际化视野相对不足,对前沿技术的研究与应用在人才培养目标中体现不够充分;跨学科知识融合培养的深度有待加强。
斯坦福大学	旨在培养具有全球视野,能引领智能制造技术创新,具备跨学科知识和国际竞争力的高端人才。课程设置注重国际前沿技术与创新思维培养。	国际化程度高,学生接触到全球最新的智能制造理念与技术。跨学科培养模式有利于学生综合素质提升。	与当地产业结合不够紧密,学生毕业后回国就业或进入非顶尖企业工作可能存在对实际情况不熟悉的问题;实践教学环节相对薄弱,对学生实践技能的培养可能不足。

　　基于以上分析,建议我国在人才培养目标定位上,进一步拓宽国际化视野。可以增加国际交流合作项目,如与国外知名高校开展学生交换生计划、联合培养项目,引进国际先进的教学理念与课程体系,开设智能制造国际前沿技术专题课程。同时,深化跨学科知识融合,建立跨学科课程模块与实践项目,鼓励不同学科教师联合授课,引导学生参与跨学科科研项目,提升学生综合运用多学科知识解决实际问题的能力。

第二节　培养模式构建

　　在当今全球化竞争日益激烈和科技迅猛发展的时代,各行各业对高素质人才的需求愈发迫切。传统的人才培养模式已难以满足市场和社会的实际需求,而产教融合作为一种新型的人才培养模式,正逐渐受到广泛关注。它不仅能够整合教育资源和行业资源,实现优势互补,还能有效提升学生的实践能力和综合素质,为社会输送更多符合实际需求的专业人才(刘奉越,2024)。因此,深入探讨产教融合人才培养模式的构建路径,对于推动教育改革和产业发展具有重要意义。本节将具体介绍产教融合人才培养模式构建路径具体包括的关键环节(图 2-2)。

　　要构建人才培养路径首先需要进行人才需求分析,即高校与企业共同开展市场调研,进一步了解智能制造产业发展趋势、企业岗位需求以及人才缺口情况。分析不同工作岗位对知识、技能、素质的具体要求,可为后续人才培养方案的制订提供有力的支撑。

校企双方可以根据人才需求分析的结果共同制订人才培养方案。培养方案应包括进一步明确培养目标、定位培养规格、完善课程设置、制订教学计划、实践教学安排等内容。培养方案应体现产教融合特色，注重实践教学与企业项目的融入。在课程开发环节，要以企业实际工作过程为导向，比如将课程分为通识教育课程、专业基础课程、专业核心课程和实践教学环节等，具体的课程内容需要紧密结合产业实际，引入企业真实案例与项目，注重培养学生的实践能力和创新能力。在资源建设模块，校企合作共建教学资源，包括教材编写、案例库建设、实训平台搭建、虚拟仿真系统开发等。企业根据自身生产优势，可提供实际生产案例、设备设施等资源，高校则可组织教师进行资源整合与开发，确保教学资源的实用性和先进性。在教学过程

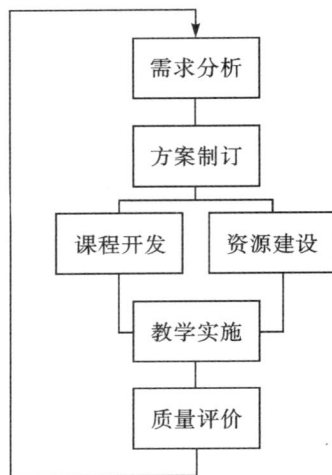

图 2-2　产教融合人才培养
模式构建路径图

中，弥补传统教学侧重理论知识传授的缺陷，采用多样化的教学方法，如项目式教学、案例教学、工作过程导向教学等。企业工程师参与课堂教学与实践指导，高校教师负责理论教学与学生管理。通过工学结合的方式，让学生在实践中学习，提高解决实际问题的能力。这些精心设计的培养路径，是确保能够培养出符合市场需求、具备创新精神和实践能力的高素质人才的关键。然而，如何知道这些培养路径是否真正有效？如何衡量学生的培养目标是否达到了预期？建立科学、全面的质量评价体系显得尤为重要。它不仅可以帮助评估学生的综合素质和专业能力，还可以为人才培养路径提供反馈，以便不断优化和完善。所以，人才培养路径的最后是搭建多元化的质量评价体系，让校企双方共同参与评价。质量评价体系将围绕学生的专业知识、技能水平、创新能力、团队协作能力等方面展开，以确保评价的全面性和客观性。具体的评价方法可包括考试、完成作业、制作项目作品、撰写实习报告等，通过多样化的评价方式，如笔试、面试、项目评审等，来全面评估学生的综合素质和专业能力。最后利用有效的反馈机制，将评价结果及时反馈给相关部门和教师，以便他们根据评价结果调整教学内容和方法，及时调整人才培养方案，进一步优化人才培养路径，持续提高人才培养质量。

第三节　课程体系开发

　　产教融合人才培养模式的构建是教育领域的一项重大改革与创新，它旨在通过深度融合产业与教育，打破传统教育模式的界限，培养出更多既具备扎实理论知识又拥有丰富实践经验的高素质人才。这一模式的成功实施，离不开科学合理的产教融合课程体系

的开发。课程体系作为人才培养的核心组成部分,不仅承载着传授知识的重任,更是培养学生实践能力、创新思维和职业素养的关键所在。因此,要有效推进产教融合人才培养模式的构建,就必须深入研究和开发与之相适应的产教融合课程体系,以确保人才培养的质量与效果。接下来就从课程体系开发的原则,到体系结构的结构分析,再到课程开发的具体方法,全面了解一下课程体系开发的整个过程。

一、产教融合课程体系开发的原则

产教融合课程体系的开发,就像是搭建一座连接学校和企业的坚固桥梁,让教育与产业无缝对接。这座"桥梁"不仅要考虑学生现在的需求,更要预见到他们未来的职业发展,确保学生们毕业后能迅速适应职场,成为行业中的佼佼者。在搭建这座"桥梁"时,需要遵循几个简单却重要的原则,才能让课程体系既贴近实际又富有前瞻性。

(一)需求导向原则

课程设置需要紧密围绕产业需求,课程内容要跟着行业走,就像追赶时尚潮流一样,以市场为导向。因此,高校要时刻关注行业的最新动态,深入调研企业岗位需求,将企业实际工作任务转化为课程内容,不断更新教学内容,确保学生所学知识与技能能够满足产业发展需要。例如,根据智能制造领域对工业大数据分析人才的需求,开设相关课程,使学生掌握数据采集、处理、分析与应用的能力。如此,待他们步入职场,便能把最前沿的知识与技能直接转化为生产力,迅速脱颖而出,成为引领行业潮流的先锋力量。

(二)理论实践并重原则

知识和技能就像是人的两只手,缺一不可。课程要让学生既懂理论,又能动手操作,所以要注重培养学生的实践能力和创新能力。课程内容以培养学生解决实际问题的能力为出发点,通过项目式教学、实践教学等方式,让学生在实践中掌握知识与技能。同时,鼓励学生参与科研项目、创新创业活动,提升其创新思维与实践能力。

(三)校企协同原则

构建校企协同原则,应充分发挥双方优势互补效应。企业拥有丰富的实践经验、实际项目资源和先进的生产设备;高校拥有专业的师资力量和完善的教学体系。在校企协同开发课程过程中,需确保企业工程师与高校教师共同深度参与课程体系设计、教学内容编撰以及实践教学环节指导,实现双方优势资源的深度整合与高效配置。

二、产教融合课程体系的结构

在科技飞速发展的时代,智能制造已成为全球制造业发展的重要趋势与核心方向。它融合了先进的信息技术、自动化技术、人工智能等前沿科技,对传统制造业进行全方位的升级与变革,催生出更高效、更智能、更具竞争力的生产模式。随着智能制造业的蓬勃兴起,市场对相关专业人才的需求呈现出暴发式增长。这些人才不仅要具备扎实的专业知识,还需拥有较强的实践操作能力、创新思维以及跨学科融合的能力,以快速适应行业的动态变化和企业的实际需求。

产教融合作为一种将产业需求与教育教学紧密结合的人才培养模式,成为培养适应智能制造领域发展需求人才的关键路径。而构建科学合理、层次分明的课程体系,则是产教融合人才培养模式的核心所在。产教融合课程体系开发应以行业需求为导向,打破传统学科界限。在智能制造领域,课程体系可分为通识教育课程、专业基础课程、专业核心课程、实践课程和拓展课程五个模块(图2-3)。

(一)通识教育课程

通识教育课程主要有人文社科、外语、体育这些基础课程。设置这些课程的目的是让学生各方面素质都得到提升,培养学生的人文素养,以及与不同文化背景的人交流的能力。通过这些通识教育课程,学生的知识面能变宽,为以后学专业知识,还有未来的发展打好基础。比如,学习人文社科类课程,能让学生对社会、历史、文化有更多了解,提升文化修养;学习外语,能让学生以后有机会和国外同行交流合作;体育课程能让学生有个好身体,毕竟身体是学习和工作的本钱。

(二)专业基础课程

专业基础课程包含机械制图、电工电子技术、工程力学、控制工程基础等课程。这些课程是为学生学习专业核心课程做知识储备的。专业基础课程主要是传授理论知识,培养学生最基本的专业能力。如机械制图课程,就是教学生怎么看懂和绘制机械图纸,这是从事机械方面工作必须掌握的技能;电工电子技术课程让学生了解电路、电子元件等知识,为以后接触电气设备打下基础;工程力学课程能让学生明白物体受力的原理,学生在设计机械结构的时候能用到;控制工程基础课程能让学生初步了解控制系统是怎么回事,对后续学习智能控制相关知识有帮助。专业基础课程为学生学习专业核心课程提供必要的知识储备。

(三)专业核心课程

专业核心课程有智能制造技术基础、工业自动化控制技术、智能装备设计等课程。这些课程都是围绕智能制造的核心技术展开的,特别注重理论和实践的结合。如智能装备设计课程,学生在这门课上学习设计智能加工设备。在设计过程中,学生需掌握机械结构设计,即学习设备的外形、各个部件怎么组合;掌握电气控制设计,即学习设备里电路怎么连接,怎么控制设备运行;掌握智能控制系统集成,学习把各种智能控制的部分整合到一起,让设备能按照设定好的程序智能运行。通过这样的学习,学生能真正掌握智能制造领域的核心知识和技能。

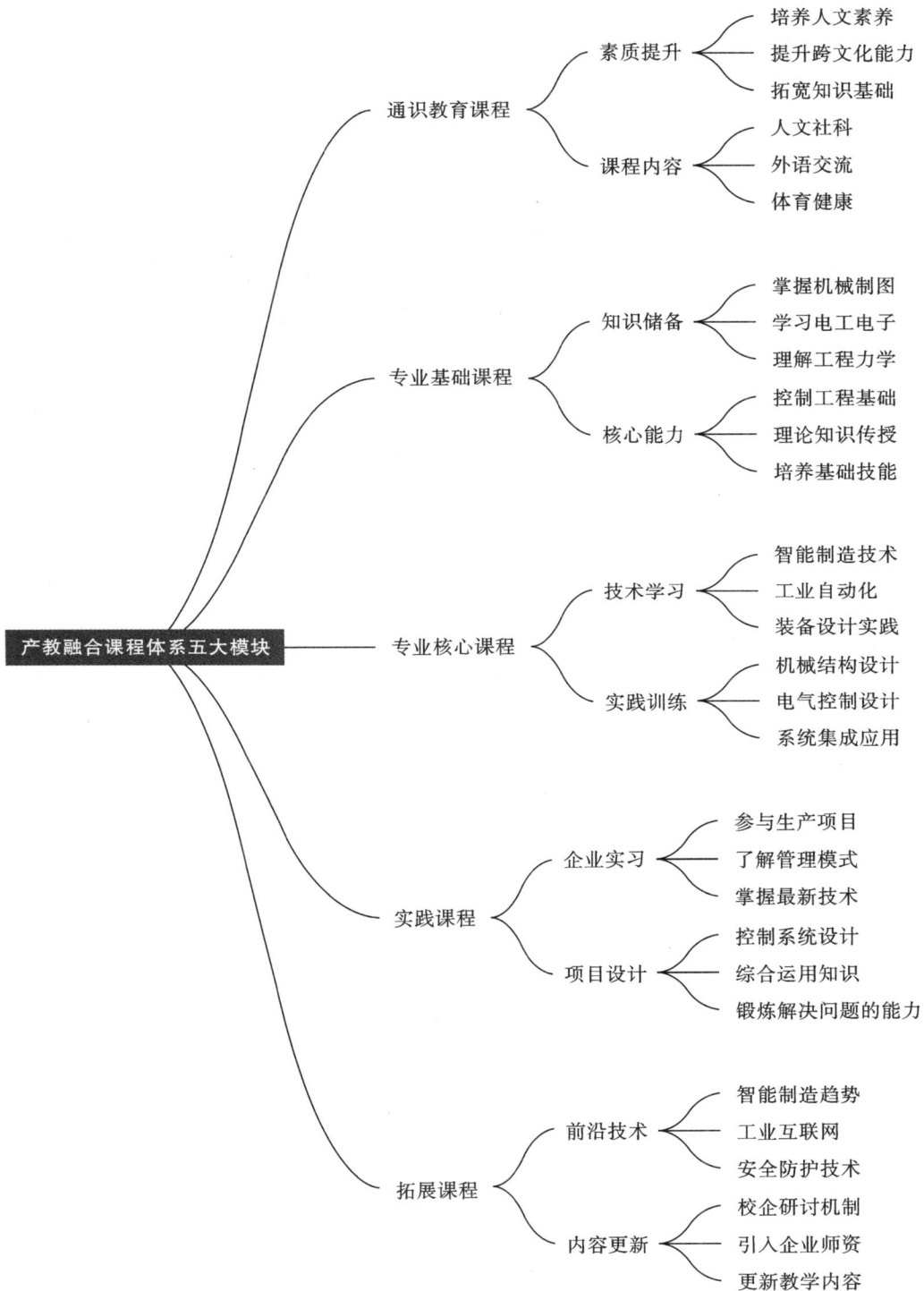

图 2-3　产教融合背景下智能制造领域课程体系

(四)实践课程

实践课程是产教融合课程体系的重点部分,包括企业实习、课程设计、毕业设计等环节。学生到企业实习时,能参与企业的生产项目,了解企业是怎么生产的,管理模式是什么样的,还有行业里最新的技术是怎么应用的。比如,学生在企业实习时,能看到最新的自动化生产线是怎么运作的,企业是怎么管理生产流程,保证产品质量的。课程设计是以企业实际项目为背景,如设计一个小型智能制造生产线的控制系统。学生在做这个设计时,须把所学的各种知识综合起来,解决实际工程中遇到的问题,锻炼解决实际问题的能力。

(五)拓展课程

拓展课程设置了智能制造前沿技术、工业互联网安全等课程,目的是拓宽学生的知识面,让学生知道行业未来朝着什么方向发展。比如,智能制造前沿技术课程能让学生了解最新的机器人技术、人工智能在制造业的应用;工业互联网安全课程能让学生知道在工业互联网环境下,怎么保证生产系统的安全,不被黑客攻击,等等。此模块课程可进一步拓宽学生知识面,使其了解行业发展趋势。

为保证课程内容跟上时代的发展,学校和企业要定期开课程内容更新研讨会,把企业最新的技术、工艺补充到课程里。而且,还要请企业里的兼职教师到校上课,他们在企业工作,有丰富的实践经验,能给学生讲更符合实际工作情况的内容,让学生学到的知识更实用。

了解了智能制造领域产教融合课程体系结构后,接下来要探讨如何依据课程体系进行具体的课程开发。课程开发是一个将理论与实践相结合、教育与产业相衔接的过程,需要遵循一定的方法和原则,以确保开发出的课程能够满足市场需求,培养出具有实践能力和创新精神的高素质人才。

三、产教融合课程开发的方法

(一)项目式教学法

高校以实际项目为载体,将复杂的课程内容精细地分解为若干个具有明确目标和要求的子项目任务。这些任务涵盖了从理论知识的应用到实践技能的操作,确保学生在完成任务的过程中能够全面地学习和掌握相关知识。例如,在智能制造系统集成课程中,以企业真实的智能制造生产线集成项目为背景,让学生分组完成项目方案设计、设备选型、系统调试等关键环节的任务。通过这种方式,学生不仅能够深入理解和掌握相关理论知识,还能在实践中培养综合应用能力和团队协作能力。在项目执行过程中,教师应密切关注学生的学习进展情况,及时提供指导和支持。这包括定期的检查、阶段性成果评估以及反馈,确保学生能够按照既定计划推进项目,并在实践中不断修正和完善自己负责的方案。项目完成后,需要组织学生进行成果展示,鼓励他们分享自己的经验和收获。同时,邀请行业专家和企业代表参与评审,提供专业的反馈和建议。这种方式不仅可以激发学生的学习积极性和创造力,还能帮助他们了解自身的优点和不足,为未来的学习和工作打下坚实的基础。

(二)案例教学法

案例教学法是指选取具有代表性的企业真实案例作为教学素材进行教学。这些案例应与课程内容紧密相关,能够体现出行业发展的最新趋势和挑战。通过对案例的筛选、整理和分析,提炼出关键的教学点和讨论话题,为后续的教学活动做好准备。

在课堂上,教师引导学生对案例进行深入剖析,探讨其中的问题、原因以及可能的解决方案。通过小组讨论、角色扮演等互动形式,学生积极参与案例分析,培养独立思考能力和解决问题的能力。基于案例分析的结果,学生需要提出切实可行的改进方案或对策建议。在这个过程中,教师应鼓励学生发挥创新思维,尝试用不同的方法和手段来解决问题。同时,对学生提出的方案进行点评和指导,帮助他们完善思路和提高方案的可操作性。

(三)工作过程导向法

高校根据实际的工作场景和要求,将课程内容划分为若干个具体的工作任务。每个任务都对应着特定的职业技能和知识要求,使学生能够清晰地了解学习目标和努力方向。例如,在智能装备制造工艺课程中,按照智能装备的制造工艺流程,设计从零件加工、装配到调试的一系列工作任务,使学生在学习过程中逐步熟悉智能装备制造的全过程。为增强学生的代入感和实战体验,教师可以在课堂上营造出接近真实的职场氛围。如可以通过设置实验室、实训基地等方式,让学生在模拟的工作环境中完成各项任务,感受工作压力和团队合作的重要性。最终按照学生在工作过程中的表现和成果来进行考核评价,注重对学生职业技能和综合素质的评价。这种评价方式更加贴近企业的实际需求,有助于激发学生的学习动力和提高教学质量。

综上,项目式教学法通过真实项目的实施,让学生在实践中学习和应用知识,增强学习的针对性和实用性。它注重培养学生的综合应用能力和团队协作精神,使学生在完成项目任务的过程中不断提升自身的职业技能和素养。案例教学法则通过真实案例的分析与讨论,使学生能够将理论知识与实际问题相结合,加深对知识的理解和记忆。它培养了学生的独立思考能力和解决实际问题的能力,同时激发了学生的创新思维和批判性思维。工作过程导向法强调模拟真实的工作场景和任务,使学生在学习过程中就能够接触到职场的实际环境和要求。它注重培养学生的职业技能和综合素质,使他们能够更快地适应未来的工作岗位,增强就业竞争力。

总之,产教融合课程开发方法具有多样性和灵活性,可根据学生的实际需求和产业的发展趋势进行有针对性的设计和调整。这些方法共同促进了产教融合课程的有效实施,提高了人才培养的质量和效率。

第四节　教学资源建设

随着科技的飞速进步和产业结构的深度调整,传统的教学模式与产业实际需求之间的鸿沟日益凸显。为何高校培养出的大量毕业生难以迅速适应企业的实际工作需求?为何企业投入大量资源开展新员工培训,却依然难以填补人才技能的缺口?这些问题的根源在于教育与产业之间的脱节,而产教融合教学资源建设正是解决这一难题的关键所在。构建适应新时代发展的教学资源体系迫在眉睫。教学资源建设的科学性、实用性和前瞻性直接关系到人才培养的质量和效果。产教融合教学资源建设不仅是对教育与产业要素的有机整合,更是一场涉及教育理念、教学方法、课程体系等多维度的深刻变革。本节将深入探讨产教融合教学资源建设的意义、内容、路径和不足之处等,旨在为教育工作者、产业从业者和政策制定者提供具有实践指导意义的理论参考。

一、产教融合教学资源建设的意义

(一)提高教学质量,培养符合产业需求的高素质人才

当下,社会对于人才的需求日益多样化和专业化。而丰富的、优质的教学资源,就如同为教学活动注入了一股强大的动力,能够为教学活动提供坚实有力的支撑。当企业的实际案例、项目资源被巧妙地引入教学过程时,原本略显抽象的教学内容就会变得鲜活生动起来,与真实的产业实际紧密相连。

想象一下,学生不再是单纯地从书本上获取理论知识,而是通过分析企业实际发生的案例,参与真实的项目模拟,他们能够更直观、更深入地理解和掌握所学的知识与技能。这就好比给他们打开了一扇通往真实工作环境的大门,让他们在学习的过程中逐渐适应未来的职业角色,从而有效地提高教学质量。经过这样的培养,学生最终将成为符合智能制造等各类产业实际需求的高素质人才,为未来发展打下坚实的基础。

(二)促进校企合作,实现资源共享、优势互补

产教融合教学资源建设的实施并非学校或企业的单打独斗,而是需要校企双方携手合作,共同参与。在这个过程中,企业和高校各自发挥独特的优势,就像两个拼图的完美契合。企业拥有实践教学场地、先进的设备以及专业的技术支持等宝贵资源。这些资源为学生提供了真实的实践环境,让他们能够在学习过程中接触到最前沿的技术和工艺。而高校则汇聚了一批高素质的师资力量,他们在教学研究方面有着深厚的造诣。同时,高校的教学研究成果也能为企业的发展提供理论支持和创新思路。通过资源共享与优势互补,校企合作得以进一步加强。这种合作不仅能够为学生创造更好的学习条件,还能推动企业在技术创新和人才培养方面取得更大的突破,从而实现产教融合的深入发

展,形成一种互利共赢的良好局面。

(三)推动教育教学改革,创新人才培养模式

教学资源建设的不断更新和完善能够促使高校摒弃传统的教学理念,勇敢地探索适合产业发展需求的人才培养模式。随着产业的飞速发展,传统的教学方法和手段已经难以满足培养高素质人才的需求。而产教融合教学资源建设则为教育教学改革注入了新的活力。它促使高校不断创新教学方法,采用更加灵活多样的教学方式,如项目驱动教学、案例教学等。同时,高校还会积极探索新的人才培养模式,与企业共同制订人才培养方案,确保培养出的学生能够满足企业的实际需求。在这种改革创新的氛围下,高等教育教学改革得以不断深入推进。

二、产教融合教学资源建设的内容

丰富的教学资源是实现产教融合发展的重要保障。教学资源建设的涵盖面非常广泛,包括教材建设、案例库建设、实训基地建设和数字化教学资源建设等多个方面(图 2-4)。

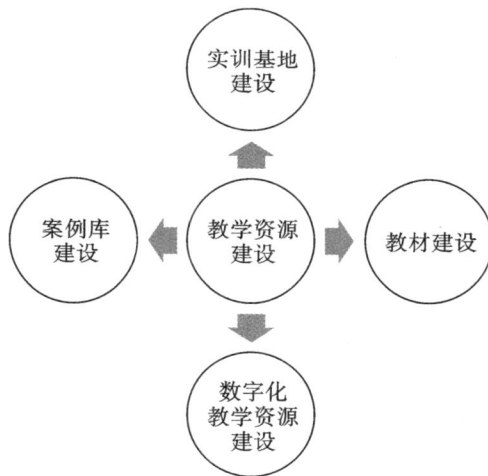

图 2-4 产教融合教学资源建设内容框架图

(一)教材建设

教材是教学的核心载体,所以谈及教学资源建设,首先应想到编写具有产教融合特色的教材。这也就意味着需要将企业实际生产中的新技术、新工艺、新规范巧妙地融入教材内容之中。当然,在产教融合的背景下编写教材,应当鼓励学校教师与企业技术人员携手合作,共同完成这一艰巨而又有意义的任务。

以编写智能制造系统集成教材为例,企业工程师会凭借他们在一线工作中积累的丰富经验,提供大量实际项目案例以及长期累积的宝贵经验。而学校教师则负责将这些来自企业的实践经验转化为系统、完整的教学内容,并按照教学规律进行合理的编排。这

样一来,教材内容就既包含了扎实的理论知识,又涵盖了丰富的实际操作案例和企业项目流程等内容。编写过程中,要确保教材内容既具有实用性,又具有先进性。使用这样的教材,学生不仅能够掌握相关的理论知识,还能够了解行业的最新动态和实际操作方法。

(二)案例库建设

为了让学生更好地理解和应用所学知识,收集、整理企业真实案例并建立案例库是非常必要的。这个案例库就像一个装满宝藏的宝库,应该涵盖智能制造领域的各个方面,例如,智能装备设计案例、智能制造系统故障诊断案例等。这些案例都具有典型性、启发性和实用性的特点,能够为教学提供丰富多样的教学素材。学生在学习过程中遇到问题时,就可以通过查阅案例库中的案例,找到类似的问题及解决方案,这将极大地帮助他们提高理解和应用知识的能力。同时,案例库提供了丰富多样的实际问题情境。通过分析和解决这些案例中的问题,学生可以锻炼从多学科知识中提取有用信息、综合运用知识的能力。教师也可以根据不同的教学内容和教学目标,选择合适的案例进行讲解和分析,让课堂教学更加生动有趣、富有实效。

案例库建设是教学资源体系的核心环节,其意义不是单纯的资源积累,而是通过系统化、场景化的知识载体,推动教育从知识传授向能力培养转型,同时促进教师发展、学科升级和教育公平。尤其在实践性强的领域(如商科、医学、法学、工程等),案例库的价值更为凸显。未来,随着教育技术的深化,案例库将更注重动态更新、智能交互和跨领域协同,持续赋能高质量人才培养。

(三)实训基地建设

实训基地是连接理论教学与实践应用的核心纽带,尤其在培养应用型、技能型人才中具有不可替代的作用。实训基地可通过模拟真实工作场景或提供实际设备操作环境,将抽象的理论知识转化为可操作的技能训练,弥补传统课堂重知识、轻实践的短板。实训基地通常可分为校内实训基地和校外实习基地两种类型。

校内实训基地是学校为学生打造的模拟企业实际生产环境的实训平台。在这个平台上,建设有智能制造生产线实训中心、工业机器人实训中心等各种实训设施。这些实训中心配备了先进的智能制造设备,为学生提供了实践操作的机会。

以智能制造生产线实训中心为例,这里拥有自动化加工设备、物流传输系统、智能控制系统等一系列先进的设备。学生可以在这个实训中心里进行从原材料加工到产品装配的全流程实践操作,亲身体验智能制造生产的全过程。通过这样的实践操作,学生不仅能够熟悉智能制造生产过程,提高自己的动手能力和实践技能,还能够在实践中发现自身的不足之处,及时调整学习方法和策略。

校外实习基地则依托企业建立,是学生接触真实生产项目、了解企业运作的重要场所。在校外实习基地里,学生可以在企业的实际生产线上进行实习实训。在这里,学生能够接触到最先进的生产技术与管理模式,感受到企业的文化氛围和工作节奏。通过与企业员工的交流和合作,他们能够拓宽视野,增强沟通能力和团队协作能力。

实训基地作为课程资源建设中实践维度的核心支柱,其重要性不仅体现在硬件设施的完备性上,更在于通过"真实场景、真实任务、真实能力"的闭环机制,通过模拟真实的企业生产环境,包括车间布局、设备配置、工作流程等将企业的真实项目案例引入实训课程,让学生在解决实际问题的过程中理解理论知识的应用,并且通过定期的考核和反馈机制,帮助学生了解自己的能力水平和不足之处,从而推动教育模式从传统的"知识灌输"向"能力生成"的转变。实训基地是培养高素质技术技能人才、服务产业升级的关键抓手。未来,随着产教融合的深化和数字技术的渗透,实训基地将更趋开放化、智能化和生态化,持续赋能教育高质量发展。

(四)数字化教学资源建设

当今时代,数字技术如计算机、智能手机、互联网等已经普及,极大地改变了人们的生活方式、工作方式和社交方式。数字技术已经成为现代社会不可或缺的一部分,广泛应用于各个领域,教育领域当然也不例外。所以开发数字化教学资源也是产教融合教学资源建设的重要内容,主要包括开发智能制造虚拟仿真系统和在线课程平台等。

虚拟仿真系统是一个非常强大的工具,它可以用于模拟智能制造生产过程中的复杂场景和操作流程。通过这个系统,学生可以在虚拟环境中进行设备调试、系统优化等实践操作。这不仅大大降低了实践成本和风险,还能够让学生在安全的环境中反复练习,提高学习效果。较于虚拟仿真系统而言,在线课程平台则更像是一个超级学习宝库,整合了各种优质的教学资源,包括教学视频、电子教材、在线测试等。学生可以随时随地登录平台进行学习,不受时间和空间的限制。同时,利用大数据分析技术,教师可以了解学生的学习情况,及时发现学生在学习过程中存在的问题,并根据这些问题调整教学策略和方法,为教学改进提供科学依据。

数字化教学资源建设对现代教育意义重大,它突破传统教学局限,融合多种元素,让教学内容更丰富,还能跨越时空便捷共享,满足不同学生的个性化学习需求,借助数据助力教学效果评估。其建设成果具备多样性、更新迅速、紧跟行业变化的特点,能全方位推动教学迈向现代化。

三、产教融合教学资源建设的路径

接下来,将着重阐述如何通过校企共建共享、引进优质资源以及自主研发创新这三大路径,进一步推动产教融合教学资源体系的完善与发展,为教育与产业的深度融合搭建更为坚实的桥梁。

(一)校企共建共享

高校与企业携手成立联合教学资源开发团队。这一团队可汇聚教育与产业界的精英,共同绘就教学资源建设的规划蓝图,确保教学内容既符合教育规律,又贴近企业需求。双方在教材编写、案例库建设、实训平台搭建等方面开展深度合作,共同开发教学资源,并实现资源共享。例如,企业提供实际生产案例,高校教师将其整理成教学案例纳入案例库;校企共同投资建设实训平台,双方共同使用,能够确保教学资源的实用性和前瞻性,为学生的成长和发展奠定坚实基础。

(二)引进优质资源

高校需要密切关注行业内的优质培训资源,并积极将其引入学校教学中。这些培训资源往往具有针对性强、实用性高的特点,能够帮助学生更好地了解行业动态和市场需求。通过将这些资源融入教学内容中,高校能够为学生提供更加贴近实际需求的教育服务,提高他们的就业竞争力和职业素养。除此外,高校也需要拥有国际视野,积极引进国外先进的教育资源,比如积极与国外知名高校和企业开展合作。通过引进优质的教材、课程体系和教学软件等资源,学生能够接触到国际前沿的知识和技能,拓宽视野,提升竞争力。

(三)自主研发创新

为了鼓励高校教师自主研发教学资源,学校设立了教学资源研发专项基金。该基金为教师提供了资金支持和政策保障,激励他们积极投入到教材编写、案例库建设和虚拟仿真系统开发等工作中。这种自主研发的创新举措不仅提升了教师的教学水平和专业素养,还可打造出具有学校特色的教学资源品牌。

通过自主研发创新,高校不断优化和完善教学内容和教学方法。如新编写的教材更加贴近学生实际需求和认知规律;新建成的案例库为学生提供了丰富多样的学习素材;新开发的虚拟仿真系统则为学生们提供了沉浸式的学习体验。这些创新性的教学资源打造出了学校特色,不仅提升了学生的学习效果和学习兴趣,还提高了学校的教育教学质量和社会影响力。

四、产教融合教学资源建设的不足

产教融合作为推动职业教育质量提升、培养符合产业需求人才的关键路径,其重要性不言而喻。然而,在实践推进过程中,教学资源建设方面存在的诸多不足,成为制约产教融合深入发展和成效达成的瓶颈。

(一)师资队伍结构与能力缺陷

师资队伍的素质和能力直接影响教学资源的开发和利用效果。然而,当前职业院校的师资队伍结构与能力存在明显缺陷,成为制约产教融合教学资源建设的重要因素。

以某省的职业院校为例,对该省 50 所职业院校的调查数据显示,超过 70%的专任教师缺乏企业一线工作经历,平均企业实践时长不足半年。这导致教师在课堂上难以将行业实际案例、最新技术与工艺流程融入教学,使教学内容与产业需求脱节。如在机械制造专业教学中,教师因缺乏企业实践,无法生动讲解新型数控机床的操作技巧与故障维修案例,学生难以获得贴近实际工作场景的知识与技能训练。

并且,相关统计还表明,全国职业院校"双师型"教师平均占比约为40%,距离理想的70%~80%的目标差距较大。尤其在一些经济欠发达地区,这一比例甚至更低。例如,某西部省份职业院校"双师型"教师占比仅为25%。由于"双师型"教师短缺,学校难以开设高质量的实践课程,无法有效指导学生参与企业项目实践,使学生实践能力提升空间受限。

除教师队伍能力上的欠缺之外,教师培训体系也不够完善。一项针对全国200所职业院校的调研发现,超过60%的学校缺乏系统的教师培训计划与经费支持。多数教师每年参加专业培训的次数不足1次,且培训内容往往滞后于产业发展。以信息技术专业为例,随着5G、人工智能等新兴技术快速发展,教师若无法及时接受相关培训,就难以在教学中引入前沿知识与技术,影响学生对行业最新动态的了解与掌握。

(二)实践教学资源短缺

实践教学资源是产教融合教学资源建设的重要组成部分,然而,当前职业院校在实践教学资源方面存在短缺且更新滞后的问题,严重影响了学生的实践能力和职业素养培养。

部分职业院校的校内实训设备更新缓慢,设备老化严重。据统计,约30%的职业院校实训设备使用年限超过10年,远超出正常更新周期。例如,某电子信息类职业院校的电子电路实训设备仍为传统的模拟电路实验箱,无法满足现代数字化电路实验教学需求,学生难以接触到行业主流的电子产品制造工艺与技术。

而校外实习基地建设不稳定的弊端也很突出。许多院校与企业建立的校外实习基地合作关系松散,缺乏长效稳定的合作机制。有研究表明,超过50%的校外实习基地仅为学生提供短期实习岗位,实习内容单一,多为简单的重复性劳动,无法让学生全面参与企业生产运营流程。而且,众所周知,在数字化时代,虚拟仿真教学是提升实践教学效果的重要手段,但在职业院校中的应用仍不广泛。据调查,全国仅有约40%的职业院校拥有较为完善的虚拟仿真教学资源,且资源质量参差不齐。在一些工科专业,如汽车制造、航空航天等,由于缺乏高质量的虚拟仿真软件,学生难以在虚拟环境中进行复杂设备的操作训练与故障模拟排除,使实践教学的安全性与高效性难以保障。

(三)课程资源与产业需求脱节

目前,职业院校的课程内容更新滞后,与产业需求严重脱节,导致学生所学知识与行业实际需求不符,毕业后难以适应岗位要求的问题依旧存在。产业技术的快速发展使得企业对人才的知识与技能要求不断变化,但职业院校课程内容更新速度依旧跟不上产业需求。相关研究指出,约60%的职业院校课程内容更新周期超过3年,而部分新兴产业技术更新周期仅为1~2年。以电子商务专业为例,直播带货、社交电商等新业态兴起,学校课程中却未能及时纳入相关内容,导致学生所学知识与行业实际需求脱节,毕业后难以适应工作岗位要求。

职业院校在课程开发过程中也还存在缺陷。比如，企业参与度普遍不高。一项对全国 150 所职业院校的调查显示，仅有约 30％的课程在开发过程中有企业深度参与。由于企业参与不足，课程目标、教学内容、评价标准等难以充分体现企业需求与行业标准。例如，在机械设计专业课程中，因缺乏企业工程师参与，课程设计的项目任务与企业实际设计流程和规范存在偏差，学生毕业后需经过长时间培训才能适应企业工作。

此外，在教材建设上仍旧缺乏行业特色。许多职业院校使用的教材内容重理论、轻实践，缺乏行业实际案例与操作指南。据统计，约 70％的职业院校教材未能及时反映行业最新技术与工艺，且教材编写团队中企业人员占比不足 20％。例如，某化工专业教材中关于化工生产工艺的介绍仍停留在传统技术层面，对新型绿色化工技术涉及较少，无法满足企业对环保型化工人才的培养需求。

（四）教学资源共享机制缺失

教学资源共享是提升产教融合教学资源利用效率、促进职业教育均衡发展的重要途径。然而，当前职业院校之间、校企之间以及区域之间的教学资源共享机制缺失，导致资源浪费和重复建设现象严重。

第一，不同职业院校之间教学资源共享程度较低，缺乏有效的共享平台与合作机制。对某地区 20 所职业院校的调研发现，仅有约 20％的院校之间有过教学资源共享活动，且共享内容主要局限于基础课程课件、试题等简单资源。例如，在数控技术专业领域，各院校拥有不同类型的数控设备与实训项目，但由于缺乏共享机制，无法实现设备资源与实训教学经验的交流与共享，造成资源浪费与重复建设。

第二，校企资源共享不畅。企业与学校之间的资源共享存在诸多障碍，企业担心泄露技术与商业机密，学校则缺乏吸引企业共享资源的激励机制。相关研究表明，约 80％的企业不愿意向学校共享核心技术与业务数据，导致学校无法及时获取企业最新技术与管理经验用于教学。例如，某软件企业拥有先进的软件开发项目管理平台与丰富的项目案例，但因担心知识产权问题，拒绝向合作院校开放，使学校教学难以对接企业实际项目开发流程。

第三，区域资源整合不足。职业教育教学资源存在缺乏整体规划与整合的问题，并且不同地区之间如城乡之间教学资源差距较大，而且优质资源过度集中在少数发达地区与重点院校。例如，东部沿海发达地区职业院校的教学设备、师资力量等资源明显优于中西部地区，而农村职业院校的教学资源更是匮乏，导致区域内职业教育发展不均衡，难以形成协同发展的合力。

针对以上几个方面的不足，职业院校应加强与企业的合作与交流，提升师资队伍的实践能力和教学水平；加大实践教学资源的投入和更新力度，丰富实践教学形式和内容；加强课程与产业需求的对接，提高企业参与课程开发的程度；建立和完善教学资源共享机制,促进校际、校企以及区域之间的资源共享与合作。通过这些措施的实施,可以推动产教融合教学资源建设的不断完善和发展。

第五节　师资队伍建设

打造一支高素质的产教融合师资队伍是实现人才培养目标的关键。师资队伍建设可从校内教师培养和企业兼职教师引进两方面入手。

一、产教融合师资队伍建设的必要性

在当今职业教育发展的大背景下,产教融合已成为提升职业教育质量、培养适应产业需求人才的关键路径。而产教融合师资队伍建设作为其中的核心环节,有着诸多不可忽视的必要性。接下来,将从贴合行业发展需求、提高教学质量、培养学生综合能力以及促进学校教育与企业实际接轨几个方面,详细探讨产教融合师资队伍建设的必要性。

(一)贴合行业发展需求

如今,各个行业的发展可谓日新月异,变化速度超乎想象。就以智能制造行业为例,新的技术、工艺如同雨后春笋般不断涌现。在这样的大环境下,如果教师仅仅局限于书本上的老旧知识,那么所培养出来的学生,显然无法满足企业对于新型人才的需求。企业在招聘人才时,都希望招来的人能够迅速适应工作,对最新的生产流程和技术有很好的了解。

通过产教融合来建设的师资队伍,就能够很好地解决这个问题。学校可以安排教师到企业进行实践学习,让他们亲身接触行业的最新动态。教师在企业中学习到新知识、新技能后,回到学校就能将这些宝贵的经验传授给学生。这样一来,培养出的学生就能更加符合企业的实际需求。

举个简单的例子,当企业引进了新型智能加工设备时,教师通过在企业的实践学习,掌握了这些设备的操作和维护方法,回到课堂上,就可以将这些实际操作经验教给学生,让学生在毕业之后能够迅速适应企业的工作,为企业创造价值。

(二)提高教学质量

传统的教学模式往往存在一个弊端,那就是理论和实践严重脱节。学生在课堂上学习了大量的理论知识,却不知道如何将这些知识应用到实际工作中。而产教融合所打造的师资队伍,则能够有效解决这个问题。

这些教师不仅拥有扎实的理论基础,还具备丰富的实践经验。在课堂上,他们能够将抽象的理论知识与实际案例紧密结合起来进行讲解。比如,在讲解工业自动化控制技术时,教师可以分享自己在企业参与自动化生产线项目的亲身经历,详细讲述在项目过程中遇到的各种问题以及解决办法。这样一来,学生就能够更加直观地理解这些知识,学习效果也会大大提升。

当学生能够更好地理解和掌握知识时,教学质量自然也就得到了提高。教师通过实际案例的讲解,让学生明白了理论知识在实际工作中的应用场景,从而激发了学生的学习兴趣和积极性。

(三)培养学生综合能力

现代企业对于人才的要求越来越高,他们不仅希望人才具备扎实的专业知识,还需要具备实践能力、创新能力和团队协作能力等多方面的综合能力。而通过产教融合建设的师资队伍,正好能够为学生提供这样全面的培养。

企业的兼职教师会到学校授课,会将企业的实际项目融入课堂教学。学生通过参与这些项目,在团队中与同学们密切协作,共同完成任务。在这个过程中,学生的团队协作能力得到了很好的锻炼。而且,在解决实际问题的过程中,学生需要不断地思考和尝试,这也激发了他们的创新思维。同时,通过实际项目的操作,学生的专业实践能力也得到了显著提升。

例如,企业的兼职教师带来了一个智能产品设计项目,让学生分小组来完成产品设计任务。在小组合作的过程中,每个学生都需要发挥自己的优势,与小组成员共同探讨设计方案,解决遇到的问题。通过这个项目,学生在团队协作、创新思维和专业实践等方面的综合能力都得到了锻炼和提升。

(四)促进学校教育与企业实际接轨

在现实中,学校教育和企业实际工作之间往往存在一定的差距。这就导致学生毕业后需要花费一段时间来适应企业的工作环境和要求。而建设产教融合师资队伍,能够有效地缩小这个差距。

学校的教师通过与企业的接触和交流,了解了企业对于人才的具体需求。他们可以根据这些需求,对学校的课程内容进行调整,让教学更加贴近企业的实际工作。同时,企业的兼职教师通过参与学校的教学,会将企业的管理理念、工作规范等传授给学生。比如,企业的兼职教师会向学生介绍企业严谨的质量控制体系,让学生们在学校就养成良好的职业习惯。这样,学生毕业后就能无缝对接企业的工作,快速适应企业的工作节奏和要求,为企业的发展贡献自己的力量。

总之,产教融合师资队伍建设对于职业教育的发展至关重要。它能够让学校培养出更符合行业需求的人才,提高教学质量,培养学生的综合能力,促进学校教育与企业实际的有效接轨。应该高度重视产教融合师资队伍建设,为职业教育的发展注入新的活力。

二、产教融合师资队伍建设的目标

产教融合已成为提升教育质量、培养适应社会需求人才的关键路径。而要实现产教融合,就必须重视师资队伍建设,明确其建设目标。以下将从多个方面详细阐述产教融合师资队伍建设的目标。

(一)建设高素质专业化教师队伍

建设高素质专业化教师队伍,是产教融合师资队伍建设的首要目标。高校需要打造一支师德高尚、业务精湛、结构合理且充满活力的教师团队,他们将成为教育事业发展的中坚力量。

教师作为知识的传播者和学生成长的引路人,首先应具备扎实的学科专业知识。以智能制造领域的教师为例,他们需要对该领域的前沿理论与技术发展动态有深入的了解和精准的把握,只有这样,才能在教学中及时且准确地将最新的学术成果融入日常教学,让学生接触到最前沿的知识,为学生未来的发展奠定坚实的基础。在教学能力层面,现代教育要求教师能够熟练驾驭项目式教学、案例教学、翻转课堂等多样化的教学方法与手段。教师通过设定实际项目,让学生围绕项目展开探究,不仅可以让学生掌握知识和技能,还能培养其解决问题的能力以及创新思维。案例教学则借助真实的案例,引导学生进行分析和讨论,使他们学会如何运用所学知识解决实际问题,提高实践操作能力。翻转课堂更是改变了传统的教学流程,促使学生自主学习,培养他们的独立思考与自主探索精神。

除教师自身的能力提升外,优化教师团队结构也至关重要。一个合理的教师团队应具有不同学科背景的教师,例如机械工程、电子信息、自动化控制等相关专业,这样可以为学生提供多维度的知识体系。同时,团队中还应包含不同年龄层次和丰富教学经验的教师,形成多元互补、相互学习的良好氛围。在这样的环境下,教师可以共同探讨教学方法、分享教学经验,推动教学质量的整体提升。

(二)培养"双师型"教师

在产教融合的战略背景下,"双师型"教师的培养被赋予连接教育链与产业链的关键使命。根据2019年教育部等四部门印发的《深化新时代职业教育"双师型"教师队伍建设改革实施方案》,高校需通过国际研修、企业实践等路径,培养兼具国际视野、创新能力和实践经验的复合型师资队伍,以实现教育与产业的深度衔接。

"双师型"教师不仅需要持有高校教师专业教学资格证,更要拥有丰富的企业实践经历或行业职业资格证书。这是因为教师只有深入到企业生产一线,参与实际项目的全过程,才能真正了解行业的需求和企业的实际运作情况。比如,选派教师前往企业挂职锻炼,让他们参与智能生产线的设计与调试工作。在这个过程中,教师可以亲身体验企业的生产流程、技术工艺和管理方式,掌握行业最新的实践技能。

具有国际视野的"双师型"教师更是能够为学校的国际化发展带来新的机遇。他们可以积极引入国际先进的教育理念与实践经验,如国外成熟的智能制造人才培养体系和教学方法。通过将这些国际元素融入教学,学校能够与国际接轨,提升在智能制造领域人才培养的国际竞争力。这不仅有助于培养出具有全球视野和跨文化交流能力的人才，也为学校在国际教育领域树立良好的形象。

(三)促进教师跨学科融合能力提升

目前，跨学科融合已成为一种必然趋势。因此，需要大力鼓励教师打破学科壁垒，全方位提升跨学科融合能力。

鉴于智能制造涉及机械工程、电子信息、自动化控制、计算机科学、工业设计等多个学科领域，这就要求教师必须具备跨学科知识整合与应用能力。为了实现这一目标，可以采取多种措施。例如，组织跨学科教师培训，邀请不同学科的专家进行授课，帮助教师拓宽知识面，促进知识结构的多元化。通过开展跨学科科研项目合作，组建多学科联合科研团队，共同攻克智能制造领域的复杂问题。在这个过程中，教师可以相互学习、相互启发，提升跨学科研究能力。

此外，设立跨学科教学团队也是一种有效的方式。在教学过程中，引导教师协同授课，让学生学会运用多学科知识解决实际问题。例如，在一个关于智能制造系统设计的项目中，机械工程教师负责讲解机械结构和原理，电子信息教师负责介绍电子控制系统，自动化控制教师则专注于系统的自动化运行和控制策略。通过这样的跨学科教学，能够培养学生的综合素养，使他们成为适应智能制造产业需求的复合型人才。

(四)建立教师持续发展机制

教师的发展是一个持续的过程，为了确保教师能够不断适应教育改革和发展的需求，需要精心构建教师持续发展机制。

高校可以定期组织教师参加各类学术研讨会，让教师了解最新研究成果与发展趋势。在这些研讨会上，教师可以与同行进行深入的交流和探讨，分享彼此的研究经验和心得。组织行业培训也是不可或缺的环节，教师通过学习最新技术与实践经验，能够将行业内的新知识、新技能融入到教学中。开展企业实践交流活动同样具有重要意义，教师通过深入了解企业实际需求与技术应用现状，可以更好地调整教学内容，使教学更加贴近实际工作场景。当然，建立教师教学发展中心也是不错的方式，可以为教师提供全面的教学能力提升培训，包括教学设计、课堂管理、教学评价等方面的培训，帮助教师不断提升教学水平。同时，提供教学研究指导，助力教师开展教学改革研究，探索更适合学生发展的教学模式和方法。除此以外，完善教师绩效考核与激励机制，是激发教师积极性和创造力的关键。高校将教师的教学质量、实践能力提升、科研成果转化以及社会服务等方面全面纳入考核体系，通过科学合理的考核与激励，充分调动教师的工作热情，让他们积极投身于产教融合工作，实现自身的持续发展与成长。

(五)创建国际化视野

在全球化的时代背景下，为教师创建国际化视野是产教融合师资队伍建设的重要目标之一。以下是几种具体的实施途径。

1. 海外访学与进修

高校应积极选派教师前往智能制造领域发达的国家和地区,如德国、美国、日本等,参与知名高校或研究机构的访学项目。在访学期间,教师能够深入了解国际前沿的智能制造技术研究进展,学习先进的教学方法与课程体系设计。例如,德国在"工业4.0"领域处于全球领先地位,教师通过在德国高校的访学,可以亲身感受其"双元制"教育模式下的实践教学体系,以及企业与高校深度融合的人才培养机制。这将为教师的教学带来全新的思路和方法。

2. 国际学术会议与研讨会

鼓励教师积极参加各类国际智能制造学术会议和研讨会。这些会议汇聚了全球该领域的顶尖专家学者和企业代表。教师在会议中能够第一时间获取最新的研究成果、技术趋势以及行业动态信息。通过与国际同行的交流与互动,教师可以拓宽自己的学术视野,了解不同国家在智能制造领域的研究方向和重点,并且有机会建立国际学术合作关系,为后续的科研合作与教学资源共享奠定基础。

3. 引进国际先进教育资源

高校可以与国外知名高校开展合作,引进其智能制造相关的优质课程。教师通过学习这些课程,将国际先进的教学内容与方法融入到所在学校的课程体系中。比如,引入美国高校在人工智能与智能制造结合方面的课程,教师通过学习该课程的教学大纲、教材以及教学方法,结合所在学校学生实际情况,对课程进行本地化改造,使学生能够接触到国际前沿知识。同时,在课程融合过程中,教师自身也能够深入了解国际课程体系的设计理念和教学模式,提升了国际化教学能力。

4. 邀请国际专家讲学

高校可以定期邀请国际智能制造领域的专家学者到学校讲学、举办讲座和工作坊。这些国际专家带来的不仅是最新的学术研究成果,还有国际先进的教育理念和行业实践经验。教师在参与讲学活动过程中,能够与国际专家面对面交流,学习他们在科研、教学以及产业应用方面的经验与方法。例如,邀请日本智能制造企业的资深工程师分享企业在智能工厂建设与运营方面的实践案例,教师可以从中学习国际企业在实际生产中解决问题的思路和方法,并将其融入教学和科研中。

5. 联合科研项目

高校需要不断推动教师参与国际科研合作项目,与国外高校、科研机构或企业共同开展智能制造领域的研究。在项目合作过程中,教师能够与国际团队成员共同攻克科研难题,了解国际科研合作的模式与规范,学习国际先进的科研技术和方法。例如,通过参与跨国的智能制造系统优化研究项目,教师可以与不同国家的科研人员共同开展实验研究、数据分析等工作,在合作中提升自身科研能力。通过国际科研合作,教师还能够及时掌握国际科研动态,将最新的科研成果引入教学中,培养学生的国际竞争力。除此以外,高校与国外相关机构还可以合作建设国际科研平台,为教师提供开展国际科研合作的良好环境。教师依托这些平台,能够更便捷地与国际同行进行交流与合作,共享科研资源。例如,共建智能制造国际联合实验室,教师可以在实验室中与国外科研人员共同开展实验研究,参与国际科研项目的申报与实施。在这个过程中,教师不仅能够提升自身的科研水平,还能够深入了解国际科研合作的运作机制,拓宽国际化视野。

第六节　评价体系构建

随着产业升级与教育改革的深入,产教融合已成为推动职业教育高质量发展的关键路径。为科学衡量并持续优化这一进程,构建一套全面、客观、可操作的评价体系显得尤为重要。本节将深入探讨产教融合评价体系的构建原则、构成要素及其实施策略,旨在为促进教育链、人才链与产业链、创新链的有机衔接提供坚实的理论支撑和实践指导。

一、产教融合评价体系构建的原则

(一)科学性原则

科学性是产教融合评价体系的灵魂。评价指标的选取与设定需建立在严谨的理论研究和充分的实践调研基础之上。例如,在衡量学生专业技能掌握程度时,不能单纯依据考试成绩,还应综合考量学生在企业实习中的实际操作表现、项目完成质量等多方面因素。对于校企合作的成效评估,要从合作的深度、广度、持续性等维度设计指标,如合作项目的数量与质量、企业参与课程开发的程度、高校为企业提供技术支持的效果等,确保能够全面、客观、准确地反映产教融合人才培养质量,避免评价结果的片面性和主观性。

(二)导向性原则

评价体系应如同灯塔,为高校和企业的产教融合工作指明方向。通过明确的评价指标和标准,引导高校优化人才培养方案,加强实践教学环节,提升师资队伍的实践能力和产业对接能力,促使企业更加积极地参与人才培养过程,提供更多的实习岗位、实践项目以及技术指导。例如,设置“企业参与人才培养全过程的程度”这一指标,具体设置企业参与课程设计、实习指导、毕业设计指导等方面的权重,激励企业全方位深度参与。同时,对高校在推动科研成果转化为企业生产力方面的评价,能够引导高校加强与企业的科研合作,提高科技成果转化率,从而推动产教融合向更高水平发展。

(三)可操作性原则

高校在构建评价体系时,需充分考虑其在实际中的可行性与易操作性。评价方法应简便易行,数据易于收集和整理。例如,在评价学生的职业素养时,可以采用问卷调查、企业实习导师评价、同学互评等方式,这些方法操作简单且能够较为全面地获取相关信息。评价指标的数据来源应明确且可获取,如学生的就业数据可从高校就业指导中心获取,企业对人才的满意度可通过定期的企业回访调查获得。避免使用过于复杂或难以量化的评价方法和指标,确保评价工作能够在高校和企业的日常工作中顺利开展,不会给双方带来过重的负担。

二、产教融合评价体系的构成

在确立的评价原则指导下,需进一步细化产教融合评价体系具体的构成要素。一个完备的评价体系是由评价主体、评价指标、评价方法与评价结果四大部分紧密相连而成(图 2-5),它们各自承担不同角色,共同促进产教融合的健康发展。

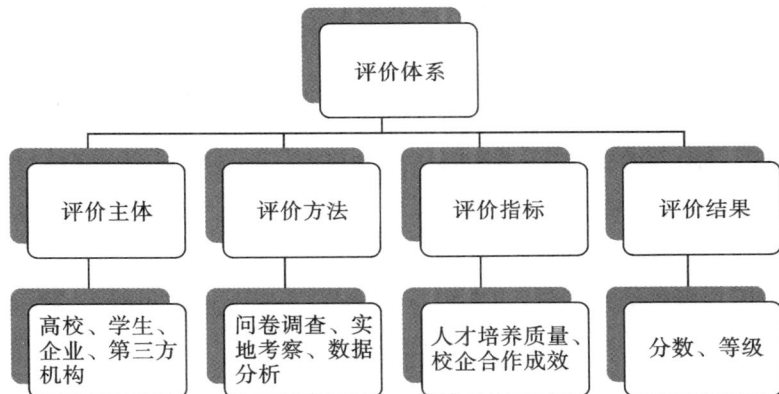

图 2-5　产教融合评价体系构成图

(一)评价体系关键要素

1. 评价主体

评价体系首先要有评价主体,主要包括高校、企业、学生还有第三方的评价机构。

高校作为产教融合的主要推动者之一,对自身产教融合工作的自我评估至关重要。高校通过对教学过程、人才培养质量、科研成果转化等方面的内部评价,发现自身在产教融合中的优势与不足,以便及时调整教学策略、优化课程体系和加强师资队伍建设。而企业作为产教融合的直接参与者和受益者,对人才培养质量有着直观的感受。企业评价主要关注学生在实习和就业过程中的表现,包括专业技能、职业素养、团队协作能力等,以及高校为企业提供的技术支持、科研成果转化等方面的效果,从而为高校的人才培养提供针对性的反馈。产教融合的最终成果体现者是学生,所以他们对产教融合教学过程、实践环节、课程设置等方面的评价能够反映教学是否满足其实际需求和职业发展期望。学生的反馈有助于高校和企业了解教学效果,对今后教学方法与合作模式的改进具有重要参考价值。当然除了上述提到的高校、企业、和学生之外,引入专业的第三方评价机构能够保证评价的客观性和公正性。第三方评价机构具有专业的评价方法和丰富的行业经验,能够从独立的视角对产教融合进行全面、深入的评价,为高校和企业提供权威的评价报告和改进建议。

2. 评价指标

评价指标是评价体系的核心组成部分,用来衡量产教融合各个方面的成效。不同的评价主体有着不同的利益诉求和观察视角,而评价指标需要综合考虑这些因素而定,从多个维度全面、客观地反映产教融合的实际情况。下面详细介绍产教融合评价体系中的具体评价指标有哪些。

人才培养质量是衡量产教融合成效的关键指标,涵盖多个重要维度。就学生对专业知识的掌握程度而言,期末考试成绩能直观体现。以山东科技大学的智能制造专业核心课程"智能制造系统工程"为例,在 2024 年秋季学期期末考试中,试卷满分 100 分,其中智能工厂规划、工业机器人编程、智能生产管控等重点知识占比 60 分。班级平均成绩达 85 分,重点知识答对率超 76%,这表明学生对这门课程专业知识掌握良好。山东科技大学依托自身工科优势,积极引入行业专家参与课程设计,让课程内容紧密贴合产业实际需求,为学生扎实掌握专业知识筑牢根基。

实践技能水平关乎学生能否将知识应用于实际工作。山东科技大学智能制造专业与位于青岛西海岸新区的青岛海尔工业智能研究院合作开展智能工厂生产线优化实习项目。学生需运用所学的工业机器人编程、传感器技术以及自动化控制理论,对海尔智能工厂的冰箱生产线进行智能化升级。学生要编写工业机器人的作业程序,使其能够更精准、高效地完成零部件的搬运与装配工作,同时利用传感器搭建起产品质量实时监测系统,实现生产过程的全流程质量管控。项目结束后,不仅 85% 的学生圆满完成各自负责的任务模块,而且优化后的生产线生产效率提升了 22%,次品率降低了 18%,这有力地证明了他们的实践技能过硬。青岛海尔工业智能研究院作为行业内的标杆企业,为学生提供了先进且真实的实践场景,助力学生将理论知识转化为实操能力。

创新能力是衡量学生能否将知识应用于实际并推动技术进步的重要指标。山东科技大学智能制造专业学生积极投身学科竞赛与创新创业项目。在 2024 年山东省"省长杯"工业设计大赛(智能制造专项)中,学生团队针对制造业车间物流配送效率低的问题,利用所学的智能物流与物联网技术,研发出一套自动引导车(AGV)物流配送系统。该系统通过在 AGV 上搭载先进的传感器和智能算法,能够实时规划最优配送路径,自动避障,并与生产线上的设备实现智能交互。比如,在高峰生产时段,系统可根据订单需求和设备状态,灵活调整配送任务,大幅提升物流配送效率。凭借这一创新项目,学生团队在众多参赛队伍中脱颖而出,荣获省级一等奖,充分展现了他们在创新思维与实践方面的卓越表现。

就业质量同样是人才培养质量的重要考量。根据《山东省高校毕业生就业质量报告》等调查显示,山东省省内智能制造专业毕业生就业率持续向好。以济南、青岛、淄博等制造业强市为例,智能制造专业毕业生初次就业率连续 3 年稳定在 96% 以上,对口就业率达 93%。薪资方面,毕业生入职首年年薪平均在 8.5 万元左右,明显高于当地同层次毕业生平均水平。并且,随着工作经验的积累,薪资增长幅度显著。例如,工作 3 年后的毕业生,平均年薪可达 13 万元。山东省拥有完备的制造业产业体系,像浪潮集团、潍柴动力、歌尔股份等知名企业,为智能制造专业学生提供了大量优质的就业岗位,这清晰地反映出人才培养与就业市场的紧密对接,凸显了产教融合在提升就业质量方面的积极作用。

除了人才培养质量以外,校企合作成效也是衡量产教融合成功与否的关键评价指标,指标涵盖合作项目数量与质量、企业参与人才培养的深度与广度、高校科研成果转化为企业生产力的情况等关键维度。山东科技大学与青岛海尔工业智能研究院等合作案例能清晰表明山东省校企合作的实际成果。

山东科技大学与众多企业建立了长期稳定的合作关系,合作项目数量持续增长。仅在智能制造领域,2020—2024 年就新增合作项目 50 余项。以与青岛海尔工业智能研究院的合作为例,双方围绕智能工厂建设、工业机器人应用等方向开展了 10 余个重点项目。在智能工厂生产线优化项目中,通过对海尔冰箱生产线的智能化升级,不仅大幅提升了生产效率与产品质量,还为企业节省了大量成本。据统计,优化后的生产线每年为企业节约生产成本超 500 万元,这充分彰显了合作项目的高质量与高价值。此外,这些项目大多紧密贴合行业前沿技术与企业实际需求,具有很强的实用性和创新性,有力推动了企业的技术进步与产业升级

企业在人才培养方面深度参与,从课程开发到实践指导全方位介入。如在课程开发上,青岛海尔工业智能研究院参与开发了山东科技大学智能制造专业的 5 门核心课程,将企业最新的技术标准、生产工艺和管理理念融入其中。例如在智能制造系统工程课程中,企业专家参与编写了智能工厂规划与管理章节,使课程内容更具实战性。在企业导师指导方面,该研究院长期派驻 15 名资深工程师作为企业导师,平均每位导师每年指导学生时长超 100 小时。这些导师不仅在课堂上分享实际工作案例,还带领学生深入企业生产一线进行实践操作,让学生在真实的工作场景中提升专业技能。从广度来看,参与人才培养的企业涵盖了智能制造产业链的各个环节,包括设备制造商、系统集成商、软件开发商等,为学生提供了多元化的学习资源和职业发展路径。

3. 评价方法

有了明确的评价主体和指标后,还需要合适的评价方法来准确获取评价信息。下面介绍几种常用的评价方法。

问卷调查是一种广泛应用且行之有效的评价方法。该方法通过向高校教师、学生以及企业员工等相关人员发放问卷,以此来了解他们对产教融合各个方面的看法和满意

度。为什么要选择这些群体呢？因为高校教师身处教学一线，他们对课程设置、教学过程有着深刻的体会；学生是产教融合的直接参与者和受益者，他们的感受能反映教学是否满足自身需求；企业员工则能从实际用人的角度，对人才培养质量给出反馈。

例如，高校可以设计关于课程设置合理性的问卷。课程是否符合市场需求、难易程度是否适中、内容是否与时俱进等，都是值得探究的问题。对于实践教学效果的问卷，会关注实践环节的安排是否合理、能否有效提升学生的实践技能等。还有关于企业实习体验的问卷，了解学生在实习过程中是否能将所学知识运用到实际工作中、企业的指导是否到位、实习环境是否良好等。通过这些问卷能广泛收集各方的意见和建议，为产教融合的改进提供依据。

仅仅通过问卷了解情况是不够全面的，还需要进行实地考察。实地考察就像是给产教融合的实际情况来一次"现场体检"，即对高校的实训基地、企业实习场所等进行实地观察。

高校的实训基地是学生进行实践操作、提升技能的重要场所。考察的时候，要关注实训设备是否先进、齐全，是否能满足教学和实践的需求。比如，一些需要进行专业技能训练的课程，如果实训设备陈旧、数量不足，学生就很难得到充分的锻炼。同时，实训基地的管理是否规范、安全措施是否到位等也是考察的重点。

企业实习场所则是学生接触实际工作环境、了解行业动态的窗口。应当观察企业的工作氛围、工作流程，看看学生在这样的环境中能否得到有效的锻炼和成长。此外，企业为学生提供的实习岗位是否具有专业性和挑战性，企业导师的指导是否及时、有效等，都是实地考察中需要了解的内容。通过实地考察能直观地了解教学设施、实践环境等实际情况，发现一些在问卷中难以发现的问题。

除了问卷调查和实地考察之外，数据分析也是一种非常重要的评价方法。该方法通过收集学生成绩、就业数据、企业合作项目数据等进行统计分析，以量化的方式评估产教融合效果。

学生成绩是衡量学生学习成果的重要指标。可以分析学生在专业课程、实践课程等方面的成绩分布情况，了解学生对知识和技能的掌握程度。就业数据则能反映产教融合在人才培养与市场需求对接方面的成效，比如学生的初次就业率、就业岗位与专业的匹配度、就业薪资水平等。如果学生的初次就业率高、就业岗位与专业匹配度好，说明产教融合在人才培养方向上是比较符合市场需求的。

企业合作项目数据也是分析产教融合效果的重点。高校需要统计合作项目的数量和质量、企业参与人才培养的深度和广度等，例如企业参与开发的课程数量、企业导师指导学生的时长等。通过对这些数据的分析可以更精准地评估产教融合的效果，为进一步优化产教融合提供数据支持。

4. 评价结果

评价结果在整个产教融合评价体系中起着至关重要的作用，它就像是一面镜子，能清晰地反映产教融合的成效。

评价结果通常以分数、等级等形式呈现。这样直观的呈现方式,使高校和企业能快速、准确地了解产教融合的整体情况。比如,评价结果是较高的分数或等级,说明产教融合在各个方面都取得了不错的成绩;而较低的分数或等级,则提示可能存在一些问题需要改进。高校和企业可以根据评价结果,认真总结经验教训。如果在某个评价指标上得分较高,说明在这方面的做法是有效的,可以继续保持和发扬。例如,如果在人才培养质量方面的创新能力指标得分高,可能是因为高校开展了丰富的创新创业活动、企业提供了具有挑战性的项目实践机会等,这些成功经验可以进一步推广。反之,如果在某个指标上得分较低,就需要深入分析原因,发现问题并及时改进。比如,如果校企合作成效中的企业参与课程开发程度得分低,可能是企业参与的积极性不高、缺乏有效的激励机制等,针对这些问题可以制定相应的改进措施。通过这样不断地总结和改进,就能形成一个良性循环,持续提升产教融合水平。

此外,评价结果还可作为高校和企业在产教融合工作中的绩效考核依据。对于高校来说,评价结果可以与教师的教学评价、职称评定等挂钩,激励教师更加积极地参与产教融合教学改革。对于企业而言,评价结果可以影响企业在合作中的资源投入和合作深度,激励企业更加主动地参与人才培养,为产教融合的深入推进提供动力。

(二)评价体系应用案例分析

以南京工业大学与西门子的合作为例,深入剖析产教融合评价体系的应用过程与效果。

1. 评价主体参与情况

首先,南京工业大学积极组织校内自评工作。教务处联合各学院,对涉及产教融合的课程教学大纲、实践教学安排以及师资队伍建设情况进行全面梳理。在检查智能制造相关专业课程时,发现如智能制造系统集成这类课程,理论部分虽涵盖了系统架构、集成原理等知识,但在实践环节,由于缺乏西门子实际项目支撑,学生难以将理论知识应用到真实场景中。同时,对教师参与企业实践的情况进行统计分析,发现部分教师虽有在西门子等企业挂职的经历,但在工业自动化技术课程教学中,未能充分结合西门子先进的自动化生产线实践经验,导致教学内容与企业实际应用脱节。

其次,西门子作为用人方,应重点评估实习学生的专业技能和职业素养。在学生实习期间,公司安排经验丰富的工程师担任实习导师,从日常工作表现、项目完成情况等多方面对学生进行考核。企业反馈,部分学生在操作西门子先进的数控设备时,对设备参数设置和故障诊断流程不熟悉,实践技能明显不足。在团队协作方面,当学生参与西门子跨部门项目时,沟通协调能力欠佳。同时,企业对高校提供的技术支持进行评价,认为南京工业大学在工业互联网安全、智能制造系统建模等前沿技术研究方面具有一定优势,但在将相关科研成果转化为适合西门子实际生产流程的产品或解决方案时,效率有待提升。

再次,参与实习的学生通过问卷调查反馈对产教融合的感受。学生普遍反映,在西门子实习让他们对智能制造实际生产流程,如西门子数字化工厂的运营模式,有了更直观的认识。然而,学校课程设置与企业实际需求存在一定脱节,比如学校教师使用的自动化控制软件版本老旧,与西门子正在使用的全集成自动化(TIA)博途软件差异较大。此外,学生还提出希望增加西门子企业导师与学校教师共同授课的环节,如在智能制造实践课程中,通过双方教师联合教学,促进理论与实践更好结合。

最后,受南京工业大学和西门子委托,专业第三方评价机构开展全面评估。通过实地考察学校的智能制造实训基地和西门子的实习场所,发现学校实训设备多为国产基础设备,与西门子先进的智能装备存在代际差距,更新速度较慢,无法满足智能制造产业快速发展的需求。在数据分析方面,对学生的就业数据、企业合作项目的经济效益等进行量化分析,得出学校在人才培养质量和校企合作成效方面存在的优势与不足,并形成详细的评价报告。例如,学生就业数据显示,该专业学生初次就业率较高,但进入西门子核心研发岗位的比例较低,侧面反映出人才培养与企业高端岗位需求的适配度低的问题。

2. 评价指标考量与结果

通过学生在学校的考试成绩和在西门子实习期间的理论知识考核,发现学生在机械设计基础、电路原理等核心课程上掌握较好,但在涉及机械、电子、控制等多学科知识综合运用的智能制造系统分析与设计课程中表现较弱。从西门子实习导师的评价以及学生参与实际项目的成果来看,学生在西门子基础设备操作、简单编程等方面有一定基础,但在对西门子复杂智能制造系统,如 TIA 系统的调试与优化方面能力欠缺。例如,在参与西门子智能工厂生产线升级项目时,学生对系统故障排查和性能优化的实操能力不足。学生在参与西门子创新项目和学校创新创业竞赛中的表现,反映出其创新思维有一定提升,但将创新想法转化为实际产品或解决方案的能力有待加强。如在西门子举办的"智能制造创新挑战赛"中,学生提出了一些新颖的智能生产优化思路,但在将这些思路转化为可落地的方案并应用到实际生产时,面临诸多困难。

最终统计数据显示,智能制造专业学生初次就业率相对较高,但就业岗位与专业的匹配度有待提高。以进入西门子就业的学生为例,部分学生因实践技能不足,只能从事基础的设备维护工作,未能从事理想的智能制造研发、系统集成等核心工作。

在合作期间,南京工业大学与西门子开展了 5 个项目,其中"基于西门子技术的智能仓储物流系统优化"项目取得了一定的技术突破,提高了仓储物流效率。但"工业大数据安全防护系统研发"项目因双方沟通不畅、资源协调不足等原因进展缓慢,未能按时完成预期目标。西门子还参与了学校"智能制造工程"专业部分课程的设计与教学,如工业机器人技术课程,但在课程内容更新方面,未能及时将西门子最新的机器人应用技术融入其中。在实践教学环节,西门子企业导师参与指导学生的时间和频率有待提高,导致学生在实践操作中遇到问题不能及时得到专业指导。在成果方面,南京工业大学向西门子转让了 3 项科研成果,但只有 1 项成功实现产业化应用,转化率有待提升。例如,学校研发的一种智能制造设备故障预测算法,在转化为西门子实际产品功能时,因与现有系统存在不兼容的问题,未能顺利落地。

3. 评价方法实施

合作期间,第三方评价机构向学生、教师、西门子企业员工等发放问卷,共回收有效问卷 300 份。问卷内容涵盖课程满意度、实习体验、合作项目评价等多个方面。通过对问卷数据的整理分析,发现各方对产教融合的整体满意度为 70%,但在课程与实践结合、企业参与深度等方面存在较多不满意反馈。例如,在课程与实践结合方面,超过 60% 的学生认为学校课程无法满足企业实习需求;在企业参与深度方面,40% 的教师表示企业在课程设计中的参与度不够。

第三方评价机构实地走访学校的智能制造实训中心和西门子的生产车间、研发中心等。在考察过程中,详细记录设备设施状况、教学实践环境、企业工作氛围等情况,并与相关人员进行交流,获取一手资料。如在考察学校实训中心时,发现设备老化严重,部分设备已无法正常运行,与西门子先进的生产车间形成鲜明对比。

最后,收集学生学业成绩、就业数据、企业合作项目的投入产出数据等进行量化分析。例如,通过对学生实习前后技能水平测试数据的对比,评估实践教学效果。对比发现,学生实习后在基础技能方面有一定提升,但在复杂技能方面提升不明显。对企业合作项目的经济效益数据进行分析,判断合作项目的成效,如“基于西门子技术的智能仓储物流系统优化”项目投入产出比为 1∶3,经济效益显著,而“工业大数据安全防护系统研发”项目投入产出比为 1∶1.2,效益不佳。

4. 评价结果反馈与改进

基于以上评价结果,南京工业大学调整课程设置,在“智能制造系统集成”等课程中增加西门子实际项目案例,更新“自动化控制技术”等课程教材,引入西门子最新软件版本和应用技术。加强与西门子的沟通,邀请西门子技术骨干参与课程设计和教学大纲修订。同时,加大对教师实践能力提升的培训力度,安排教师定期到西门子参与实际项目,提高教师将实践经验融入教学的能力。例如,组织教师参与西门子智能工厂项目,学习先进的生产管理和技术应用经验,并将其融入教学内容。

西门子则增加实习学生的实践培训项目,为学生提供更多参与核心项目的机会,如让学生参与西门子新工厂的自动化生产线建设项目,提高学生实践技能。加强与高校的科研合作,建立更有效的沟通机制和项目管理流程,明确双方职责和分工,提高合作项目的成功率和成果转化效率。同时,增加企业导师对学生实习指导的时间和频率,制订详细的实习指导计划,提高实习指导质量。

第三方评价机构根据此次评价过程中发现的问题,进一步完善评价指标体系和评价方法。例如,细化人才培养质量和校企合作成效的评价指标。在人才培养质量方面,增加对学生解决复杂工程问题能力的评价指标;在校企合作成效方面,增加对企业参与课程更新及时性的评价指标,提高评价的精准度。探索更有效的数据收集和分析方法,如利用大数据分析技术收集学生在实习期间的操作数据,为产教融合各方提供更有价值的评价报告和改进建议。

通过此次产教融合评价体系的应用,南京工业大学与西门子在人才培养质量和校企合作成效方面均有明显提升,学生的实践能力和就业竞争力增强,企业获得了更符合需求的人才,高校的科研成果转化率提高,实现了产教融合的良性发展。

第七节　人才培养利益分析

在前文对产教融合的初步探讨中,我们已经对其内涵、特点等基础内容有了较为清晰的认识。然而,要深入理解产教融合在人才培养中的复杂作用机制,仅仅停留在表面的理论阐述是远远不够的。

一、利益主体维度

产教融合背后涉及的多元利益关系(图 2-6),是产教融合模式能否成功落地并持续发展的关键因素之一。因此,接下来我们将从不同利益主体的维度出发,深入剖析产教融合中所蕴含的复杂利益关系,为产教融合的实践提供更具针对性的指导和建议。

(一)宏观层面

从宏观层面来看,产教融合人才培养的受益主体可从政府(中央/地方)、行业协会和社会公众几大模块分析。

对于政府而言,首先可以推动国家经济结构调整与产业升级。在国家积极推动产业结构优化的大背景下,产教融合发挥着关键作用。以制造业为例,通过与高校的紧密合作,企业能够获取高校在智能制造、新材料等领域的前沿科研成果,并快速转化为实际生产力。《职业教育产教融合赋能提升行动实施方案(2023—2025 年)》等政策的出台,有力地推动了多元主体深入融合、协同育人,促进教育和产业统筹融合、良性互动。

在产教融合进程中,中央政府凭借宏观政策的制定,为全国范围的产教融合勾勒出清晰蓝图。近年来,中央财政不断加大对职业教育产教融合的投入力度,仅 2024 年就投入了超过 500 亿元专项资金,其中,约 30%即 150 亿元重点投向新一代信息技术、高端装备制造、新能源等战略性新兴产业相关专业的建设,用于支持各地建设高水平职业院校和开设相关专业,引导教育资源向新兴产业及关键领域汇聚,从而进一步助力产业结构的优化升级。

地方政府则立足本地经济社会实际,使中央政策落地生根,积极推动本地产业与教育资源的精准对接。例如,为了促进人工智能产业的人才储备与技术创新,中央财政支持多所高校建立人工智能学院,投入资金建设先进的实验室与科研平台,鼓励高校与企业联合开展人工智能领域的前沿研究项目,加速推动人工智能技术在各行业的应用与落地。在政策引导下,山东、江西等多个省份积极推进混合所有制办学改革试点,遴选一批院校开展相关工作,取得了明显进展。这使得产业在转型升级过程中有了强大的人才和技术支撑,加速了经济结构从传统产业向高端制造业、战略性新兴产业的转变,提升了国家整体经济竞争力。

产教融合除了推动经济结构调整与产业升级之外,还可以提升人力资源质量与就业稳定性。高校依据企业实际需求调整专业设置和课程内容,培养出的人才更符合市场需求。相关数据显示,参与产教融合项目的高校毕业生初次就业率比未参与的高出 15%～20%。[1]这不仅提高了人力资源的利用效率,也增强了就业市场的稳定性,减轻了社会就业压力,维护了社会的和谐稳定。

行业协会在产教融合里发挥着桥梁与纽带的重要作用。一方面,向政府反馈行业整体发展需求,为政策制定提供专业支撑;另一方面,整合行业内企业资源,携手教育机构共同制定人才培养标准与课程体系,推动行业人才培养走向规范化。据不完全统计,全国电子信息行业协会近年来组织了超过 100 次校企交流活动,联合相关高校与企业,制定了 50 余项电子信息领域技能人才的培养规范,有效提升了行业人才培养质量。

尽管社会公众在产教融合中处于相对间接的位置,但产教融合的最终成效会切实影响到他们。优质的产教融合能够提升整体就业质量,激发社会经济活力,改善区域发展环境,使社会公众从中受益。例如,某地区因产教融合推动了新兴产业发展,吸引更多人口流入,区域繁荣度提升,居民生活质量也随之改善。该地区在产教融合项目实施后的 5 年内,就业人数增长了 20%,居民人均可支配收入提高了 30%,城市综合竞争力在全国排名上升了 10 位。

(二)中观层面

产教融合的体系里,宏观层面的政策引导和整体推动为其搭建了大框架,而中观层面的各个主体则是具体实施和发挥关键作用的核心力量。中观层面涉及企业、教育机构以及科研机构,它们相互协作、相互影响,共同推动着产教融合的深入发展。接下来详细探讨这些主体在产教融合中各自的角色和所获得的利益。

企业(产业链上下游)无疑是产教融合的直接受益者与核心参与者。在产业链这个大链条上,上下游企业有着不同的需求和关注点,因此在产教融合中也有着不同的参与方式。

产业链上游企业往往更聚焦于技术研发与创新人才的培养。这些企业处于产业的前端,需要不断进行技术创新来保持竞争力。通过与教育机构合作,它们能够为自身储备高端技术人才。打个比方，企业就像一个知识的"蓄水池"，与教育机构的合作就如同打开了一条源源不断的"水源"。同时，企业将前沿技术引入教育教学，这不仅为学生提供了接触最新知识的机会，也促进了教育内容的更新迭代。比如，在科技飞速发展的今天，若教育内容一直停留在过去的知识体系中，培养出来的学生就很难适应企业的需求。而引入企业的前沿技术，就像给教育注入了新鲜的血液。以汽车制造产业链为例，上游的零部件研发企业与高校科研团队合作培养新材料研发人才。高校拥有丰富的学术资源和科研力量，而企业有实际的市场需求和应用场景，两者结合，就能培养出既懂理论又有实践能力的高端技术人才。

产业链下游企业则更关注产品生产、销售等环节的技能型人才的培养。它们与职业院校紧密合作，开展订单式人才培养。这就好比企业提前向职业院校"预订"了一批符合自身需求的人才。这种方式能够满足企业的即时用人需求，大大提高了企业的人才招聘效率和质量。还是以汽车制造产业链为例，下游的汽车组装企业与职业院校联合培育熟练装配工人。根据行业调研，某知名汽车制造企业与高校合作后，研发周期缩短了 20%，新产品推出速度加快了 30%。这表明企业与高校在技术研发和人才培养方面的合作取得了显著成效，使得企业能够更快地将新技术转化为新产品推向市场。而下游汽车组装企业通过与职业院校开展订单式培养，新入职员工培训时间缩短了 50%，岗位适应期从 3 个月缩短至 1 个月。这大大降低了企业的人才培养成本，提高了员工的工作效率。

企业在产教融合中获得了人才和技术上的支持，而教育机构也在这个过程中发挥着重要作用并实现了自身的发展。教育机构主要包括高校和职业院校，它们在人才培养方面有着不同的侧重点。高校着重培养具有创新能力与扎实理论基础的高层次人才。在产教融合的大背景下，高校通过与企业、科研机构合作，将科研成果转化为现实生产力。高校的科研成果往往具有较高的学术价值，但如果仅仅停留在实验室里，就无法真正发挥其作用。而与企业和科研机构的合作，为科研成果的转化提供了渠道。同时，高校依据市场需求优化专业设置与课程体系，这就好比高校是一个"人才加工厂"，根据市场的需求不断调整生产"配方"，以提升人才培养质量。职业院校则以培养适应生产、服务一线的技能型人才为目标。它们通过与企业深度合作，开展实践教学、实习实训等活动。职业院校就像是一个"技能培训基地"，为学生提供了大量的实践机会。学生在真实工作环境中学习技能，能够更好地掌握实际操作技术。比如，某高职院校与当地多家企业共建实习实训基地。学生在这些基地中，就像在真正的工作岗位上一样，接触到实际的工作流程和操作规范。毕业后，他们能迅速适应岗位需求。该高职院校毕业生对口就业率连续 3 年超过 90%，企业对毕业生满意度达到 95%，这充分体现了产教融合对职业院校人才培养的积极作用，也证明了职业院校与企业合作的有效性。

企业和教育机构在产教融合中相互促进、共同发展，而科研机构在其中也扮演着不可或缺的角色。科研机构凭借自身的专业科研能力，成为产教融合中的技术支撑力量。科研机构与企业合作开展技术攻关，解决企业实际生产中的技术难题。企业在生产过程中,常常会遇到一些技术瓶颈,而科研机构的专业知识和科研设备能够帮助企业突破这些瓶颈。同时,科研机构借助企业实现科研成果的转化与推广。科研成果只有得到广泛实际应用如成为实际产品,才能真正体现其价值。

以农业科研机构为例,它与涉农企业合作研发新型种植技术。科研机构拥有先进的科研技术和专业的研究人员,涉农企业则有广阔的应用场景和实际的生产需求。两者合作研发出的新型种植技术,通过涉农企业向农民和农业从业者推广应用。涉农企业就像是一个"技术传播站",将科研成果传递到广大的农村地区。

据统计,湖南省农业科学院与袁氏种业高科技有限公司合作研发的新型种植技术,在推广后的3年内(2021年—2023年),使相关农产品产量提高了25%,农民平均收入增加了20%。这有力地促进了农业产业升级,也体现了科研机构在产教融合中为农业发展做出的重要贡献。

综上所述,在中观层面,企业、教育机构和科研机构在产教融合中各自发挥着独特的作用,相互配合,形成了一个有机的整体,共同推动产业发展和人才培养的进步。

(三)微观层面

宏观层面的政策引导和中观层面的主体协作共同构建了产教融合受益者整体框架,而微观层面则聚焦于参与产教融合的具体个体和小团队,他们是产教融合实际效果的直接体现者和受益者。微观层面各个主体在产教融合中的又有哪些期望、收获与发展呢?

首先,学生作为产教融合的核心对象,就像是等待雕琢的璞玉,期望通过参与相关项目,积累丰富实践经验,提升职业技能与综合素质,实现更好的职业发展。参与产教融合项目的大学生在就业市场上具有明显优势,能够提高就业竞争力与职业发展起点。学生在企业实习时,就如同进入了一个真实的职场,他们能够将课堂所学知识应用于实际工作,了解行业最新动态,为未来就业做好充分准备。就像一艘船在航行前进行了全面的检修和装备更新,更有信心驶向广阔的海洋。

一项针对参与产教融合项目学生的调查显示,参与实习的学生在毕业后平均薪资比未参与的学生平均高出10%~15%,且更容易进入企业核心岗位,职业晋升速度也更快,工作3年内晋升比例比未参与实习的学生高出20%。例如,南京工业大学参与西门子实习项目的学生,在毕业后更受智能制造企业青睐,能够更快地适应工作环境,职业发展起点更高。这就好比他们在职业道路上坐上了快车,比其他人更快地到达目的地。在产教融合模式下,大学生所学知识与企业实际需求紧密结合,学习更具针对性。学生在企业实践中就像在一面镜子前,能够明确自己的知识短板,从而有针对性地进行学习和提升。同时,通过参与企业项目,学生能够将课堂所学知识应用到实际中,加深对知识的理解和掌握,提高解决实际问题的能力,为未来的职业发展奠定坚实基础。这就如同为他们的职业大厦打下了坚固的地基。

学生在产教融合中收获颇丰,而教师在这个过程中也有独特的发展机遇。产教融合为高校教师提供了深入企业实践的机会。

教师通过参与企业项目、挂职锻炼等方式，能够将理论知识与实践相结合，提升自己的实践能力。例如，通过产学研合作、科技镇长团挂职等形式，教师深度参与校企合作，真正融入产业发展前沿，理解产业对人才培养的需求，更新自身知识能力体系。这种实践经验的积累有助于教师将最新的行业动态和实践案例带入课堂，丰富教学内容，提高教学质量，使教学更具针对性与实用性。同时，教师与企业合作开展科研项目，还能提升自身科研能力与专业水平。2022年中国职业教育质量年度报告表的数据表明，参与企业实践项目的教师在教学质量评估中，优秀率比未参与的教师高出30%，发表的科研论文年均产出数量增长了40%。

此外，产教融合还拓展了教师的职业发展空间。具备丰富实践经验和"双师双能型"的教师在高校内部更具竞争力。在职称评审、岗位晋升等方面，实践能力和产教融合成果越来越受到重视。高校通过优化岗位聘任机制，在设置岗位、考核标准制定等方面征求行业、企业意见，突出应用导向，引导教师主动融入产教融合。同时，高校应完善职称评审机制，提升科研成果转化、应用研究反哺教学等内容在职称评审中的权重，为教师的职业发展开辟了更广阔的空间。

教师在产教融合中实现了个人的成长与发展，而提高学校声誉与社会影响力是高校管理层在产教融合中的一个重要目标。成功的产教融合项目能够显著提升高校的社会认可度。当高校培养的学生能够精准满足企业需求，毕业生在就业市场上表现出色时，学校的声誉也随之提高。例如，上海大学在智能制造专业与本地企业紧密合作，其毕业生在长三角地区的智能制造企业中广受好评，这使得上海大学在相关领域的知名度大幅提升，吸引了更多优秀学生报考，同时也增强了学校在行业内的话语权。

促进学校教育教学改革与发展也是高校管理层推动产教融合的重要意义所在。产教融合促使高校管理层重新审视学校的教育教学模式，推动课程体系、教学方法等方面的改革。高校根据企业反馈和行业发展趋势，优化专业设置，更新课程内容，引入企业实际项目开展实践教学。这不仅提升了教学质量，还为学校的长远发展注入了新的活力，使学校能够更好地适应社会经济发展的需求。

企业导师在产教融合中承担着指导学生实践的重任。他们希望通过指导学生，为企业选拔优秀人才，同时提升自身在行业内的影响力与声誉。比如，经验丰富的企业工程师担任学生实习导师，将工作经验传授给学生，在此过程中树立良好口碑。据企业反馈，担任导师的企业技术人员在行业内知名度提升，个人职业发展机会增加，平均每年获得晋升或参与重要项目的机会的比例比未担任导师的同行高出15%。

由高校教师、企业技术人员和学生等组成的合作项目团队，是产教融合中知识创新、技术突破和人才培养的重要力量。合作项目团队旨在通过共同完成项目，达成知识创新、技术突破和人才培养的多重目标。团队成员期望在项目中充分发挥各自优势，收获项目成果带来的经济收益与个人成就感，促进团队成员间的知识共享与能力提升。例如,某合作项目团队完成一项技术研发项目后,为企业带来了超过 5000 万元的经济效益,团队成员个人收入平均增长了 30%,且团队成员在专业技能水平测试中成绩平均提高了 20 分。

综上所述,在微观层面,学生、教师、高校管理层、企业导师和具体合作项目团队在产教融合中都有着各自的期望和收获,他们相互协作、共同发展,推动着产教融合不断取得新的成果。

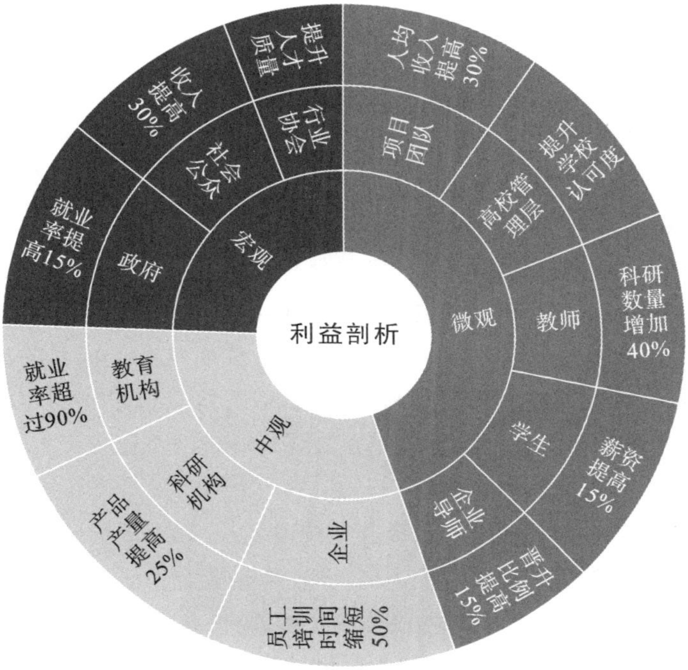

图 2-6　产教融合背后涉及的多元利益关系

二、利益诉求维度

在产教融合的宏大体系中,各方主体的利益诉求是推动其持续发展的重要力量。这些利益诉求可以从经济诉求、社会诉求、教育诉求、个体诉求等维度进行剖析。

(一)经济诉求

经济诉求是产教融合中各方主体最为关切的问题之一。它涉及成本投入、收益分配以及资源利用效率等多个方面,是衡量产教融合成效的重要指标。

在产教融合的过程中,各方主体都需要进行一定的成本投入。企业为了参与人才培养和科研合作,需要投入资金用于设备购置、人员培训、实习场地建设等。这些投入不仅有助于提升企业的技术水平和生产能力,还能为企业培养符合自身需求的高素质人才。以吉利控股集团为例,该企业在 2020—2024 年为校内实习实训基地建设累计投入超过

8000万元,购置了先进的生产设备与模拟工作场景设施,为学生提供了良好的实践环境。

教育机构同样需要投入资金改善教学设施、聘请企业专家授课等。这些投入能够提升学校的教学质量和办学水平,增强学校的竞争力。据统计,部分高校为了聘请企业高级技术人员作为兼职教师,支付的课酬平均每课时达到500～1000元。这些兼职教师不仅为学生带来了丰富的实践经验和行业知识,还促进了学校与企业之间的深度合作。

政府作为产教融合的推动者和支持者,资金投入是关键手段,用于政策扶持、基础设施建设等,旨在营造良好的产教融合环境,推动校企合作向纵深发展。以江苏省为例,2024年省级财政安排了产教融合专项资金20亿元。这笔资金精准投入职业院校与企业合作项目中。如助力南京工业职业技术大学与当地多家制造业企业共建实训基地,为学生提供了高度仿真的实践环境;支持无锡职业技术学院与物联网企业开展联合研发项目,加速科技成果转化。江苏省的这一举措,为产教融合提供了坚实的资金保障,极大地促进了教育链、人才链与产业链、创新链的有机衔接。

从以上分析不难看出合理的收益分配是保障产教融合持续发展的关键。在产教融合中,各方主体都希望通过合作获得相应的经济收益。企业期望通过参与人才培养获得符合自身需求的高素质人才,降低招聘与培训成本,同时从合作项目的成果转化中获取经济收益。例如,企业与高校合作开展科研项目,双方可以按事先约定的比例分享项目成果转化带来的经济收益。这种收益分配方式既能够激励企业积极参与产教融合,又能够保障高校在科研方面的投入和收益。

教育机构则希望通过与企业合作,提升学校声誉,获取更多科研经费与社会资源,促进学生就业,提高办学效益。以某高校为例,该校与企业合作研发的一项新技术,成果转化后产生了1亿元的经济效益。按照6:4的比例,高校获得了4000万元收益,用于科研投入与学科建设;企业则获得了6000万元收益,提升了产品竞争力。这种收益分配方式实现了企业与高校的双赢。

当然,提高资源利用效率是产教融合中各方主体的共同追求。通过共享设备、师资、技术等资源,企业与教育机构可以避免重复建设,降低运营成本。例如,企业的先进生产设备在满足自身生产需求的同时,可以供学校学生实习使用;学校的科研设施也可以为企业开展技术研发提供支持。这种资源共享的方式不仅提高了设备的利用率,还促进了企业与教育机构之间的深度合作。研究表明,通过产教融合共享资源,企业设备闲置率降低了30%,教育机构设备更新成本降低了40%,整体资源利用效率提高了25%。这种资源利用效率的提升不仅有助于降低各方的运营成本,还能推动产教融合向更高层次发展。

综上所述,经济诉求是产教融合中各方主体最为关切的问题之一。通过合理的成本投入、收益分配以及资源利用效率提升,可以推动产教融合持续健康发展,实现各方共赢。在未来的发展中应该继续关注经济诉求这一维度,不断优化产教融合模式,为经济社会发展做出更大的贡献。

(二)社会诉求

社会诉求不仅关乎个体的发展和幸福,也直接影响经济社会的繁荣与进步,是推动产教融合发展的重要力量之一。

提升学生就业质量一直都是产教融合的核心目标之一。通过与企业紧密合作,教育机构能够精准把握市场需求,培养出具备实用职业技能的人才。这不仅增强了学生的就业竞争力,还有助于实现高质量就业,从而缓解社会就业压力,促进社会稳定。例如,某地区通过产教融合培养的专业技能人才,在当地新兴产业中获得了高薪、稳定的工作岗位。随着这些人才的涌入,该地区新兴产业的就业人数增长了30%,平均薪资比传统产业高出40%,有效提升了整体就业质量。

然而,仅提升就业质量并不足以满足社会的全部需求。产业在快速发展,对人才技能的要求也在不断变化,这就需要产教融合在技能匹配方面做出更多努力。

在产业快速发展的背景下,产教融合成为确保人才技能与市场需求精准匹配的有效途径。教育机构通过与企业合作,及时了解行业需求的变化,调整教学内容,确保培养出的人才具备符合市场需求的技能。以人工智能产业为例,相关高校和职业院校在产业快速发展的背景下,及时开设了人工智能相关专业课程,并与企业合作开展实践教学。这种紧密合作使得参与产教融合培养的人工智能专业学生在毕业后,其岗位技能匹配度达到了90%,远高于未参与产教融合培养的学生。

除了就业质量和技能匹配外,社会声誉也是产教融合不可忽视的重要诉求。良好的社会声誉不仅能提升教育机构的知名度和影响力,还能增强企业的社会责任感和品牌形象。对于教育机构和企业而言,良好的社会声誉是重要的无形资产。取得显著成效的产教融合,能够提升教育机构在人才培养方面的社会认可度,同时增强企业在社会责任履行方面的形象。例如,一所积极开展产教融合且学生就业质量高的高校,在社会上的声誉会大幅提升;而一家注重人才培养、与教育机构深度合作的企业,也会赢得社会的赞誉。这种良好的社会声誉不仅有助于吸引更多优秀学生和企业合作伙伴,还能为教育机构的长远发展奠定坚实的基础。

在关注就业质量、技能匹配和社会声誉的同时,产教融合还应致力于推动区域经济的发展。通过培养适应本地产业发展的人才,产教融合能够促进产业升级与创新,吸引更多企业投资,从而带动区域经济的整体增长,可见产教融合对区域经济发展具有显著的推动作用。通过建设产业学院、开设相关课程等方式,产教融合为区域主导产业培养了大量技能人才。这些人才不仅满足了企业的用工需求,还吸引了更多相关企业的入驻。以某经济开发区为例,该区域通过建设产业学院,培养了大量服务于当地主导产业的技能人才。这一举措不仅促进了产业升级与创新,还吸引了更多企业的投资和入驻。在产业学院建成后的3年内,该区域的地区生产总值增长了25%,税收收入增长了30%,充分体现了产教融合对区域经济的带动作用。

所以,社会诉求是产教融合不可或缺的重要组成部分。通过提升就业质量、确保技能匹配、改善社会声誉以及推动区域经济发展,产教融合能够更好地满足社会的需求,为经济社会的繁荣与进步做出更大的贡献。

(三)教育诉求

在产教融合浪潮中,教育诉求不仅是教育机构自身发展的需要,更是提升教育质量、满足社会需求的必然选择。以下将从人才培养质量、课程体系创新及科研转化能力三个方面,深入探讨产教融合中的教育诉求。

众所周知,教育机构的首要任务是培养高质量的人才。产教融合为教育机构提供了丰富的实践教学资源和行业最新信息,有助于优化课程体系、改进教学方法,从而提升人才培养质量。企业参与课程设计,将实际工作中的项目案例融入教学,使学生在学习过程中就能接触到行业真实问题,提高解决问题的能力。一项针对产教融合课程的调查显示,上过产教融合课程的学生在解决实际问题能力测试中,平均成绩比只上传统课程的学生高出 20 分,实践操作能力评分提高了 30%。这一数据直观地反映了产教融合在提升人才培养质量方面的显著效果。

但是,仅仅提升人才培养质量还不够,随着产业的发展和技术的进步,教育机构的课程体系也需要不断创新和更新。产业的发展不断催生新的技术与业态,这对教育机构的课程体系提出了更高的要求。产教融合促使教育机构与企业共同开发课程,引入行业前沿知识和技术,推动课程体系的创新与更新。以物联网产业为例,在物联网产业兴起后,相关高校与企业合作,开设了物联网工程专业,并共同开发了一系列创新性课程,如物联网应用开发、传感器技术与应用等。这些课程不仅涵盖了行业前沿知识,还注重培养学生的实践能力和创新能力。据统计,物联网专业产教融合课程中,行业前沿知识占比达到 40%,学生对课程满意度达到 90%。这一数据表明,产教融合在推动课程体系创新方面发挥了重要作用。

除了人才培养质量和课程体系创新外,还有什么是产教融合中不可忽视的重要教育诉求呢?答案便是科研转化能力。高校和科研机构拥有丰富的科研资源,但科研成果转化一直是个难题,而产教融合则可为科研成果转化开辟新的渠道。

通过与企业合作,高校和科研机构能够将科研成果应用于实际生产中,实现科研成果的经济价值和社会价值。某高校研发的一项新型材料技术就是一个典型的例子。通过与相关企业合作,该高校成功实现了这项技术的产业化生产。这一合作不仅为企业带来了显著的经济效益,还极大地提升了高校的科研转化能力。该高校在与企业合作后,科研成果转化率从之前的 10% 大幅提升至 30%,有效推动了科研成果的落地应用和产业化发展,产教融合为科研成果转化提供了更广阔的舞台。

从教育诉求的角度出发,通过提升人才培养质量、推动课程体系创新以及增强科研转化能力,产教融合能够为教育事业的持续发展注入新的活力和动力。

(四)个体诉求

在产教融合具体实践中,个体诉求是推动其持续发展的关键因素之一。这些诉求不仅关乎个体的成长和发展,也直接影响产教融合的效果和成果。以下将从职业发展、薪酬回报以及能力提升三个方面进行介绍。

无论是学生、教师还是企业导师,最终都期望实现自身职业发展的目标。对于学生而言,参与实践项目和实习实训不仅能够积累宝贵的工作经验,还能提升职业技能水平,为未来的职业发展奠定坚实的基础。对于教师而言,与企业合作不仅拓宽了职业发展路径,还提升了教学水平和实践能力。通过参与企业科研项目和实践教学活动,教师能够不断更新专业知识、掌握行业最新动态,从而实现从教学型教师向"双师型"教师的转变。这种转变不仅有助于提高教师的教学水平和职业竞争力,还能为教师的职业发展创造更多机会和可能。而对于企业导师而言,指导学生不仅是履行社会责任的一种方式,更是展示个人专业能力和行业影响力的良好平台。通过指导学生解决实际问题、参与科研项目等活动,企业导师能够不断提升自身的指导能力和管理能力,从而获得行业内的认可和尊重。这种认可和尊重不仅有助于提升企业导师的职业地位和声誉,还能为其职业发展创造更多有利条件。

在追求职业发展的同时,个体也非常关注产教融合带来的薪酬回报。经济利益是个体参与产教融合的重要动力之一。每个人都期望通过自身的努力获得相应的薪酬回报。对在校生而言,知识就是财富,提升自身技能和积累工作经验是获得更高薪酬待遇的关键途径。某地区统计数据显示,参与产教融合实习的学生毕业后首年平均薪资比未实习学生高出 1200 元/月。这一差距不仅体现了产教融合在提升学生就业竞争力方面的作用,也反映了市场对具备实践经验和技能人才的高度认可。对于教师来说,参与企业项目不仅有助于提升教学水平,还能带来额外的经济收入。

同样地,企业导师在指导学生过程中也期望得到合理的经济补偿。企业导师投入大量时间和精力指导学生,确保他们掌握所需的技能和知识。因此,给予企业导师适当的报酬不仅是对其劳动成果的认可和尊重,也是激励更多专业人士参与产教融合的重要举措。据统计,企业导师指导学生的报酬平均每小时在 200～300 元,这在一定程度上体现了企业导师的专业价值和贡献。

职业发展和薪酬回报确实是个体的重要诉求,但能力提升也是个体参与产教融合的诉求之一。毕竟,学海无涯,没有最好的自己,只会有更好的自己。通过参与产教融合项目,个体能够得到更多的学习资源和成长机会,从而实现自身能力的全面提升。

三、利益冲突维度

各主体的利益可以作为产教融合不断发展的动力,但如果不同主体之间利益存在矛盾,则这种冲突也是影响其顺利推进的重要因素。比如,短期与长期利益的差异、资源分配的矛盾以及责任边界的模糊等等。深入分析这些利益冲突有助于更好地理解产教融合过程中存在的问题,并寻找有效的解决途径。

(一)短期和长期利益

在产教融合过程中,企业和教育机构的利益目标存在明显的差异,这种差异主要体现在对短期利益和长期利益的不同追求上。

企业作为市场经济的主体,通常更关注短期利益。它们希望通过产教融合迅速获得能够直接从事生产的熟练人才,以满足企业即时的生产经营需求。比如,企业处于业务高峰期时,急需大量具备特定技能的工人,就会要求教育机构在短时间内培养相应人才。企业追求这种短期效益,是为了在激烈的市场竞争中保持优势,实现即时的利润增长。

然而,教育机构的人才培养却是一个长期的过程。教育机构更注重学生综合素质的提升和未来发展潜力的挖掘。高校和职业院校需要遵循教育教学规律,系统地设置课程体系,开展理论教学与实践教学。其目标是培养学生不仅具备当前岗位所需的技能,还具备适应未来职业发展变化的能力。因为教育是为了培养全面发展的人,为社会的长远发展提供智力支持。

据一项针对企业和教育机构的调研显示,企业希望人才培养周期在6个月以内的占比达到60%,而教育机构认为合理的人才培养周期在2~3年的占比达到70%。这种短期与长期利益的巨大差异,容易引发企业与教育机构在人才培养目标和方式上的分歧。企业可能希望教育机构简化培养流程,尽快输送人才;而教育机构则坚持按照自身的教育理念和教学计划进行人才培养,双方难以达成一致。这种短期与长期利益的冲突,只是产教融合中利益冲突的一个方面,而资源分配则是另一个容易引发矛盾的关键领域。

(二)资源分配矛盾

资金、师资、设备等资源的共享是产教融合过程中提高资源利用效率的重要手段,但也易引发竞争性矛盾。毕竟在资金方面,政府给的财政支持是有限的,就会出现"狼多肉少"的局面。企业和学校都渴望获得更多的资金用于自身的发展。企业主要希望将资金用于扩大生产规模、引进先进设备,以提高生产效率和市场竞争力;而学校则需要资金来改善教学条件、开展科研项目,提升教学质量和科研水平。以某地区为例,政府每年下发的产教融合专项资金为5亿元,而企业申请资金需求平均每年达到8亿元,学校申请资金需求平均每年达到6亿元,供需矛盾十分突出。这种资金需求的竞争,使得企业和学校在资金分配上容易产生分歧。

除了资金之外,师资力量如企业的技术骨干和高校的优秀教师,都是稀缺资源。企业希望这些师资能更多地为企业培训员工、解决技术难题,以提升企业的技术水平和创新能力;但是学校则需要他们承担教学任务、指导学生实践,以保证教学质量和学生的实践能力培养。企业期望师资投入企业培训的时间占比达到60%,学校却期望师资用于教学的时间占比达到70%。这种对师资时间分配的不同期望,也会导致企业和学校在师资使用上产生矛盾。

除了这些软实力之外,在硬件设施的使用上,企业和学校也有各自的见解。比如,企业先进的生产设备和学校的科研设备,虽然双方都秉持着在满足自身需求的同时,能充分共享给对方的理念。但在实际使用过程中,会因使用时间、维护成本等产生矛盾。比如,在企业设备可供学校学生实习的时间占比上,企业期望控制在 30% 以内,而学校期望达到 50% 以上。这种对设备使用时间的不同要求,使得设备共享变得困难。

(三)责任边界模糊

不出所料,资源分配的矛盾已经给产教融合带来了诸多挑战,而责任边界模糊这一问题,对于产教融合的顺利进行无疑是雪上加霜。

在校企合作中,责任边界模糊是常见问题。这可能会引发一系列的纠纷和矛盾,影响合作的顺利开展。以知识产权归属为例,在合作开展科研项目时,常涉及知识产权的创造、使用和归属问题。若合作协议中未明确规定,企业和教育机构可能会因知识产权归属问题产生纠纷。根据相关研究机构统计,在近 10 年(2015—2025 年)涉及校企合作科研项目的纠纷中,约 50% 与知识产权归属不清有关。比如,复旦大学与上海复星医药(集团)股份有限公司(以下简称复星医药)合作开展一项抗癌新药研发项目。双方在合作协议中对知识产权归属的规定较为模糊,仅提及"合作产生的知识产权由双方共同拥有,但具体使用和处置方式另行协商"。

在项目研发过程中,复旦大学科研团队取得了一项关于药物分子结构优化的关键技术突破,并申请了专利。复星医药认为,该专利是在双方合作框架下产生的,企业投入了大量研发资金,并且拥有成熟的市场推广渠道,应主导专利的商业化应用,快速将新药推向市场。复旦大学则认为,科研团队是专利的主要创造者,且学校在科研平台建设、人才培养等方面也有投入,应在专利使用和收益分配上拥有更大话语权,希望能对专利的应用方向进行更深入研究后再推进商业化。

由于知识产权归属及相关权益界定不清,双方就专利的后续应用和收益分配问题产生了激烈争执,合作关系陷入危机。该专利的商业化进程也因此受阻,原本有望带来巨大经济效益和社会效益的科研成果,因双方的纠纷而无法及时转化为实际生产力。

从以上内容来看,产教融合利益冲突是多方存在的,而且这些冲突严重影响了产教融合的顺利推进,所以采取有效的措施解决这些冲突,促进产教融合的健康发展,是迫在眉睫的事情。

第三章 校企协同育人概述

第一节 内涵与目标

在产教融合日益成为时代发展潮流的今天,校企协同育人(University-Enterprise Collaborative Education)已成为推动高等教育改革、提升人才培养质量的关键战略举措。这一模式打破了传统教育与产业之间的壁垒,实现了教育资源与产业需求的深度对接(周敏,2021)。企业与高校的紧密合作不仅能为学生提供更贴合实际的学习体验,也能为企业储备优质的专业人才,进而促进整个产业的创新发展。

一、概念界定与内涵解析

校企协同育人,从本质上而言,是基于"协同效应"原理的一种新型教育模式。它强调学校与企业两个育人主体在人才培养过程中形成紧密协作、优势互补的关系(曹韵,2025),即"双主体办学"。这一模式打破了传统教育模式中学校单一育人的局限,将企业的实际需求融入人才培养的全过程。相较于传统的校企合作,校企协同育人在资源整合的深度上更为彻底,不再局限于简单的实习、讲座等形式,而是从课程设计、教学实施到评价反馈等各个环节都实现了深度的融合。

2017年国务院办公厅印发的《关于深化产教融合的若干意见》中明确指出,要推动校企全面加强深度合作。这充分体现了校企协同育人在资源整合上的新要求。通过深度的资源整合,校企协同育人模式能够为学生提供更加贴合实际的学习体验,帮助他们更好地适应未来的职业发展。同时,企业也能在这一过程中储备优质的专业人才,为自身的创新发展提供有力的支撑。

除了资源整合上的深度要求外,校企协同育人还在利益共享机制和人才培养系统性上展现出了独特的优势。比如,校企协同育人构建了更为合理、可持续的模式。企业通过参与人才培养过程,能够提前锁定符合自身需求的人才,从而降低招聘与培训成本。而学校则能够借助企业的资源提升教学质量与科研水平,进而增强自身的社会影响力。这种互利共赢的模式促进了双方在人才培养上的长期投入,形成了良性循环。在人才培养系统性上,校企协同育人以产业需求为导向,对人才培养目标、课程体系、实践环节等进行系统规划。这种从招生到就业的完整闭环设计,确保培养出的人才能够无缝对接企业岗位需求。通过系统性的培养,学生能够更加全面地掌握专业技能和实践能力,为未来的职业发展打下坚实的基础。

根据美国经济学家西奥多·舒尔茨的人力资本理论,企业参与教育是为了提升员工的人力资本价值,从而提高企业的生产效率与经济效益。这一理论为校企协同育人提供了有力的理论支撑。企业通过参与校企协同育人过程,能够提前对潜在员工进行培养,使他们掌握符合企业需求的专业技能。这不仅能够缩短新员工入职后的适应期,降低企业的培训成本,还能够提高企业的生产效率和经济效益。因此,企业参与校企协同育人具有内在的动力。例如,在实际操作中,企业可以为高校提供实习岗位与指导教师,帮助学生提升实践能力。这种合作模式不仅能够为学生提供宝贵的实践机会,还能够让企业更直接地了解学生的学习情况和能力水平,从而为企业的人才选拔和培养提供更加精准的依据。最终,这种合作模式将实现企业与学生的双赢。

当今时代,校企协同育人作为一种创新的教育模式,在产教融合的大背景下正展现出独特的优势和潜力。通过深度的资源整合、合理的利益共享机制和系统性的人才培养设计,校企协同育人模式将为高等教育改革和产业发展注入新的活力。

二、校企协同育人目标

(一)人才培养目标

校企协同育人的首要目标是为产业培养出符合需求的高素质人才。经济社会的快速发展和产业的不断升级,对各类专业人才的需求日益增长,且要求愈发严格。因此,学校在人才培养过程中必须紧密对接产业发展需求,确保学生在知识、技能和素养等方面与市场需求精准匹配。这意味着学生不仅要具备扎实的专业理论知识,还要拥有较强的实践能力、创新能力和职业素养,成为复合型人才,从而满足经济社会发展和产业升级对专业人才的多元化需求。

例如,在智能制造领域,企业需要既掌握先进制造技术理论又能够熟练操作智能化设备的人才。学校与企业紧密合作,根据企业的实际生产流程和技术要求,调整教学内容和课程设置,使学生在学习过程中能够接触到真实的生产场景,培养出符合企业需求的人才。

同时,校企协同育人还注重促进学生的全面发展。学生综合素质的培养是现代教育的重要理念,仅仅关注专业技能的提升是远远不够的。学校和企业应共同致力于培养学生的职业道德、团队协作能力、沟通能力以及终身学习能力等非专业素养。这些素养对于学生的职业生涯发展和个人成长具有重要意义,能够帮助他们在未来的工作中更好地适应社会环境,应对各种挑战。比如,通过组织学生参与企业的项目,让他们在实践中锻炼团队协作能力,学会与不同背景的人员合作;安排企业导师进行职业道德教育讲座,引导学生树立正确的价值观和职业操守。

(二)科研与创新目标

校企协同的另一个重要目标是推动科技成果转化与应用,提升校企双方的创新能力。学校拥有丰富的科研资源和创新思维,企业在生产和市场渠道方面具有独特优势。双方发挥各自优势,加速科研成果从实验室到市场的转化过程。学校的科研成果可以通过企业的生产和市场渠道得以应用和推广,实现其经济价值和社会价值;企业则可以借助学校的科研力量解决生产中的技术难题,提升产品和服务的科技含量与竞争力。例如,以兰州理工大学为例,该校材料科学与工程学院在新材料研发方面底蕴深厚,学院科研团队经过不懈努力,攻克了多项技术难题,成功研制出一种具备高强度、高耐腐蚀性且质量更轻的新材料。然而,高校受限于资金、生产设备以及市场渠道等因素,难以将这一成果迅速转化为实际生产力,实现大规模生产与市场推广。

此外,校企双方通过合作开展科研项目、共建创新平台等方式,还能够促进知识流动和技术创新。学校教师和学生在与企业的合作中,接触到企业的实际生产问题,拓展了科研思路和应用场景;企业员工在与学校科研人员的合作中,激发创新意识,学习前沿技术和创新方法,共同提升校企双方的创新能力和核心竞争力。比如,校企双方共同建立研发中心,围绕行业关键技术问题开展联合攻关,学校提供理论研究支持,企业提供实验条件和应用场景,加速科研成果的产出和应用。

(三)产业发展目标

校企协同育人还旨在服务区域产业升级与转型,增强产业人才竞争力。区域经济的发展离不开产业的支撑,而产业的发展需要大量的高素质人才和先进的技术支持。根据区域产业发展规划和特色,校企协同培养适应区域产业需求的人才,提供技术支持和创新服务,推动区域传统产业的转型升级,培育新兴产业,促进区域产业结构优化,提升区域经济发展的质量和效益。例如,在一些以传统制造业为主的地区,校企协同培养智能制造相关的人才,推动传统制造业向智能化、数字化方向转型升级;在新兴产业领域,如新能源、人工智能等,校企合作开展科研创新和人才培养,助力新兴产业快速发展。

同时,精准的人才培养和持续的技术创新,为产业发展提供充足的高素质人才和先进的技术支撑,提高产业在国内乃至国际市场上的人才竞争力,助力产业在全球产业链中向高端迈进。例如,我国在5G通信领域的发展和崛起,就得益于高校、科研机构与企业的紧密合作。各方协同培养了大量专业人才,共同开展科研创新,使我国在5G技术方面处于世界领先地位,提升了我国通信产业在全球产业链中的竞争力。

三、协同育人目标保障体系

(一)完善协同育人机制

实现校企协同育人的目标,需要建立健全完善的协同育人机制。

首先,要成立由学校、企业双方领导和相关部门负责人组成的校企合作管理委员会。该委员会负责统筹规划、协调指导校企协同育人工作,制定合作战略、政策和制度,解决合作过程中出现的重大问题。通过这种方式,确保校企合作工作的顺利开展和有序推进。例如,在制订人才培养方案时,校企合作管理委员会可以根据产业发展需求和企业实际岗位要求,共同商讨确定课程体系、教学内容和培养模式,确保培养出的人才符合市场需求。

其次,要制定详细的合作协议。协议中要明确校企双方的权利和义务,包括人才培养方案制订、课程开发、师资队伍建设、实习实训基地建设、科研合作项目等方面的具体责任和分工,以及合作的目标、内容、方式、期限、经费保障等条款。这样可以避免在合作过程中出现职责不清、权益纠纷等问题,确保合作有章可循、有序推进。比如,在实习实训基地建设方面,协议中可以明确规定企业的场地设备投入数量、高校的管理责任以及双方在学生实习期间的权益保障等内容。

最后,建立常态化沟通协调机制也是至关重要的。高校和企业定期召开校企合作联席会议,及时沟通人才培养、科研合作等方面的进展情况,共同商讨解决合作过程中出现的问题。同时,建立日常联络机制,明确双方联络人员,及时处理合作中的具体事务,确保信息畅通。可以通过每月召开一次联席会议的方式,总结上一阶段的工作成果,讨论下一阶段的工作计划;在日常联络中,学校和企业的工作人员可以随时就学生实习安排、课程调整等问题进行沟通与协商。

(二)优化人才培养模式

优化人才培养模式是实现校企协同育人目标的关键。高校和企业应根据产业需求和职业岗位能力要求,共同研究制订人才培养方案。在制订方案时,要将企业的岗位标准、职业素养要求融入课程体系,构建基于工作过程的课程模块,实现课程内容与职业标准、教学过程与生产过程的深度对接。

同时,开展现代学徒制培养是一种有效的人才培养模式。借鉴现代学徒制模式,实行双导师制,即由高校教师负责学生的理论教学和职业素养培养,企业师傅指导学生的实践操作和岗位技能训练。学生在高校和企业交替学习,实现工学结合。这种模式能够使学生在学习过程中既能掌握系统的专业知识,又能熟练掌握岗位技能,毕业后直接上岗。如在数控加工专业的现代学徒制培养中,学生在高校学习数控编程、机械制图等理论知识,在企业跟随师傅进行实际零件的加工操作,通过工学结合的方式,提高实践能力和就业竞争力。

此外,加强实践教学环节也是优化人才培养模式的重要方面。高校增加实践教学比重,保证实践教学时间不少于总教学时数的一定比例。企业为学生提供实习实训基地和真实的工作项目,让学生在实践中锻炼动手能力和解决实际问题的能力。同时,学校加强校内实训基地建设,模拟企业生产环境,为学生提供仿真实训条件。

(三)加强师资队伍建设

师资队伍的建设对于校企协同育人至关重要。一方面要不断提升教师的实践能力。学校应定期安排教师到企业挂职锻炼,参与企业的生产经营、技术研发等活动,让教师了解行业最新动态和企业实际需求。教师将企业实践经验融入课堂教学,使教学内容更加贴近实际。另一方面,引进企业兼职教师也是必不可少的。企业选派具有丰富实践经验和较高理论水平的专家、技术骨干到学校担任兼职教师,承担实践教学、专业讲座、指导学生毕业设计等教学任务。兼职教师能够将企业的实际案例和工作经验引入课堂,让学生了解行业最新技术和发展趋势,增强学生的职业意识和就业竞争力。

此外,开展师资培训与交流活动也是加强师资队伍建设的重要举措。校企双方共同组织师资培训活动,如邀请国内外专家、学者为教师授课,举办教学研讨会、经验交流会等活动,促进教师之间的交流与学习。同时,鼓励教师参加行业协会组织的培训和学术活动,不断更新知识结构,提高教学水平和科研能力。

(四)强化科研合作与创新

强化科研合作与创新有助于推动校企协同育人目标的实现。校企双方应共同出资、出技术、出设备,建立产学研合作创新平台,如重点实验室、工程技术研究中心、协同创新中心等。这些平台围绕产业发展的关键技术和共性问题开展研究,为企业提供技术支持和解决方案,同时为学校教师和学生提供科研实践基地,促进科研成果的转化和应用。当然,合作开展科研项目也是强化科研合作与创新的重要方式之一。企业根据生产经营中的技术需求,与学校联合申报各级各类科研项目。例如,某化工企业与高校合作申报国家科研项目,共同研发新型环保材料。高校科研人员负责基础研究和实验室小试,企业提供中试和产业化生产条件,最终成功开发出具有市场竞争力的新型材料。在项目研究过程中,校企双方发挥各自优势,学校提供科研人员、实验设备等资源,企业提供项目经费、应用场景和技术支持,双方共同开展技术研发、产品创新等工作,实现互利共赢。

(五)完善科研成果转化

完善科研成果转化机制是促进科技成果应用和发展的重要保障。需要建立健全科研成果转化的激励机制和利益分配机制,明确校企双方在科研成果转化中的权益和收益分配方式。例如,对于在科研成果转化中做出突出贡献的个人或团队给予表彰和奖励,按照一定比例分配转化收益;制定相应的职称评定和绩效考核政策,将科研成果转化情况纳入考核指标体系。通过合理的激励措施,激发双方参与科研成果转化的积极性。说到成果转化,就不得不提及加强知识产权保护,其也是完善科研成果转化机制的重要内容。再如,为科研成果转化提供法律保障,防止知识产权侵权事件的发生。此外,还需要搭建科研成果转化服务平台,提供技术评估、交易撮合、融资对接等一站式服务,加速科研成果的商业化应用。专门设立知识产权管理机构,为企业和科研人员提供专利申请、商标注册等服务;建立科研成果转化交易平台,促进科研成果与市场需求的有效对接。

第二节　现实诉求与发展现状

　　校企协同育人作为产教融合的核心实践形式之一,正面临着前所未有的现实诉求与发展机遇(任幼巧,2022)。随着科技的飞速发展和产业结构的不断优化升级,企业对高素质、高技能人才的需求日益迫切,而传统教育模式在培养符合市场需求的人才方面存在一定的局限性。因此,校企协同育人模式不仅是对这一现实需求的积极回应,更是推动教育改革和产业转型升级的关键举措。

一、政策演进脉络

　　自 2017 年国务院办公厅印发的《关于深化产教融合的若干意见》发布以来,产教融合政策持续迭代、不断完善。这份意见为产教融合搭建了坚实的顶层设计框架,它清晰地明确了深化产教融合的总体要求、主要任务以及保障措施。这就好比为产教融合这项"大工程"绘制了详细的蓝图,让各方参与者都清楚知道努力的方向。有了这个总体指引,后续的各项政策才能有条不紊地推进。

　　在该意见发布之后,"双高计划"闪亮登场。它聚焦于高水平高职学校和专业建设,特别强调了产教融合在提升职业教育质量中的关键作用。可以说,"双高计划"是在该意见的基础上,进一步推动产教融合在职业教育领域深入发展的有力举措。通过政策引导与资金支持,它就像一股强大的推动力,鼓励高职院校与企业深度合作。在这种合作下,高职院校能够根据企业的实际需求,打造具有竞争力的专业群,培养出更符合市场需求的高素质技术技能人才。

　　而"现代产业学院"专项政策的出台,更是让高校与产业的对接达到了一个新的高度。现代产业学院以区域产业需求为导向,就像一个精准的指南针,指引高校和企业的合作方向。通过校企共建共管,它实现了人才培养、科学研究、技术创新、企业服务、学生创业等功能的有机结合。例如,某高校与当地龙头企业共建的现代产业学院,围绕新兴产业开设定制化专业课程。这些课程紧密贴合产业实际需求,为区域经济发展培养了大量急需的专业人才,就像一场及时雨,滋润了当地产业发展的土壤。

　　接下来介绍几种协同育人实践模式以及其在不同的场景中发挥的独特作用(表3-1)。

表 3-1　协同育人实践模式

模式类型	典型特征	适用场景
订单式培养	定制化课程/定向输送	技术密集型产业,如电子信息、生物医药等,企业对人才专业技能要求高,需提前定向培养。
共建实训基地	资源共享/双师教学	装备制造类专业,这类专业实践操作要求高,通过共建实训基地,学生可在真实生产环境中学习,提升实践能力。
项目驱动式	真实项目贯穿教学过程	信息技术领域,该领域技术更新快,通过参与企业真实项目,学生能及时掌握行业前沿技术。
产业学院	法人化运作/混合所有制	区域支柱产业,产业学院可整合多方资源,形成产学研用一体化的协同创新平台,推动区域产业升级。

二、国际经验镜鉴

在探索产教融合的道路上,我国不仅要立足国内政策的演进,还可以借鉴国际上一些成熟的经验。下面介绍德国"双元制"教育和新加坡"教学工厂"模式对我国产教融合的启示。

德国"双元制"教育是国际上非常知名的职业教育模式,它以企业为主体,学生一半时间在企业接受实践培训,一半时间在学校学习理论知识,两者紧密结合。这种模式培养出的学生既具备扎实的理论基础,又拥有丰富的实践经验,在就业市场上非常受欢迎。我国部分地区的产教融合借鉴了德国"双元制"教育模式。这些地区根据自身产业特点与教育体制进行了调整。例如,一些职业院校与当地企业合作,采用"工学交替"的教学模式,让学生一半时间在企业实习,一半时间在校学习。这种模式在实践中取得了良好的育人效果,学生的实践能力和职业素养得到了显著提升。

然而,在借鉴过程中也面临着一些挑战。比如企业参与积极性存在差异,有些企业可能因为担心影响生产效率或者增加成本等原因,参与的热情不高。另外,师资队伍建设也是一个问题,要培养出既懂理论又懂实践的"双师型"教师并非易事。所以还需要进一步优化这种模式,让它更好地适应我国的国情。

新加坡"教学工厂"模式也有其独特之处,它将企业实际项目引入学校教学,在校园内营造企业化的教学环境。这种模式让学生在学校就能接触到真实的企业项目,提前适应企业的工作节奏和要求。

我国部分高校在借鉴该模式时,结合自身专业特点,与企业共建校内实训中心,将教学、科研、生产有机结合。例如,某高职院校的电子专业,通过引入企业真实生产项目,让学生在模拟企业环境中完成项目任务。在这个过程中,学生的职业素养与实践能力得到了有效提升。

但在实施过程中,还是遇到了一些问题。其中项目来源不稳定就是一个比较突出的问题,有时企业可能因为自身业务原因无法提供足够的项目。另外,教学管理难度也大大增大,如何在保证教学质量的前提下,让学生顺利完成企业项目,是一个需要解决的难题。需要不断探索解决这些问题的方法,让新加坡"教学工厂"模式在我国更好地落地生根。

第三节　系统构建的"五维模型"

在探索高等教育与产业发展深度融合的道路上,校企协同育人系统的构建是非常重要的途径。本节将围绕"五维模型"展开详细阐述,旨在揭示这一模型在推动产教深度融合、提升人才培养质量方面的独特魅力。

一、目标协同维度:精准对接,共育英才

校企协同育人的首要任务是目标协同,即实现人才规格与企业岗位能力标准的精准对接。高校不再是孤立地制订人才培养方案,而是主动与企业携手,将企业岗位所需的知识、技能、素质融入课程体系,共同描绘人才培养的蓝图。以计算机专业为例,企业参与制订人才培养方案时,针对软件开发工程师岗位,明确提出对编程语言(如 Java、Python 等)的熟练掌握程度要求,以及项目管理能力中涉及的项目规划、进度把控、团队协作等关键要点。高校依据这些需求,不仅在课程设置上加大实践课程占比,开设专门的项目实战课程,还调整理论课程内容,使其更贴合实际开发场景,确保培养出的学生符合企业需求。这种紧密的目标协同,确保了培养出的学生能够迅速适应企业需求,成为行业发展的中坚力量。

二、过程协同维度:循序渐进,实践育人

从目标协同出发,一起探索校企协同育人的过程协同是实现人才培养质量提升的关键环节。

过程协同维度强调"三阶段递进式"培养流程的设计,即认知实习、项目实训和顶岗实践。这三个阶段如同三级台阶,引领学生逐步深入实践学习的殿堂。在认知实习阶段,学生走进企业,了解行业与企业的基本运作,形成初步认知。在项目实训阶段,学生在教师与企业导师的共同指导下,参与企业实际项目,提升专业技能。在顶岗实践阶段,学生则完全融入企业岗位,承担实际工作任务,实现从学生到职业人的华丽转身。这一过程不仅锻炼了学生的实践能力,更为他们提前适应职场环境、提升就业竞争力奠定了坚实基础。

以某高校机械专业学生为例,在大一期间安排认知实习,学生深入机械制造企业,参

观生产车间,了解产品生产流程、设备运行原理等基础知识,对行业形成初步认知。在项目实训阶段,学生在教师与企业导师的共同指导下,参与企业实际项目,提升专业技能。大二、大三期间,学生参与企业的小型项目,如某机械零部件的设计优化项目,在学校教师的理论指导与企业导师的实践经验传授下,运用所学知识解决实际问题,掌握设计软件的实际操作技巧,学会考虑生产工艺、成本控制等实际因素。在顶岗实践阶段,学生完全融入企业岗位,承担实际工作任务,实现从学生到职业人的转变。大四时,学生进入企业进行顶岗实习,参与完整的生产项目,如大型机械设备的组装与调试,独立负责部分工作环节,接受企业的管理与考核,积累工作经验,提前适应职场环境,有效提升就业竞争力。

三、资源协同维度:共享资源,共促创新

有了目标和过程的协同,资源协同则成为支撑这一系统高效运转的重要保障。资源协同聚焦于企业技术标准向教学资源的转化。企业将最新的生产工艺、技术规范等转化为教学案例、课程内容,使学生得以掌握行业前沿知识。同时,校企共建数字化教学资源库,整合双方的教学资料、项目案例、虚拟仿真实验等资源,实现资源共享。某高校与化工企业共建数字化教学资源库,企业将生产过程中的安全操作规程以视频、动画等形式纳入资源库,方便学生直观学习;高校则将相关理论知识的课件、科研成果等上传,双方的项目案例,如企业的产品研发项目、高校的工艺优化研究项目,也都整合在资源库中,为教师教学与学生学习提供丰富素材。学生可以通过资源库学习企业实际应用的技术,教师也能依据资源库内容更新教学内容,提升教学质量。学生在资源库的滋养下,得以学习企业实际应用的技术,为未来的职业发展铺平道路。

四、评价协同维度:引入标准,共铸质量

评价是检验育人成效的重要标尺,校企协同育人的评价体系自然也应体现双方的共同意志。引入 ISO10015 培训质量标准的评价体系,从培训需求确定、培训计划制订、培训实施到培训效果评估,建立全过程的质量监控机制。例如,在某高校与企业合作开展的智能制造人才培养项目中,高校依据企业对智能制造人才的岗位需求确定培训需求,制定涵盖理论教学、实践操作、项目实践等环节的培训计划。在培训实施过程中,严格按照计划执行,对教学过程进行监控,确保教学质量。同时,明确第三方认证机构的角色定位,第三方认证机构可对校企协同育人的成果进行客观评价,如对学生职业技能水平的认证、对校企合作项目的评估等,提高评价的公正性与权威性。第三方认证机构对学生的智能制造技能进行考核认证,对校企合作项目的成果,如人才培养质量、技术创新成果等进行评估,为双方提供改进建议,促进育人质量的提升。若发现学生在某一技能环节存在不足,可反馈给学校与企业,共同调整教学内容与实践环节,优化人才培养方案。

五、制度协同维度：明确产权，共谋发展

制度是保障校企协同育人系统稳定运行的基石，制度协同维度的探索尤为关键。在混合所有制办学中，产权分配机制是制度协同的核心问题。产权分配机制需明确校企双方在资产投入、管理运营、收益分配等方面的产权关系，保障双方的合法权益。例如，某混合所有制产业学院，企业以设备、资金、技术等形式投入资产，高校以场地、师资等投入资产，双方明确各自投入资产的产权归属。在管理运营上，制定联合管理制度，明确双方在学院管理中的职责与权力，共同决策学院的发展方向、专业设置、教学安排等重要事项。同时，建立风险共担与利益分配的法律保障机制，通过合同、协议等形式，明确双方在合作过程中的权利与义务，降低合作风险。在利益分配方面，根据双方的投入比例与贡献程度，对学院的收益进行合理分配；在风险共担上，约定若遇到市场变化、政策调整等风险时，双方共同承担相应损失，确保合作的长期稳定进行，吸引企业大量资金与技术投入，实现校企双方的长期稳定合作。

校企协同育人系统构建的"五维模型"（图3-1），在推动产教深度融合、提升人才培养质量方面发挥了重要作用。未来，随着这一模型的不断完善和推广，相信将会有更多优秀的人才在产教融合的沃土上茁壮成长，为经济社会发展贡献智慧和力量。

图 3-1　五维模型

第四节　典型案例分析

在当今时代，校企合作已然成为驱动行业进步与人才培养的关键路径。不同领域内的校企合作模式各具特色，其成效亦颇为显著。通过剖析不同领域的典型合作案例，我们得以深入了解校企合作在推动教育与产业深度融合过程中所展现出的独特价值（刘文霞，2022）。

一、高端装备制造领域

在高端装备制造领域，华中科技大学与三一集团有限公司（以下简称三一集团）的合作堪称典范。双方共建了三一智能制造学院，在运作机制上进行了大胆创新。他们共同组建了管理团队，这个团队肩负着学院日常管理和教学的重任。而且，三一集团的技术骨干与华中科技大学的教师携手走上讲台，共同授课。三一集团将实际生产项目巧妙地

融入教学过程。如智能制造工艺课程，学生能够直接参与到三一集团挖掘机制造的生产线改进项目里。

这种合作模式带来了十分显著的成效。一方面，毕业生对口就业率比未合作之前大幅提升了27％。这意味着学生在学校所学的知识和技能与企业的需求高度契合，毕业后能够快速适应企业岗位需求，为企业创造价值。另一方面，三一集团的研发成本相比之前降低了15％。这得益于高校的科研力量和创新思维为企业的研发工作提供了新的思路和方法。同时，三一集团的技术支持也反哺了华中科技大学，提升了学校的教学与科研水平。

从这个案例可以看出，高端装备制造领域的校企合作通过深度融合教学与生产，实现了人才培养和企业发展的双赢。

二、数字经济领域

南京邮电大学与阿里云共建阿里云大数据学院，在课程开发模式上进行了大胆创新。他们采用了企业认证课程学分置换机制，学院引入了阿里云的大数据认证课程体系。学生通过学习这些课程，并通过认证考试，就可以获得相应学分。

这种模式的好处显而易见。学生在学习过程中就能接触到企业实际应用的技术与工具，极大地提升了实践能力与就业竞争力。它打破了传统课程体系的局限，实现了高校课程与企业需求的无缝对接。学生在校园里就能提前适应企业的工作模式和技术要求，毕业后能够迅速融入企业的工作环境。

三、跨区域合作

由上汽集团、吉利汽车等知名汽车企业组成的长三角汽车产业联盟，与同济大学、上海交通大学、浙江大学等高校集群开展协同育人实践。产业联盟组织企业与高校共同制定人才培养标准，开展联合实训与实习项目。例如，上汽集团为这些高校的学生提供汽车研发、生产、销售等部门的实习岗位。同济大学凭借其强大的汽车工程研究实力，为企业员工提供技术培训。通过跨区域合作，实现了资源共享、优势互补。高校为企业培养了大量高素质专业人才，企业则为高校提供了实践平台和最新的行业动态。这种合作模式不仅为长三角地区汽车产业培养了大量专业人才，推动了区域产业的协同发展，而且高校与企业的协同研究项目还产出了行业领先的研究成果，如新能源汽车电池技术突破。

四、生物医药领域

中国药科大学与江苏恒瑞医药股份有限公司（以下简称恒瑞医药）达成了深度合作。从课程设计阶段开始，恒瑞医药就将药品研发、生产、质量控制等环节的实际需求融入中国药科大学药学专业课程体系。在药物化学课程中，恒瑞医药依据自身在创新药研发中的经验，为课程增添最新的药物分子设计案例。

在实践教学环节,恒瑞医药为学生提供为期半年的实习机会。学生深入企业的研发实验室、生产车间以及质量检测部门,在企业导师的指导下参与真实项目。比如在抗肿瘤药物的研发项目中,学生协助进行药物活性筛选、临床试验数据整理等工作。

同时,校企联合开展科研项目,共同攻克药物研发过程中的技术难题,如针对复杂疾病靶点的药物研发。通过这一合作模式,中国药科大学药学专业毕业生进入制药企业后能迅速开展工作,恒瑞医药也获取前沿科研思路,新药研发周期缩短约 20%,大幅节省新员工培训成本。

生物医药领域的校企合作通过课程融合和实践项目,为学生提供了全面的学习和实践机会,也为企业的发展提供了有力支持。

五、新能源领域

深圳职业技术学院与比亚迪股份有限公司(以下简称比亚迪)合作,采用"订单班"培养模式。比亚迪依据自身未来人才需求,与深圳职业技术学院共同制订招生计划与人才培养方案。

在教学过程中,比亚迪技术人员定期到校授课,传授新能源汽车最新生产工艺、装配技术以及行业标准。例如,在电池制造工艺课程中,技术人员详细讲解比亚迪最新的磷酸铁锂电池生产流程。学校则利用自身教学资源,为学生打下坚实理论基础。学生完成校内课程学习后,进入比亚迪进行为期一年的定岗实习,毕业后直接入职。凭借此模式,深圳职业技术学院新能源汽车相关专业学生就业率超 98%,比亚迪获得大量可直接上岗的专业人才,有力支撑企业快速扩张的人才需求,提升了企业在行业内的人才竞争力。

新能源领域的"订单班"培养模式为企业和学校之间搭建了一座高效的人才输送桥梁。

六、文化创意领域

产教融合在文化创意领域的应用也颇具特色。比如,中国美术学院与网易(杭州)网络有限公司(以下简称网易游戏)、浙江华策影视股份有限公司(以下简称华策影视)等多家知名文化创意企业合作共建文创产业学院。学院采用项目制教学,企业将实际文创项目引入课堂,如网易游戏的新游戏角色设计、华策影视的影视剧本创作项目等。

学生在教师与企业项目负责人的共同指导下,组成项目团队完成任务。例如,在某热门手游角色设计项目中,学生在企业美术指导导师与学校专业教师的引导下,完成从概念设计到 3D 建模的全流程工作。企业为学生提供实习机会,让学生在真实工作环境中积累经验。

校企双方还共同开展文创产品研发与推广,将学校创意设计与企业市场渠道结合。在杭州城市旅游文创产品设计项目中,学生的创意设计产品经企业优化、市场推广后,销售额突破 500 万元,既为企业带来经济效益,也提升学生实践能力。

文化创意领域的校企合作通过项目制教学和产品研发推广,激发了学生的创新能力,也为企业带来了新的创意和市场机遇。

综合上述分析,不同领域的校企合作都有着各自的特点和优势。校企协同育人典型案例对比分析见表 3-2。这些不同的合作模式,实现了人才培养、企业发展和社会进步的多赢局面。这些典型案例为其他领域的校企合作提供了宝贵的借鉴和参考。

表 3-2　校企协同育人典型案例对比分析

案例名称	合作深度指数	技术创新贡献度	学生满意度	企业成本收益率	相关支持政策
常州信息职业技术学院-华为 ICT 学院	4.5/5	开发 5G 技术实训平台,获发明专利 2 项	91.3%	1∶6.2	国家"双高计划"重点建设项目
深圳职业技术学院-大族激光产业学院	4.2/5	共建智能装备实训中心,输出行业标准 3 项	89.7%	1∶5.8	广东省产教融合示范项目
浙江机电职业技术学院-西门子智能制造学院	4.3/5	开发工业 4.0 虚拟仿真系统,获软件著作权	90.5%	1∶5.5	教育部现代学徒制试点项目
无锡职业技术学院-施耐德电气绿色能源学院	4.1/5	研发新能源技术实训装置,获实用新型专利	88.9%	1∶5.0	国家发改委产教融合型企业试点
重庆电子工程职业学院-长安汽车智能制造学院	4.4/5	共建智能网联汽车实训基地,参与制定团体标准	92.1%	1∶6.5	重庆市产教融合型城市建设重点项目

注:①合作深度指数采用德尔菲法构建评估模型;②数据采集时间为 2023 年 10 月。

第五节　未来趋势展望

一个时代有一个时代的主题,一代人有一代人的使命。目前,科技进步日新月异,经济全球化进程不断加快,社会对于人才的需求也呈现出多样化、动态化的特点。校企协同育人作为培养适应社会发展需求人才的重要模式,正面临着诸多新的机遇和挑战(宋佳珍,2023)。未来,校企协同育人将在多个方面展现出独特的发展趋势。

一、数字化转型方向

随着数字技术的飞速发展,教育领域正站在变革的前沿,虚拟仿真实训与元宇宙技术犹如两颗璀璨新星,即将在教育的广阔天地中大放异彩,开辟出前所未有的应用场景。虚拟仿真实训凭借其独特优势,能够精准模拟各类纷繁复杂的工作环境,为学生搭建起一个安全且高度可控的虚拟实践空间。以航空航天专业为例,学生可以借助先进的虚拟仿真技术,身临其境般地模拟飞机发动机维修流程,在这个过程中,他们能够细致入微地掌握每一个维修技巧,有效避免因在真实设备上操作不当而引发的高昂成本支出以及潜在安全风险。

元宇宙技术则宛如一扇通往全新学习世界的大门,它能够构建出令人惊叹的沉浸式学习环境。在这个独特的空间里,学生不再受地域和时间的限制。他们可以轻松参与企业项目研讨,仿佛置身于真实的商务会议之中;还能与虚拟导师进行深入交流,获取个性化的指导和建议;其至有机会参与跨国企业的虚拟实习,与世界各地的专业人士互动协作。这种创新的学习模式打破了时空的枷锁,实现了全球范围内优质教育资源与企业实践资源的无缝共享,为校企协同育人注入了强大的数字化动力。展望未来,校企双方将敏锐洞察这一发展趋势,进一步加大在数字教育资源开发上的投入力度。双方将携手共进,共同精心打造涵盖丰富多样的虚拟教材、生动有趣的互动式课件以及贴近实际的模拟项目等在内的数字化教学体系。这一体系的构建,将极大地提升教学过程的趣味性与实效性,让学生能够在更加生动、高效的学习环境中茁壮成长,为未来的职业发展奠定坚实的基础。

数字化转型为校企协同育人带来了新的活力和机遇,而在全球化的大背景下,校企协同育人也将迈向更广阔的国际舞台。

二、国际化发展路径

在"一带一路"倡议的有力推动下,全球经济格局正在发生深刻变革,跨国校企协同育人模式也迎来了前所未有的探索机遇(莫玉婉,2005)。"一带一路"沿线国家之间的经济合作日益紧密,如同一条无形的纽带将各国紧密相连,这也使得对具有国际化视野和专业素养的人才需求呈现出持续增长的强劲态势。高校与企业敏锐地捕捉到这一时代潮流,积极跨越国界,在人才培养、技术研发以及文化交流等多个关键领域展开深度合作与交流。

以中国的高校与东南亚国家的企业合作为例,在"一带一路"倡议的框架下,双方聚焦于东南亚地区蓬勃发展的基础设施建设需求,携手共同培养土木工程、交通规划等专业人才。在这一合作过程中,高校充分发挥其在理论知识传授方面的优势,为学生提供系统、全面的专业理论教学,筑牢学生的专业基础;企业则紧密结合当地实际项目的特点,为学生提供宝贵的实习与就业机会,让学生在实践中积累经验、锻炼能力。同时,企业还会及时反馈行业的最新需求,为高校调整课程设置提供重要依据,确保培养出的人才能够与市场需求紧密结合。此外,跨国合作还将有力促进不同文化背景下的学术交流与技术创新。企业和高校联合开展科研项目,共同攻克跨国产业发展中的技术难题,这不仅有助于推动区域经济一体化发展,还为学生创造了参与国际前沿科研实践的机会,拓宽了学生的国际视野,增强了学生的跨文化交流能力。

国际化发展让校企协同育人在全球范围内实现资源整合与人才培养的优化,与此同时,可持续发展的理念也逐渐融入校企协同育人的各个环节。

三、可持续发展机制

在全球对可持续发展日益受到重视的大背景下,将环境、社会和公司治理(ESG)理念融入校企协同育人评价体系已成为未来发展的重要趋势。

从环境维度来看,校企合作的项目与教学内容将更加注重绿色技术、节能减排等知识的传授与实践应用。以化工企业与高校的合作为例,双方共同开发绿色化工工艺课程,在教学过程中着重培养学生在生产过程中降低环境污染的意识与能力。同时,将企业在环保方面的实践成果纳入教学案例,使学生能够在真实的案例分析中深刻理解绿色发展的重要性和实际操作方法。

在社会层面,校企协同育人将更加关注人才培养对社会公平、就业促进等方面产生的深远影响。鼓励校企合作积极开展针对弱势群体的职业培训项目,为这些群体提供更多提升自身技能和就业机会的途径,助力社会公平正义的实现。

在公司治理方面,强调校企合作过程中的规范管理和信息透明。各方通过明确各自的权利和义务,建立健全的沟通协调机制,确保合作的公正、公开和高效。

将 ESG 理念纳入评价体系,犹如为校企协同育人指明了一盏明灯,引导其朝着更加可持续、负责任的方向稳步发展,致力于培养出具有强烈社会责任感与可持续发展理念的高素质人才。

当可持续发展成为校企协同育人的重要导向时,新兴技术的融合也为其带来了更多的可能性和创新点。

四、新兴技术融合

随着人工智能、区块链、物联网等新兴技术的持续蓬勃发展,它们与校企协同育人的融合将更加深入且多元化。人工智能作为一项具有革命性的技术,可应用于个性化学习推荐领域。它能够依据学生的学习数据进行深度挖掘和分析,像一位贴心的学习管家,为学生精准推送合适的课程与实践项目。例如,根据学生的兴趣爱好、学习进度和知识掌握情况,为其量身定制个性化的学习计划,助力学生更加高效地学习,充分激发学生的学习潜能。

区块链技术以其去中心化、不可篡改等独特特性,能够构建起一套可追溯的学习成果认证体系。企业借助这一体系,可以轻松验证学生的学历信息、学习成绩以及所获得的技能水平等,大大提高人才筛选的效率和准确性。这就好比为学生颁发了一张权威性的数字"证书",这张"证书"在求职和职业发展中具有重要的价值。物联网技术则如同一座桥梁,实现了教学设备与企业生产设备的互联互通。学生可以通过网络实时了解企业的生产状态,仿佛置身于真实的生产环境中。并且,他们还有机会参与远程实践操作,将课堂上学到的理论知识与企业的实际生产紧密结合起来,增强实践能力和解决实际问题的能力。

新兴技术的融合为校企协同育人带来了新的技术手段和发展模式,而合作主体的多元化也将进一步丰富和完善这一育人体系。

五、多元化合作主体涌现

在校企协同育人的大舞台上,除了高校与企业之外,科研机构、行业协会、社会组织等也将扮演越来越重要的角色,形成多元化的合作主体格局。

科研机构凭借其在前沿科研领域的卓越成果和深厚积淀,为育人工作注入了源源不断的创新活力。例如,科研机构与高校、企业联合开展项目,让学生有机会参与尖端科研实践。在这个过程中,学生不仅能够接触到最前沿的科研课题和研究方法,还能在科研人员的指导下锻炼自己的科研思维和实践能力,为未来从事科研工作或推动技术创新奠定坚实的基础。

行业协会作为行业发展的重要参与者和推动者,能够发挥其独特的桥梁作用。它通过整合行业内的丰富资源,包括人力、物力、信息等方面的资源,为校企合作提供有力的支持。同时,行业协会还可以制定统一的人才标准,规范人才培养的过程和质量,推动校企合作向着更加规范化、标准化的方向发展。

社会组织则以其灵活多样的运作方式和社会资源整合能力,为校企协同育人提供多种形式的支持。有的社会组织可以为项目提供资金支持,保障项目的顺利开展;有的社会组织则可以提供场地设施等硬件资源,为实践活动创造良好的条件;还有的社会组织积极开展公益项目,注重培养学生的社会责任感和奉献精神。

多元化合作主体的参与使得校企协同育人更加丰富和完善,而在市场需求日益细分的情况下,定制化人才培养也将成为主流趋势。

六、定制化人才培养成主流

随着市场对人才需求的日益精细化和专业化,校企协同育人也将更加注重定制化人才培养。企业基于自身独特的业务需求和发展战略,与高校紧密合作,共同制订专属的人才培养方案。以金融科技企业为例,在新兴业务领域不断涌现的当下,该企业与高校携手合作,共同开发涵盖金融知识、编程技能、数据分析等多个方面的定制课程。这种定制化的课程体系旨在培养既精通金融理论又熟练掌握信息技术的复合型人才,能够精准满足企业在金融科技领域特定岗位上的需求。通过这种方式培养出来的人才,能够迅速适应企业的工作环境和业务要求,为企业的发展贡献自己的智慧和力量,同时也提高了学生的就业竞争力和职业发展潜力。

定制化人才培养满足了企业对特定人才的需求,而在快速变化的时代,为了让人才始终保持竞争力,终身学习体系的构建也显得尤为重要。

七、终身学习体系构建

在当今这个快速变化的就业市场和技术日新月异的时代背景下,构建终身学习体系已成为个人和社会发展的必然要求,而校企协同育人在这一过程中将发挥至关重要的作用。企业与高校将紧密合作,为在职人员提供持续的培训课程,帮助他们不断更新知识和技能,以适应市场的变化和技术的创新。

例如,企业员工可以充分利用高校的在线课程平台,学习最新的理论知识和研究成果,拓宽知识面和视野;同时,高校教师也可以深入企业参与实践培训,将企业的实际经验和案例带回课堂教学中,实现知识与实践的不断更新和融合。通过这种双向互动的学习方式,企业员工在其整个职业生涯中都能够保持强大的竞争力,随时应对各种挑战和机遇。

终身学习体系的构建保障了人才的持续发展,而在全球可持续发展的大趋势下,绿色可持续发展也将引领校企协同育人的未来方向。

八、绿色可持续发展引领

在全球高度关注可持续发展的背景下,绿色理念将成为校企协同育人全过程的核心指导思想。高校与企业将携手合作开展绿色技术研发项目,将环保知识有机融入到课程体系中,着力培养学生的绿色发展意识和实践能力。以建筑专业为例,校企联合研发绿色建筑技术,在教学过程中引导学生在建筑设计和施工过程中积极贯彻节能环保理念。通过参与实际项目和课程学习,学生逐渐成长为具备可持续发展理念的专业人才,他们将在未来的建筑领域中发挥重要作用,为推动整个社会的可持续发展贡献自己的力量。

总而观之,校企协同育人在未来将呈现出数字化转型、国际化发展、可持续发展、新兴技术融合、多元化合作主体参与、定制化人才培养、终身学习体系构建以及绿色可持续发展引领等多种趋势。这些趋势相互关联、相互促进,将共同推动校企协同育人模式不断创新和完善,为社会培养出更多适应时代发展需求的高素质人才。

第四章　产教融合相关政策全景解读

第一节　政策背景与时代使命

一、为何需要产教融合

产教融合相关政策的提出，是在全球经济社会发生深刻变革的大背景下，为解决教育与产业发展不协调问题而做出的重要战略部署。随着经济全球化、信息化、智能化的加速推进，世界各国纷纷将产业升级和人才培养作为提升国家竞争力的关键要素。在这样的时代浪潮中，我国也面临着经济结构调整、产业转型升级的紧迫任务。产教融合政策旨在打破教育与产业之间的壁垒，推动教育链、人才链与产业链、创新链的有机衔接，以适应经济社会发展的新需求。

当前，我国经济正处于从高速增长阶段向高质量发展阶段的转型期，传统产业改造升级和新兴产业蓬勃发展对高素质技术技能人才的需求日益增长。例如，制造业向智能化、高端化、绿色化转型，需要大量掌握先进制造技术、具备创新能力的专业人才；信息技术、生物医药、新能源等新兴产业的快速崛起，也对相关领域的专业人才提出了更高要求。然而，传统的教育模式在人才培养的规模、质量和结构上难以满足产业升级转型的需求，导致企业面临人才短缺的困境，而部分高校毕业生却面临就业难的问题。产教融合政策的出台，正是为了适应这一经济新常态，通过加强学校与企业的合作，实现人才培养与产业需求的精准对接，为产业升级转型提供有力的人才支撑。

但是，长期以来，我国教育体系存在着人才培养与市场需求脱节的问题。一方面，部分高校和职业院校在专业设置、课程体系、教学内容等方面与产业实际需求存在一定差距，导致培养出来的学生缺乏实践能力和创新精神，难以满足企业的用人需求。另一方面，企业对人才的需求具有动态性和多样性，而教育机构的人才培养具有一定的滞后性，难以及时跟上市场变化的步伐。这种脱节现象不仅造成了教育资源的浪费，也影响了学生的就业和职业发展。产教融合政策强调以产业需求为导向，引导学校根据市场需求调整专业设置和教学内容，加强实践教学环节，提高人才培养的针对性和实用性，从而有效缓解人才供需矛盾。

因为我国产业结构在不断地升级，所以高素质技术技能人才短缺的问题就变得日益突出。据统计,我国制造业高级技工缺口高达数百万人,新能源、人工智能、大数据等新兴产业领域的专业人才更是供不应求。高素质技术技能人才的短缺,不仅制约了企业的技术创新和产业升级,也影响了我国制造业的整体竞争力。产教融合政策的提出则可通过加强校企合作,建立产学研用协同育人机制,充分发挥企业在人才培养中的主体作用,利用企业的先进技术、设备和实践平台,培养具有扎实理论基础和丰富实践经验的高素质技术技能人才,从而满足产业发展对人才的需求。

近年来,我国在产教融合方面进行了积极的探索和实践,也取得了一些成功经验。一些地方政府通过出台相关政策,引导企业与学校开展合作,建立了多种形式的产教融合模式。例如,部分地区推行了"引企入教""现代学徒制"等改革试点,企业深度参与学校的人才培养过程,与学校共同制订人才培养方案、开发课程、建设实训基地等。这些实践探索为产教融合政策的出台提供了宝贵的经验借鉴,证明了产教融合在促进教育与产业协同发展、提高人才培养质量等方面具有重要作用。

产教融合政策的顺利实施对教育和产业而言有着非常重大的意义。一则,将推动我国教育体系的深刻变革。它有助于打破传统教育的封闭性,加强教育与社会、产业的联系,使教育更加贴近实际、贴近市场。在职业教育领域,产教融合能够提高职业教育的吸引力和社会认可度,促进职业教育与普通教育的协调发展,构建现代职业教育体系。在高等教育领域,产教融合能够促进高校的学科专业建设和人才培养模式改革,提高高校服务社会的能力和水平,培养具有创新精神和实践能力的高素质人才。二则,将为产业发展注入新的动力。通过加强人才培养和技术创新,能够提高产业的核心竞争力和创新能力,推动产业结构的优化升级。企业能够获得更多高素质的技术技能人才和创新成果,提高生产效率和产品质量,降低生产成本,增强市场竞争力。同时,产教融合还能够促进产业集群的发展,形成产业与教育相互促进、协同发展的良好生态,推动我国经济高质量发展。

概而论之,产教融合相关政策的制定是在经济社会发展的多重背景下应运而生的,具有重要的现实意义和深远的历史影响。它将为我国教育事业的发展和产业的转型升级提供有力的支持,推动我国在新时代实现经济社会的可持续发展和提升国际竞争力。产教融合政策的出台是顺应时代发展需求的必然选择,深入解读这些政策,对于明晰产教融合发展路径,充分发挥政策引导作用具有重要意义。

二、早期探索与基础构建阶段

在教育与产业融合发展的历程中,早期阶段便已埋下了发展的种子,虽"产教融合、协同育人"这一清晰明确的概念在当时尚未正式提出,但彼时一系列政策的落地生根,为后续二者的深度融合筑牢了根基。例如,1991年10月17日颁布的《国务院关于大力发展职业技术教育的决定》,犹如一颗启明星,照亮了职业教育与产业结合的前行道路。该文件着重强调,职业技术教育的发展必须紧密贴合经济建设的实际需求,要依据经济发展的脉搏灵活调整专业设置与教学内容,这无疑促使职业院校开始积极探索与企业建立初步联系,努力为学生创造更多实践机会,让他们在学校学习期间就能接触到真实的产业环境和工作场景。这种早期的尝试与探索,不仅在一定程度上提升了学生的实践操作能力,更为后续产教融合模式的发展积累了宝贵的经验。

三、深化产教融合政策密集出台阶段

随着时代的发展,教育与产业融合的需求愈发迫切,在这一背景下,相关政策呈现出密集出台的态势,持续推动产教融合走向深入发展。2015 年,国务院办公厅印发的《关于深化高等学校创新创业教育改革的实施意见》(国办发〔2015〕36 号),犹如一场及时雨,为高校层面的产教融合提供了明确的方向指引。此文件聚焦于高校创新创业教育的深化改革,将加强校企合作作为一项重要举措提上日程。通过政策引导,企业积极参与到高校人才培养过程中,与高校携手共建创新创业实践基地,开展丰富多彩的创新创业项目合作。在合作过程中,企业为学生提供实习岗位和专业的项目指导,助力高校培养出具有创新精神和创业能力的高素质人才;而高校则凭借自身的科研优势和人才资源,为企业输送一批又一批具备创新能力的新鲜血液。

2017 年国务院办公厅印发的《关于深化产教融合的若干意见》堪称产教融合领域的一座里程碑。该文件从宏观层面系统地提出了深化产教融合的总体要求、主要任务以及配套的政策措施,明确提出要形成政府、企业、学校、行业和社会协同推进的工作格局。这一政策的出台,为产教融合绘制了清晰的路线图,从顶层设计的高度构建起了完整的政策框架。它深刻阐述了产教融合对于经济转型升级和教育改革发展所具有的重大意义,强调企业在产教融合过程中应发挥重要主体作用,深度参与到职业教育和高等教育人才培养的全过程;同时,支持行业组织积极发挥指导作用,促进产教供需的有效对接,使教育资源与产业需求实现精准匹配。

此外,自 2016 年起,教育部高等教育司积极组织开展产学合作协同育人项目,并陆续发布了一系列关于公布各年度产学合作协同育人项目立项名单的函,如 2016 年 12 月发布的《教育部高教司关于公布有关企业支持的产学合作协同育人项目立项名单(2016年第一批)的函》和 2017 年 1 月《教育部高教司关于公布有关企业支持的产学合作协同育人项目立项名单(2016 年第二批)的函》等。这些项目如同催化剂一般,进一步激发了企业与高校的合作热情。项目鼓励企业投入经费并提供软硬件支持,与高校在新工科建设、教学内容和课程体系改革、师资培训等多个关键领域展开深度合作。在新工科建设项目中,企业与高校紧密协作,共同制订人才培养方案,根据产业发展的最新需求灵活调整专业课程设置,致力于联合培养适应新兴产业发展的工程技术人才。这种紧密的合作关系,不仅为新工科人才的培养提供了有力保障,也在实践中不断探索和优化产教融合的模式与机制,逐步构建起了产教融合、校企合作的良好生态。

四、新时期产教融合创新发展阶段

进入新时期，面对新的机遇与挑战，产教融合在政策的引领下迈向了创新发展的新阶段。2022 年 12 月，中共中央办公厅、国务院办公厅印发的《关于深化现代职业教育体系建设改革的意见》，再次为职业教育的发展指明了方向。该意见着重强调打造市域产教联合体和行业产教融合共同体，将职业教育与行业进步、产业转型以及区域发展紧密结合在一起，充分发挥各方优势，力求创新良性互动机制，实现人才培养供给与产业需求的精准匹配。

为了进一步提升市域产教联合体的建设水平，丰富其内涵，确保建设质量。2024 年 10 月，《关于加强市域产教联合体建设的通知》应运而生。该通知明确提出要深化"四个合作"，即合作办学、合作育人、合作就业、合作发展，全面推进"五金"建设，包括专业建设、课程建设、教材建设、师资队伍建设以及实习实训建设。为了保障建设的科学性和规范性，2024 年 11 月还配套出台了《市域产教联合体建设标准（试行）》。这一标准设置了基础性指标、实质性指标、否定性指标 3 个一级指标，并进一步细分为 16 个二级指标和 44 个三级指标，各指标均设置了详细的观测点。这一系列的政策举措，为市域产教联合体的建设提供了明确的标准和规范，有力地推动了职业教育在地方经济社会发展中发挥更大的作用，促进产教融合在新时期不断创新发展，为经济社会高质量发展提供坚实的人才支撑。

可见，国家政策在推动教育与产业融合发展的过程中发挥了不可替代的作用。从早期的探索与基础构建，到深化产教融合的密集政策出台，再到新时期的创新发展阶段，国家政策的演变路径十分清晰地展现出了产教融合的发展历程与未来方向。

第二节　地方政策解读与实践

在国家产教融合政策的大框架下，地方政策犹如一颗颗璀璨的明珠，它们紧密结合当地的实际情况，绽放出独特的光芒。地方政府深知当地经济社会发展的特点和产业优势，因此在贯彻落实国家政策时，制定出一系列具有鲜明地方特色的产教融合政策。这些政策不仅是国家政策的细化与延伸，更是推动地方产业升级、人才培养和经济发展的重要动力。接下来通过具体案例详细分析地方政策的特点和创新举措。

一、地方政策的特点与制定背景

地方政府在推进产教融合的进程中，充分考虑到各地的实际差异。由于不同地区的产业结构、发展水平以及教育资源状况各不相同，地方产教融合政策在目标设定、重点领域和实施路径上呈现出各自的特色。可以说,这些政策是因地制宜的智慧结晶。

以制造业发达的地区,如江苏、广东等地为例,制造业在当地经济中占据着重要地位。因此,这些地方的政策侧重于推动职业院校与制造业企业深度合作。政府鼓励双方共建实训基地,开展现代学徒制试点,其目的就是培养出适应制造业发展需求的高技能人才。通过这种合作模式,学生能够在真实的工作环境中学习和实践,提高自身的技能水平,毕业后可以直接进入企业工作,为制造业的发展注入新鲜血液。

而在高新技术产业集聚的地区,如北京中关村、深圳南山等,创新是发展的核心驱动力。所以,这些地方的政策更倾向于鼓励高校与科技企业合作。它们积极开展创新创业教育,促进科技成果转化,致力于培养创新型科技人才。高校拥有丰富的科研资源和人才储备,科技企业则具有敏锐的市场洞察力和先进的技术应用能力。两者的合作能够实现优势互补,推动高新技术产业的快速发展。

二、地方政策创新举措

地方政府为了更好地推动产教融合,可谓是"八仙过海,各显神通",出台了一系列创新举措。这些举措不仅激发了企业和学校参与产教融合的积极性,还为产教融合的发展创造了良好的环境。

首先是建立产教融合专项基金。一些地方政府设立了专门的产教融合专项基金,这笔资金就像是一场及时雨,为校企合作项目提供了有力的支持。此外,对在产教融合工作中表现突出的企业和学校进行表彰奖励。这种物质和精神上的双重激励,极大地激发了企业和学校参与产教融合的热情,让更多的企业和学校愿意投身到产教融合的事业中来。

其次是实施产教融合园区建设。一些地方打造了产教融合园区,将学校、企业、科研机构集中在同一园区内。这就好比搭建了一个大舞台,让各方能够在这个舞台上充分发挥自己的优势,实现资源共享、协同创新。在某产教融合园区内,高校凭借自身的科研实力为企业提供技术研发支持,帮助企业解决技术难题;企业则为高校学生提供实习就业机会,让学生能够将所学知识应用到实际工作中;科研机构为校企合作提供技术咨询服务,为产教融合的发展提供智力支持。这样一来,就形成了一个良好的产教融合生态系统,各方相互促进、共同发展。

最后是出台土地、税收等优惠政策。为了吸引企业参与产教融合,地方政府出台了一系列土地、税收等优惠政策。对于参与产教融合的企业,在土地使用方面给予优先保障,让企业能够有足够的空间开展生产和研发活动;在税收方面给予减免或优惠,降低了企业参与产教融合的成本。例如,某企业参与职业院校实训基地建设,当地政府为其提供土地优惠政策,并减免相关税收。这使得企业在参与产教融合时能够减轻负担,更有动力和积极性。

三、地方政策案例分析

(一)政策目标与规划

以广东省为例,其出台的《广东省人民政府办公厅关于深化产教融合的实施意见》(粤府办〔2018〕40号)明确了产教融合的发展目标和规划。到2025年,广东省要形成政府统筹、行业指导、企业参与、学校主体的产教融合发展格局。这就像是绘制了一幅宏伟的蓝图,为产教融合的发展指明了方向。

同时,要建成一批产教融合型企业和示范基地,培育一批对接区域主导产业的高水平专业(群)。广东省凭借其雄厚的产业基础和丰富的教育资源,希望通过产教融合进一步提升产业竞争力,推动经济高质量发展。这种目标和规划的设定,是基于广东省的实际情况和发展需求,具有很强的针对性和指导性。

(二)主要政策措施

广东省建立了产业需求调研与反馈机制,就像一个精准的"探测器",能够及时了解产业的人才需求情况。通过定期发布产业人才需求报告,引导学校根据产业需求调整专业设置。例如,针对广东省重点发展的新能源汽车产业,政府鼓励学校开设新能源汽车技术、汽车电子等相关专业。同时,引导学校与省内知名汽车企业如比亚迪、广汽集团建立紧密合作关系,共同制订人才培养方案。这些企业在新能源汽车研发、生产等方面具有丰富经验,能够为学校提供最新的行业信息和实践教学资源,让学生所学知识与实际需求紧密结合。

为了激发企业参与产教融合的积极性,广东省还设立了产教融合专项奖励资金。对积极参与产教融合、成效显著的企业给予资金奖励和税收优惠。比如,对与学校共建实习实训基地、开展职工培训的企业,按实际投入给予一定比例的资金补贴,并在企业所得税方面给予减免。如华为在广东积极参与产教融合项目,与多所高校共建实验室、人才培养基地。通过政策激励,华为在人才储备和技术创新方面获得了更多支持,同时也为高校学生提供了大量实习和就业机会,实现了企业与学校的双赢。

广东省加大了对产教融合平台的支持力度,建设了一批集人才培养、技术研发、成果转化于一体的产业学院和产教融合示范园区。广州番禺职业技术学院与多家珠宝企业共建的番禺珠宝学院,就是一个成功的范例。该学院整合了学校的教学资源和企业的行业资源,打造了从设计、加工到销售的全产业链人才培养模式。同时,开展技术研发和产品创新,为番禺区的珠宝产业发展注入了新活力。还有深圳的南山智园,作为产教融合示范园区,吸引了包括清华大学深圳国际研究生院、哈尔滨工业大学(深圳)等高校科研机构以及众多高新技术企业入驻。在这里,教育资源与产业资源高度集聚与共享,为产教融合提供了良好的实践载体。

(三)政策实施效果与评估

通过实施上述政策,广东省在产教融合方面取得了显著成效。企业参与产教融合的积极性大幅提高,学校与企业之间的合作更加紧密,人才培养质量明显提升。据统计,广东省高校毕业生留省就业率逐年上升,企业对高校毕业生的满意度达到90%以上。这说明产教融合培养出来的人才符合企业的需求,能够为企业的发展做出贡献。

此外,产教融合促进了产业技术创新,推动了地区经济的快速发展。为了确保政策的有效性和可持续性,政策实施效果的评估主要从人才培养质量、企业参与度、产业发展贡献等多个维度进行。定期开展政策实施效果评估,就像给政策做一个全面的"体检",通过对毕业生就业质量跟踪调查、企业参与产教融合项目数量及投入资金等数据的分析,及时发现政策实施过程中存在的问题,进而优化政策措施,让产教融合政策更好地服务于地方经济社会发展。

第三节　高校产教融合政策的制定与解读

高校作为人才培养和知识创新的重要场所,在产教融合中扮演着至关重要的角色。高校产教融合政策的有效实施,不仅能够提升高校的人才培养质量,还能为产业发展提供有力的智力支持和人才保障。下面将从制定依据与目标、专业设置与课程改革、师资队伍建设以及实践教学与实习实训基地建设等方面对高校制定的产教融合相关政策文件进行详细分析。

一、高校产教融合政策的制定依据与目标

高校作为人才培养的主阵地,在产教融合中发挥着关键作用。高校制定产教融合政策并非凭空而来,它主要依据国家和地方相关政策文件。国家出台了一系列鼓励产教融合的政策,旨在推动教育与产业的深度结合,提高人才培养的针对性和适应性。地方政府也会根据本地的产业特色和发展需求,制定相应的产教融合政策。

此外,高校自身的办学定位、学科专业特色以及服务地方经济社会发展的需求也是政策制定的重要依据。每所高校都有其独特的办学目标和优势学科,制定产教融合政策需要结合这些特点,找到与产业的契合点。例如,一些工科院校可能会重点与制造业企业合作,而财经类院校则可能会加强与金融行业的联系。

产教融合目标在于通过加强与企业的合作,优化人才培养模式。传统的高校人才培养模式往往侧重于理论知识的传授,而忽视了实践能力的培养。通过产教融合,高校可以与企业共同制订人才培养方案,将企业的实际需求融入到教学过程中,使学生在学习过程中不仅掌握扎实的理论知识,还能具备较强的实践操作能力。

提高人才培养质量也是重要目标之一。产教融合可以让学生接触到最新的行业技术和管理理念,拓宽学生的视野,提高学生的综合素质。此外,还能增强学校的科研创新能力和社会服务水平。高校与企业合作开展科研项目,能够将科研成果更快地转化为实际生产力,为社会创造更多的价值。最终,产教融合将促进学校内涵式发展,培养适应产业发展需求的高素质应用型、创新型人才。

二、专业设置与课程改革

既然明确了高校产教融合政策的制定依据与目标,那么在具体的实施过程中,专业设置与课程改革就是非常重要的环节。专业设置与课程体系直接关系到培养出来的学生是否符合产业发展的需求。

学校根据地方产业发展需求和国家政策导向动态调整专业设置。随着科技的不断进步和产业结构的不断升级,新的产业和行业不断涌现,对人才的需求也在不断变化。例如,随着新能源汽车产业的快速发展,许多职业院校和高校新增了新能源汽车技术、新能源汽车工程等专业。同时,学校也会淘汰一些与市场需求脱节的专业。例如,有些专业可能在过去曾经很热门,但随着产业的发展,其市场需求逐渐减少。如果高校继续保留这些专业,不仅会浪费教育资源,还会导致培养出来的学生就业困难。因此,实现专业设置与产业结构的紧密对接是非常必要的。

为了让学生更好地适应实际工作,学校与企业合作,共同开发基于工作过程的课程体系。以山东科技职业学院的机械制造专业为例,学校与企业专家共同分析机械制造岗位的工作任务和职业能力要求。他们深入企业生产一线,了解机械制造从原材料采购、零件加工、产品装配到质量检测等各个环节的实际工作情况。然后,将课程内容按照工作过程进行整合,开发出"机械零件加工工艺编制与实施""机械产品装配与调试"等课程。在这些课程中,学生不再是单纯地学习理论知识,而是在模拟的工作场景中,按照实际工作流程进行操作和学习。这样,学生在学习过程中能够更好地掌握实际工作技能,毕业后能够更快地适应工作岗位。

三、师资队伍建设

专业设置与课程改革的顺利实施,离不开一支高素质的师资队伍。因此,师资队伍建设也是高校产教融合政策中的重要内容。

学校落实教师企业实践制度,鼓励教师定期到企业挂职锻炼。例如,山东某高校规定专业课教师每两年必须到企业实践不少于 3 个月。通过企业实践,教师能够了解行业最新技术和企业生产流程。在企业中,教师可以接触到最先进的生产设备和工艺,参与企业的实际项目研发和生产管理,将实践经验融入教学中,提高教学质量。比如,教师在企业中学习到了一种新的机械加工工艺,回到学校后就可以将这种工艺传授给学生,让学生了解行业的最新动态。

学校还积极聘请企业技术骨干和能工巧匠担任兼职教师,充实师资队伍。如山东某职业院校建立了兼职教师资源库,从合作企业中聘请了 50 名兼职教师,涵盖了各个专业领域。这些兼职教师具有丰富的实践经验和专业技能,能够为学生传授最实用的知识和技能。并且学校还制定了兼职教师管理办法,明确兼职教师的职责、权利和待遇。例如,规定兼职教师要按照教学计划认真备课、授课,参与学生的考核和评价等。同时,给予兼职教师相应的报酬和荣誉,提高他们的教学积极性。加强对兼职教师的培训和考核,确保兼职教师教学质量。学校会定期组织兼职教师参加教学培训,提高他们的教学水平。并通过学生评价、教学检查等方式对兼职教师的教学质量进行考核。

四、实践教学与实习实训基地建设

有了合适的专业设置、课程体系和师资队伍,实践教学与实习实训基地建设就成为将理论知识转化为实践能力的关键环节。

学校加大对校内实训基地建设的投入,按照企业生产实际建设实训场所。例如,山东某职业院校模拟企业生产环境建设了智能制造实训基地,配备了先进的数控加工设备、工业机器人等。这些设备都是按照企业的实际生产需求进行配置的。在这个实训基地中,学生可以在真实的工作场景中进行实践操作。比如,学生可以操作数控加工设备进行零件加工,学习工业机器人的编程和操作等。此外,学校积极拓展校外实习实训基地,与企业建立长期稳定的合作关系。许多高校与企业签订实习实训基地合作协议,为学生提供实习岗位。例如,山东某高校与 30 家企业建立了校外实习实训基地,每年为学生提供 500 个实习岗位。

同时,学校与企业共同制订实习计划和考核标准。实习计划会根据企业的实际生产情况和学生的专业需求进行制订,确保学生在实习过程中能够学到有用的知识和技能。考核标准则明确了学生在实习期间的学习目标和任务,以及如何对学生的实习表现进行评价。加强对学生实习过程的管理和指导,确保实习效果。学校会安排教师到企业对学生进行定期指导和检查,及时解决学生在实习过程中遇到的问题。学生在实习过程中能够将所学知识应用到实际工作中,提高了就业竞争力。

通过以上对高校层面产教融合相关政策文件的解读,可以了解高校在产教融合中采取的一系列切实可行的措施,从政策制定到具体实施,各个环节都紧密围绕着培养适应产业发展需求的高素质人才这一目标。这些政策和措施的有效实施,将为高校的发展和产业的升级提供有力的支持。

五、不同类型高校产教融合政策的特点

不同类型的高校由于其办学定位、培养目标和学科优势的差异,在产教融合政策方面呈现出各自独特的特点。深入了解这些特点,有助于各高校更好地发挥自身优势,实现教育与产业的深度融合,培养出适应社会需求的各类人才。接下来分别探讨研究型大

学、应用型大学和职业院校产教融合政策的特点。

（一）研究型大学

在高校体系中，研究型大学犹如科研领域的"领航者"，其在产教融合方面有着独特的定位和政策重点。研究型大学凭借自身深厚的学科底蕴和强大的科研实力，在产教融合中扮演着重要角色。其政策重点在于以科研成果转化为导向，推动产学研深度合作。

从科研合作角度来看，研究型大学鼓励教师与企业联合开展技术研发项目，共建科研平台。这样做的好处是，能够将高校的基础研究优势与企业的市场需求和技术应用能力相结合，促进基础研究成果向应用技术转化。在人才培养方面，研究型大学有着更高的目标追求，强调培养具有创新精神和科研能力的高层次人才。高校通过开设跨学科课程，打破学科壁垒，拓宽学生的知识面和视野；举办产学研联合培养研究生项目，让学生在实践中锻炼科研能力，提升综合素质和创新能力。

中山大学就是研究型大学产教融合的典型代表。该校出台的《产学研合作促进办法》，为产教融合提供了有力的政策支持。例如，设立产学研合作专项基金，为教师与企业开展科研合作项目提供了资金保障。同时，建立了科研成果转化收益分配机制，将科研成果转化收益的 70% 以上分配给成果完成团队。这一举措充分调动了教师参与产学研合作的积极性，让教师能够全身心地投入科研与产业结合的工作中。中山大学与华为合作开展人工智能领域的科研项目，就是其产教融合的成功实践。在这个项目中，中山大学利用自身在人工智能基础研究方面的优势，华为凭借其强大的技术与市场资源，双方优势互补，最终，取得了一系列创新性成果，并将成果应用于实际产品中。这不仅提升了企业的技术竞争力，也为学校带来了良好的声誉和经济效益，实现了学校与企业的双赢。

（二）应用型大学

研究型大学在科研成果转化和高层次人才培养方面成果显著，而应用型大学则有着不同的发展方向和政策导向。应用型大学以培养应用型人才为目标，其制定的产教融合政策更加注重与地方产业的紧密对接。

地方产业是应用型大学发展的重要依托，学校通过强化实践教学环节，提高学生的实践能力和职业素养，以更好地满足地方产业对人才的需求。为了实现这一目标，应用型大学采取了一系列措施，如与企业共建实习实训基地、开展订单式培养、实施"双师型"教师队伍建设等，推动学校教育教学与企业生产实践的深度融合。

东莞理工学院在与企业合作方面做出了很好的示范。该校制定的《产教融合人才培养实施方案》，明确了产教融合的具体要求和实施路径。方案要求每个专业至少与 5 家企业建立合作关系，共同制订人才培养方案和课程标准。这样可以确保学校的教学内容与企业的实际需求紧密结合，培养出符合企业要求的应用型人才。

学校还设立了"企业导师进校园"项目，邀请企业高级技术人员和管理人员担任兼职教师。这些企业导师具有丰富的实践经验和行业知识,他们为学生授课和指导实践教学,能够让学生接触到最前沿的行业动态和实际操作技能。例如,该校机械工程专业与东莞多家机械制造企业开展合作,在合作中,企业导师参与课程教学和实践指导,学生在企业进行实习和毕业设计。通过这种方式,学生毕业后能够迅速适应企业工作岗位,深受企业欢迎,实现了学校人才培养与企业用人需求的无缝对接。

(三)职业院校

应用型大学在培养应用型人才方面有着独特的优势,而职业院校在产教融合方面也有其核心政策和特点。职业院校制定的产教融合政策的核心在于深化校企合作,推行工学结合的人才培养模式。

职业院校以就业为导向,紧密围绕市场需求设置专业课程。通过开展现代学徒制、企业新型学徒制等人才培养模式,培养适应生产、建设、管理、服务一线需要的高素质技术技能人才。这种人才培养模式强调学生在学习过程中既要掌握扎实的理论知识,又要具备熟练的实践操作技能。

深圳职业技术学院是职业院校产教融合的典范。该校实施的《现代学徒制试点工作方案》,与多家企业签订合作协议,共同选拔学徒,制订人才培养计划。在这个过程中,企业师傅与学校教师共同承担教学任务,形成了双导师教学模式。学生在企业进行实践学习的时间不少于总学习时间的 60%,真正实现了招生即招工、入校即入厂、校企联合培养的人才培养模式创新。

研究型大学、应用型大学和职业院校在产教融合政策方面各有特点。研究型大学注重科研成果转化和高层次人才培养,应用型本科院校强调与地方产业对接和培养应用型人才,职业院校则聚焦于校企合作和培养高素质技术技能人才。不同类型的高校应根据自身的定位和优势,制定适合的产教融合政策,推动教育与产业的协同发展。

第四节 政策实施成效与趋势

在社会发展进程中,产教融合已成为推动教育与产业协同发展、促进人才培养与社会需求紧密对接的关键举措。从国家层面的统筹规划,到地方的创新实践,再到校企之间的协同合作以及师资队伍的改革等各个层面,产教融合都取得了显著的成效,同时也呈现出一定的发展趋势。

一、国家统筹:通过顶层设计推动产教融合制度化

在产教融合协同育人的大舞台上,国家无疑起着关键统筹引领作用。随着《国家中长期教育改革和发展规划纲要(2010—2020 年)》聚焦于教育改革目标开始,一系列政策

法规陆续出台并持续完善。以 2022 年修订颁布的《中华人民共和国职业教育法》为例，它以 9 处"鼓励"、23 处"应当"和 4 处"必须"，清晰明确地赋予了企业在职业教育中的重要主体地位。这部法律规定企业开展职业教育的情况要纳入社会责任报告，同时还给予深度参与产教融合的企业奖励、税收优惠等激励政策。这就好比给企业参与产教融合装上了强力的"助推器"，从法律层面保障了产教融合能够有序推进。随后，教育战略部署已由《中国教育现代化 2035》和《教育强国建设规划纲要（2024—2035 年）》接续推进。集中体现"教育科技人才一体化"战略升级，实现了产教融合的一次重大的飞跃。

除了法律保障之外，国家在资金支持方面也毫不吝啬。财政部通过现代职业教育质量提升计划资金支持地方职业教育改革发展。2023 年中央财政安排该计划资金 312.57 亿元，较上年增长 10 亿元，增幅达 3.31%。国家发展改革委也通过多种资金渠道，积极加大对职业教育的支持力度，推动建设一批高水平、专业化、开放型产教融合实训基地。这些实训基地就像是培养专业人才的"摇篮"，为产业升级和区域发展提供了坚实的人才支撑。

这种从法律、政策到资金的全方位统筹，让产教融合逐步走向了制度化、规范化的道路，构建起了政府、企业、学校、行业、社会协同推进的工作格局。展望未来，国家将继续围绕"教育、科技、人才一体化"，进一步优化政策环境，加强跨部门协作，推动产教融合在更高层次、更宽领域实现深度发展，促进教育链、人才链与产业链、创新链的深度融合。国家的统筹规划为产教融合奠定了坚实的基础，而地方也在积极响应，探索出了符合自身特色的创新模式。

二、地方创新：多地探索市域产教联合体、行业共同体

地方政府在落实国家产教融合政策的过程中，充分发挥自身的智慧和创造力，积极探索符合当地特色的创新模式。其中，市域产教联合体和行业产教融合共同体成为各地实践的重要方向。

近年来，内蒙古自治区积极推动市域产教联合体建设，致力于通过整合区域内职业院校、企业及行业协会等多元主体资源，促进教育与产业的深度融合。在一些以工业为主导的城市，市域产教联合体紧密围绕当地主导产业，如能源化工、装备制造等领域，开展了一系列卓有成效的工作。

具体而言，市域产教联合体通过组织职业院校调整专业设置，使其更加契合当地产业发展需求，从而确保人才培养的方向与产业实际需要高度一致。同时，联合体积极推动职业院校与企业共建实训基地，为学生提供高质量的实践平台，增强学生的实践操作能力和职业素养。此外，开展订单式人才培养模式，实现了学生毕业后能够直接进入企业工作的无缝衔接，有效提高了人才供给的精准度和效率。

截至 2024 年年底，内蒙古自治区已成功建成多个市域产教联合体，覆盖了全区主要产业领域。这些联合体为当地企业输送了大量实用型技能人才，为区域产业发展注入了

源源不断的"新鲜血液",显著提升了区域产业的竞争力,有力推动了当地经济社会的高质量发展。

宁夏回族自治区则在新建现代产业学院方面取得了显著进展。宁夏回族自治区结合自身独特的产业特点,如葡萄酒产业、枸杞产业等,支持高校与企业联合创办现代产业学院。宁夏大学与当地多家葡萄酒企业合作建立葡萄酒产业学院,这所学院就像是一个"产学研"的综合体,在人才培养、技术研发、成果转化等方面开展全方位合作。学院根据企业需求制订人才培养方案,企业技术骨干参与学院教学,学生毕业后直接进入合作企业就业。目前,宁夏回族自治区已新建多所现代产业学院,涵盖多个特色产业,成为推动地方产业升级和经济发展的重要力量。

未来,各地将继续深化市域产教联合体和行业共同体建设,进一步完善运行机制,强化资源共享,推动产教融合向纵深发展,形成具有地方特色的产教融合发展模式。地方的创新实践为产教融合注入了多样化的活力,而校企之间的协同合作也在不断深化,企业的角色发生了重大转变。

三、校企协同:企业从"被动参与"转向"主动主导"

校企之间的协同合作也在产教融合政策的推动下发生了巨大的变化(王淑慧,2024)。企业在人才培养中的角色就像经历了一场华丽的转身,从过去的被动参与者逐渐转变为主动主导者。

以北京小米科技有限责任公司(以下简称小米)为例,小米就像是一位充满号召力的"领导者",牵头组建的产业共同体吸引了500家生态链企业加入。在人才培养方面,小米基于自身产业生态和技术发展需求,与高校、职业院校深度合作。在课程设置上,小米与合作院校共同开发与智能硬件、物联网、人工智能等相关的课程,将企业实际项目和技术标准融入教学内容,就像给课程装上了"行业的翅膀",让学生能够接触到最前沿的知识。在实践教学环节,小米为学生提供大量实习岗位,并安排企业导师进行一对一指导。通过这种深度合作,学生能够在学习过程中接触到行业前沿技术和实际项目,毕业后能够迅速适应企业工作,就像经过精心打磨的"产品",能够直接投入市场中。

此外,越来越多的企业开始主动参与职业教育办学。一些大型企业,如华为、阿里巴巴等,不仅与学校共建实训基地,还通过举办技能竞赛、设立奖学金等方式,深度参与人才培养全过程。一些制造业企业开展现代学徒制试点,学生在学校学习理论知识,在企业师傅的指导下进行实践操作,实现了学习与工作的无缝对接。

随着企业主体作用的不断强化,未来校企协同将更加紧密,企业将在人才培养目标制定、课程体系开发、教学过程实施、学生就业等方面发挥更大作用,推动产教融合真正实现以产业需求为导向,培养出更多符合市场需求的高素质人才。校企协同的深化离不开一支高素质的师资队伍,而师资改革也在积极推进,产业兼职教师政策发挥了重要作用。

四、师资改革：产业兼职教师缓解高校实践教学短板

校企协同的良好发展需要有一支既能传授理论知识，又能教授实践技能的高素质师资队伍。然而，高校在实践教学师资方面一直存在不足。为了弥补这个不足，产业兼职教师政策得到了大力推行，并取得了显著成效。

贵州职业技术学院就像是一个积极探索的"先锋"，积极聘请企业工程师担任兼职教师，充实实践教学师资队伍。这些企业工程师来自不同行业领域，具有丰富的实践经验和一线工作技能。他们就像一个个"知识使者"，将企业实际项目和行业最新技术引入课堂，使教学内容更加贴近实际工作。例如，在计算机专业课程中，兼职教师带领学生参与企业真实的软件开发项目，从需求分析、设计到编码实现，让学生全程体验项目开发流程，有效提升了学生的实践动手能力和解决实际问题的能力。

在一些工科院校，兼职教师还参与学校的实训基地建设和课程体系改革。他们根据企业生产实际，对实训设备的选型和布局提出建议，优化实训教学项目，同时，与学校专职教师共同研讨课程体系，将行业最新标准和规范融入课程内容。据不完全统计，自实施产业兼职教师政策以来，贵州职业技术学院相关专业学生的就业率显著提高，用人单位对毕业生的满意度也大幅提升。

未来，师资改革将继续深化，高校将进一步完善产业兼职教师的聘任、管理和激励机制，吸引更多优秀企业人才参与教学，加强专职教师与兼职教师的交流与合作，打造一支理论与实践并重的高素质师资队伍，为产教融合协同育人提供有力的师资保障。

产教融合在国家统筹、地方创新、校企协同和师资改革等方面都取得了显著的成效，并且呈现出持续深化发展的良好趋势。未来，随着各方的不断努力和协同推进，产教融合必将在推动教育与产业发展、培养高素质人才等方面发挥更加重要的作用。

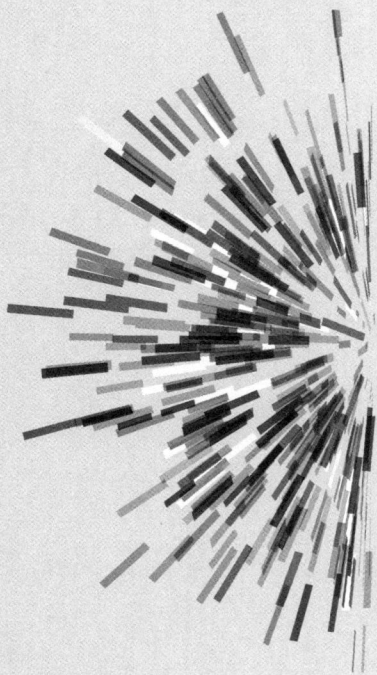

实 — 践 — 篇

第五章 智能制造专业集群

第一节 专业集群建设背景与理论框架

一、专业集群建设背景与意义

（一）建设背景

智能制造技术在我国工业领域的应用范围日益扩大，其快速发展为推动我国工业的转型升级提供了强有力的支撑。从国家战略的层面来看，智能制造已成为工业高质量发展的关键驱动力。相较于全球发达国家，我国在智能制造领域仍面临着人才储备不足和技术创新能力有待提升的挑战。这种现状凸显了加强智能制造专业集群建设，以及推动产业链、教育链和创新链深度融合的紧迫性和重要性。

智能制造专业集群建设旨在通过整合教育资源，优化专业设置，培养更多适应智能制造产业发展需求的高素质人才。这种集群化的育人模式有助于提升我国智能制造技术的创新能力和应用水平，从而加速产业的转型升级。特别是在海洋装备产业中，智能制造技术的突破和应用对于提升国家海洋战略安全和经济利益具有重大意义。

国内外高校和科研机构已经在智能制造专业集群建设方面进行了有益的探索和实践。例如，通过构建跨学科的专业集群，推动产教融合，打造协同育人的平台，这些举措在提升人才培养质量、促进科技创新和服务地方经济发展等方面取得了显著成效。这些成功的案例为我们进一步推进智能制造专业集群建设提供了有益的借鉴和启示。

我们也应认识到，智能制造专业集群建设是一项系统工程，需要政府、行业、企业、高校等多方面的共同参与和密切协作。构建"政、行、园、校、企"五位一体的协同育人模式，可以更有效地整合各方资源，形成合力，共同推动智能制造领域的人才培养和技术创新。

（二）建设意义

加强智能制造专业集群建设，推动产业链、教育链和创新链的深度融合，对于提升我国智能制造水平、加速产业转型升级具有重要意义。这不仅有助于缩小与发达国家在智能制造领域的差距，更将为我国工业的未来发展奠定坚实的基础。高校积极探索和实践智能制造专业集群建设的协同育人模式，为培养更多高素质智能制造人才、推动产业创新发展做出更大的贡献。

通过加强国际合作与交流，积极引进和借鉴国际先进的教育理念及教育资源，可以进一步提升智能制造领域的人才培养质量和教育水平。同时，也应密切关注新兴技术的发展趋势，如人工智能、大数据、云计算等，这些技术的融合应用将为智能制造领域带来新的发展机遇与严峻挑战。因此，高校需要不断更新和完善智能制造专业集群的课程体系和教学内容，确保人才培养与产业发展的紧密结合和良性互动。

二、国家战略与区域产业需求的双重驱动

(一)海洋强国战略对智能制造人才的需求

随着《中国制造 2025》的发布和海洋强国战略的深入实施，智能制造作为推动制造业转型升级的重要力量，其战略地位日益凸显。海洋装备产业作为海洋经济的重要组成部分，其发展对于提升国家综合实力、保障国家安全具有重要意义。然而，海洋装备产业的智能化转型对人才提出了更为严格的要求，这些人才不仅需要精通先进的制造技术，还需掌握海洋工程、智能控制等多个领域的知识与技能。因此，加强智能制造专业集群建设，培养高素质、高技能的智能制造人才，成为支撑海洋强国战略实施的关键举措。

从国家宏观战略角度来看，智能制造人才的需求显得尤为迫切。这种需求主要集中在高端技术研发、智能制造系统设计与集成、智能制造装备与工艺创新等关键领域。这些领域的发展对于推动智能制造产业的全面升级和国家的工业现代化至关重要。

高端技术研发人才是智能制造领域的核心力量。他们不仅需要具备深厚的专业知识，还需要有前瞻性的视野和创新能力，能够引领智能制造技术的未来发展。这类人才在国家战略中的地位不言而喻，他们的研究成果将直接影响国家的科技实力和产业竞争力。

智能制造系统设计与集成人才则是实现智能制造产业化的关键。他们需要具备系统工程的思想，能够将各种智能制造技术有机融合，构建出高效、稳定、智能的生产系统。这类人才的工作涉及智能制造的各个环节，对于提高整个产业链的协同效率和响应速度具有重要意义。

智能制造装备与工艺创新人才也是不可或缺的一部分。他们专注于智能制造装备的研发和工艺的创新，致力于提高装备的性能和工艺的先进性，从而推动智能制造产业的持续进步。

为了有效应对国家战略层面对智能制造人才的迫切需求，需采取一系列针对性强、实效性高的措施。首先，应加大高等教育和职业培训中智能制造相关专业的投入，优化课程设置，提高教学质量，培养出更多具备专业知识和实践能力的人才。其次，应加强与企业的合作，通过校企合作、产学研一体化等模式，共同培养符合市场需求的高素质人才。最后，还应建立完善的人才评价和激励机制，吸引和留住更多的优秀人才，为智能制

造领域的发展提供有力的人才保障。

随着智能制造技术的不断发展和应用领域的不断拓展,智能制造人才的需求也将呈现出更加多元化和个性化的趋势。因此,在人才培养过程中,应高度重视因材施教和个性化培养策略的实施,充分挖掘并发挥每个人的独特潜力和特长,以期培养出更多具备创新精神、实践能力和良好综合素质的高素质智能制造人才。

国家战略层面对智能制造人才的需求是多层次、全方位的。为了满足这些需求,需要从教育、培训、合作等多个方面入手,构建起完善的人才培养体系,通过智能制造专业集群建设,可以整合优质教育资源,形成协同效应,为智能制造领域的发展提供源源不断的人才支持。

(二)区域产业链的协同布局人才需求

山东省作为经济大省,一直致力于推动产业转型升级和经济高质量发展。在"十强产业"布局中,高端装备产业被明确列为重点发展的产业之一。青岛市作为山东省的重要城市,其海洋装备产业链的发展对于推动全省高端装备产业发展具有重要意义。

青岛市海洋装备产业链全面覆盖了从研发设计、原材料供应、零部件制造直至整机组装、售后服务等一系列关键环节。青岛市作为我国重要的海洋经济区和制造业基地,在智能制造人才的需求方面展现出鲜明的地域特色和行业需求特点。随着技术的不断进步和产业升级的加速,海洋装备产业对具备智能制造技术背景和海洋工程专业知识的人才渴求日益强烈。特别是在船舶制造、海洋工程装备等关键领域,这类人才的需求量持续增长,以支撑产业的创新发展和核心竞争力提升。

海洋装备产业的智能制造人才需要具备深厚的智能制造理论基础,熟悉先进的智能制造技术和装备,同时还应具备海洋工程领域的专业知识和实践经验。这类人才能够在海洋装备的研发、设计、制造、集成以及服务等各个环节发挥重要作用,推动海洋装备产业向更高端、更智能的方向发展。

青岛市智能制造产业的蓬勃发展对人才提出了新的更高要求。特别是在智能制造系统集成、智能制造装备研发等关键领域,青岛市对高素质、高技能人才的需求日益迫切,以适应产业快速发展的需要,推动产业的持续创新和升级。这些人才不仅需要具备智能制造技术的研发和应用能力,还需要具备跨学科的知识背景和创新思维,以推动智能制造技术的不断创新和突破。

为了满足这些需求,山东省和青岛市需要加大智能制造人才的培养和引进力度。可以通过加强高校与企业的合作,共同培养具备实践经验和创新能力的人才;同时,还可以优化人才政策,吸引更多国内外优秀的智能制造人才来这些地区工作和生活。通过这些措施,可以为山东省和青岛市的智能制造产业发展提供有力的人才保障和智力支持。

针对智能制造领域人才需求的多样性和复杂性,应积极探索并构建多层次、多类型的人才培养体系,以满足不同领域、不同岗位对人才的特定需求。例如,可以设立专门的智能制造专业或方向,培养具备系统理论知识和实践能力的高素质人才;同时,还可以开展面向在职人员的技能培训和提升课程,帮助他们更新知识、提高技能,以适应智能制造产业发展的新需求。通过这些举措,可以有效地促进智能制造领域人才的供需对接和优化配置。

通过加强智能制造专业集群建设,可以与青岛市海洋装备产业链形成深度协同,推动产业链上下游企业的紧密合作,促进技术创新和产业升级。同时,专业集群建设还可以为产业链提供人才和技术支持,提升整个产业链的竞争力。

(三)智能制造人才类型与特点

智能制造领域汇聚了众多不同类型的人才,这些人才在各自的岗位上发挥着不可或缺的作用,共同推动着智能制造行业的蓬勃发展。根据行业需求和职责划分,智能制造人才主要可以分为技术研发型人才、系统设计型人才、装备制造型人才以及运营管理型人才等几大类。

技术研发型人才是智能制造领域的核心力量,他们专注于智能制造技术的研发和创新,致力于突破行业技术瓶颈,提升智能制造的整体技术水平。这类人才通常具备深厚的专业知识背景,能够熟练掌握并运用各种先进的研发工具和方法,是推动智能制造技术不断进步的关键所在。

系统设计型人才则主要负责智能制造系统的规划和设计,他们需要根据实际需求,结合技术研发型人才的成果,构建出高效、稳定、可靠的智能制造系统。这类人才不仅要具备扎实的系统设计理论基础,还要有丰富的实践经验和创新思维,以确保所设计的系统能够满足复杂多变的生产需求。

装备制造型人才专注于智能制造装备的研发和制造,他们的工作涉及机械、电子、自动化等多个领域,是确保智能制造装备性能和质量的关键环节。这类人才需要具备精湛的制造工艺技能和严谨的工作态度,以保证所制造的装备能够符合设计要求并达到预期的使用效果。

运营管理型人才则主要负责智能制造系统的运营和维护,他们需要确保系统的正常运行,及时处理各种突发情况,保障生产过程的顺利进行。这类人才通常具备较强的组织协调能力和丰富的管理经验,是智能制造系统稳定运行的重要保障。

这些智能制造人才虽然职责不同,但他们都具备一些共同的特点。首先,他们都需要具备跨学科的知识结构,能够综合运用多个领域的知识和技术来解决问题。其次,他们都要有较强的创新能力,能够不断探索新的方法和技术,推动智能制造领域的持续进步。此外,团队协作精神也是智能制造人才不可或缺的重要素质,他们需要与其他类型的人才紧密合作,共同应对各种挑战和问题。

随着智能制造技术的不断演进和产业升级的加速推进,对智能制造人才的综合素质和专业技能要求也在不断提高。未来,智能制造领域将更加需要那些既具备深厚专业知识背景又拥有丰富实践经验的高素质人才来支撑行业的持续发展和创新。因此,不断完善智能制造人才的培养体系,提升人才培养质量,将成为智能制造行业发展的重要保障。

第二节　专业集群的国际视野与前沿动态

一、国际智能制造专业集群建设经验借鉴

在国际范围内,智能制造专业集群建设已取得显著成就,并形成了多种具有广泛影响力的代表性教育模式。这些成功的经验对我国智能制造专业集群建设具有重要的借鉴意义。

德国的双元制教育模式在智能制造人才培养方面表现出色。该模式将学校教育与企业培训紧密结合,使学生在学习过程中能够深入企业实践,掌握实际操作技能。这种教育模式注重理论与实践的结合,培养了大量具有高素质和技能的智能制造人才。借鉴德国双元制教育模式的成功经验,高校可以在智能制造专业集群建设中进一步强化校企合作机制,为学生提供更多实践锻炼的机会,从而有效培养他们的实际操作能力和职业素养。

美国的 STEM 教育体系也是智能制造人才培养的成功范例。STEM 代表科学、技术、工程和数学,该体系注重跨学科的学习和实践,旨在培养学生的创新思维和解决问题的能力。在智能制造领域,STEM 教育体系有助于培养具备跨学科知识和创新能力的人才。高校可以借鉴 STEM 教育体系的先进理念,对智能制造专业的课程设置进行优化调整,进一步加强学科交叉与融合,以期全面提升学生的综合素质、创新思维和实践能力。

除了德国和美国之外,其他国家在智能制造专业集群建设方面也有值得借鉴的经验。例如,日本在精益制造和工匠精神培养方面具有独特优势,其强调细节和精益求精的态度对智能制造人才培养具有重要启示。高校可以学习日本在精益制造方面的理念和方法,培养学生的工匠精神和质量意识。

在借鉴国际经验的同时,高校还需要结合我国的实际情况进行探索和创新。我国智能制造领域的发展具有自身的特点和需求,因此在智能制造专业集群建设中需要充分考虑这些因素。通过结合国际成功经验和我国实际情况,高校可以探索出适合我国国情的智能制造专业集群建设路径和模式,为推动我国智能制造领域的发展提供有力的人才支撑。

二、智能制造领域前沿技术与发展趋势分析

在智能制造领域中,前沿技术的不断涌现及其发展趋势的深入分析,对于人才培养方案的优化调整和专业集群建设的科学推进具有至关重要的战略指导意义。随着科技

的飞速进步,一系列新兴技术如人工智能、大数据、物联网和云计算等,正深刻地改变着智能制造的面貌。

人工智能技术在智能制造中的应用日益凸显,其通过学习、推理、感知和理解等能力,为智能制造提供了强大的智能化支持。例如,在生产线自动化方面,人工智能可以通过对大量生产数据的分析,实现生产过程的自我优化和调整,提高生产效率和产品质量。此外,人工智能还可以应用于质量检测、故障预测、维护决策等多个环节,为智能制造带来前所未有的便利和效益。

大数据技术也是智能制造领域的前沿技术之一。在生产过程中,大量的数据被实时采集、存储和分析,这些数据蕴含着丰富的生产信息和商业价值。通过大数据技术,企业可以深入挖掘这些数据中的潜在价值,为生产决策、市场分析和产品创新提供有力支持。同时,大数据技术还可以帮助企业实现供应链的透明化和优化,提高整体运营效率和客户满意度。

物联网技术则将智能制造中的各个设备和系统连接起来,形成一个互联互通的网络。通过物联网技术,企业可以实时监控生产设备的运行状态、生产进度和产品质量等信息,从而及时发现问题并进行处理。此外,物联网技术还可以应用于仓储管理、物流配送等环节,提高供应链的协同效率和响应速度。

面对这些前沿技术的发展趋势,智能制造专业集群建设需要紧密跟踪并做出相应调整。首先,在专业课程设置上,应增加与前沿技术相关的课程内容,如人工智能原理、大数据分析方法、物联网应用等,使学生能够掌握这些技术的核心原理和应用技能。其次,在实践教学环节,应加强与企业的合作,引入实际的生产环境和项目案例,让学生在实践中学习和运用前沿技术。最后,在师资队伍建设上,应积极引进和致力于培养兼具前沿技术背景与实践经验的卓越教师,以期全面提升教学水平和研究能力。

智能制造领域的前沿技术与发展趋势对于人才培养和专业集群建设具有重要的指导意义。通过紧密跟踪这些技术的发展动态,并据此做出相应的教育调整,我们能够培养出更多具备创新能力和丰富实践经验的高素质人才,从而为推动智能制造产业的快速发展贡献力量。

三、国际合作与交流在智能制造人才培养中的作用

国际合作与交流在智能制造人才培养中扮演着举足轻重的角色。通过与国际知名高校和企业的深度合作,我们不仅能够引进前沿的教育理念、教学方法,还能接触到尖端的技术资源和研究成果。这些宝贵的资源对于提升我国智能制造人才的培养质量,推动教育教学改革具有十分重要的意义。

在具体实践中,我们可以借助多样化的渠道和形式,进一步加强国际合作与交流。例如,可以定期举办国际智能制造学术研讨会,邀请国内外专家学者进行深入的学术交流与探讨,共同推动智能制造领域的技术创新和人才培养。同时,还可以与国际知名高

校开展联合培养项目,为学生提供更广阔的学习平台和更优质的教育资源。

让学生参与国际性的科研项目和竞赛活动,同样是提升智能制造人才培养质量的重要途径。通过这些活动,学生可以接触到来自不同文化背景和思维方式的团队,从而拓宽其国际视野,增强跨文化交流能力。同时,与国际同行同台竞技也能激发学生的创新意识和团队精神,提高其解决实际问题的能力。

国际合作与交流能够为智能制造人才的职业发展开辟更多机遇。随着全球经济的深度融合和智能制造技术的广泛应用,具备国际视野和跨文化交流能力的智能制造人才将更受企业青睐。因此,加强国际合作与交流不仅有助于提升人才培养质量,还能为学生的未来职业发展奠定坚实基础。

国际合作与交流在智能制造人才培养中发挥着不可或缺的作用。我们应该充分利用国际资源,加强与国际高校和企业的合作与交流,推动我国智能制造人才培养向更高水平迈进。

第三节　专业集群建设的理论依据

一、产业链、教育链、创新链融合的理论模型

产业链、教育链、创新链融合的理论模型是专业集群建设的重要理论依据之一。模型强调产业链、教育链和创新链的深度融合和协同发展。产业链是教育链和创新链的基础和导向,教育链为产业链和创新链提供人才和技术支持,创新链则推动产业链和教育链的不断升级和发展。

(一)产业链与教育链的融合

产业链与教育链的融合,其实质在于打破传统教育与产业之间的界限,促进双方资源共享与优势互补的实现,这种融合不仅有助于增强人才培养的针对性和实效性,还能够为产业的持续创新和升级提供不断持续智力支撑。

智能制造技术日新月异,要求人才不仅具备扎实的理论基础,还需要具备丰富的实践经验和创新能力。而产业链与教育链的融合,可以为学生提供更多的实践机会和创新平台,帮助他们在学习过程中更好地掌握智能制造的核心技术,并培养其创新意识和实践能力。

推动产业链与教育链的融合,可以从以下几个方面入手:一是加强校企合作,建立产学研用一体化的协同育人机制。企业可以提供实践基地和项目支持,学校则可以为企业提供人才储备和技术研发支持,双方共同参与到人才培养的全过程中。二是推动课程体系改革,将产业链中的实际需求和技术趋势引入到课程教学中,确保教学内容与产业需

求的紧密结合。三是加强师资队伍建设,鼓励教师深入到企业一线进行实践锻炼,提升其产业认知和实践能力,从而更好地指导学生进行实践活动和创新研发。

这些措施可以有效地促进产业链与教育链的深度融合,为智能制造领域培养出更多的高素质人才,推动我国智能制造技术的快速发展和产业转型升级。同时,这种融合模式还可以为其他领域的人才培养提供有益的借鉴和参考,推动我国教育事业与产业发展的全面进步。

(二)教育链与创新链的融合

智能制造技术的迅猛发展和产业升级的不断推进,对人才的创新能力和实践经验提出了更高的要求。因此,教育链与创新链的融合显得尤为重要。教育链需要与时俱进,培养具备高度创新意识和实践能力的人才,以满足创新链对人才的需求。为实现这一目标,教育链应加强与产业链、创新链的互动与衔接。教育机构可以与智能制造企业、科研机构等建立紧密的合作关系,共同开展人才培养、科技研发等活动。通过校企合作、产学研用协同育人等模式,教育机构可以及时了解产业发展的最新动态和技术创新的前沿趋势,从而调整专业设置、优化课程体系,使人才培养更加贴近产业和创新的实际需求。

创新链也需要教育链的支撑与推动。教育机构拥有丰富的科研资源和创新人才,可以为智能制造领域的科技创新提供有力的支持。通过加强教育链与创新链的融合,可以推动科研成果的转化和应用,促进智能制造技术的突破和产业升级。

在实际操作中,可以通过建立产学研用一体化的创新平台,促进教育链与创新链的深度融合。通过集聚教育机构、企业、科研机构等多方资源,共同开展科技研发、人才培养、成果转化等活动,可以提高人才培养的质量和效果,推动智能制造领域的科技创新和产业发展。通过政策引导、资金投入等措施,进一步推动教育链与创新链的融合。政府可以出台相关政策,鼓励和支持教育机构与企业、科研机构等开展合作,推动产学研用协同育人。同时,还可以加大资金投入力度,为教育链与创新链的融合提供必要的经费保障。

教育链与创新链的融合是推动智能制造领域科技创新和产业升级的关键所在。通过加强教育机构与企业、科研机构的合作与互动,共同构建产学研用紧密结合的创新体系,推动智能制造技术的突破和应用,为我国智能制造领域的发展提供有力的人才支撑和创新动力。

(三)产业链与创新链的融合

智能制造技术的不断进步和应用,需要强大的创新链来提供源源不断的技术支撑和创新思路。智能制造产业链的发展也为创新链提供了广阔的市场需求和实际应用场景,使得科技创新能够更好地服务于产业发展。

为了实现产业链与创新链的有效融合,必须建立起产学研用协同创新的机制,将产业界的需求与学术界的研发能力紧密结合,形成一种良性的互动与循环。企业可以提出实际的技术需求和问题,学术界则针对这些需求进行深入研究,提供解决方案,并通过实际应用来验证和完善这些方案。

政府可以通过提供政策支持、资金扶持和搭建合作平台等方式,促进产业链与创新链的融合。通过设立专项基金,支持企业与高校、科研机构开展联合研发项目,推动智能制造技术的创新与应用。政府统筹组织举办各种技术交流和成果展示活动,为产业链和创新链的各方主体提供更多的合作机会和交流平台。

在产业链与创新链融合的过程中,还需要注意保护和激励创新。建立健全的知识产权保护制度,为创新成果提供法律保障,是吸引和留住创新人才、激发创新活力的关键。同时,通过建立合理的利益分配机制,确保产业链和创新链的各方主体能够公平分享创新带来的收益,也是推动两者深度融合的重要因素。通过建立产学研用协同创新的机制,加强政策支持与保护,可以有效促进产业链与创新链的深度融合,为智能制造领域的持续发展和竞争力提升奠定坚实基础。

二、新工科背景下专业集群的学科交叉逻辑

(一)学科交叉的迫切性与趋势

在新工科教育的快速发展背景下,学科交叉已成为推动高等教育深刻变革和产业升级的重要驱动力。随着科学技术的飞速进步和全球经济一体化的加速推进,传统单一学科的教育模式已难以满足复杂多变的现实需求。智能制造系统已不再局限于机械制造领域,而是深度融合了物联网(设备互联)、大数据(生产优化)、数字孪生(虚拟仿真)、区块链(供应链管理)等多学科知识体系。研究显示,2025 年智能制造领域约有 65% 的技术突破源自跨学科交叉创新。智能制造作为新工科领域的重要代表,其发展更是离不开多学科的交叉融合。以工业机器人研发为例,需要机械设计与动力学专家解决本体结构问题,控制工程团队开发运动控制算法,计算机视觉研究者构建感知系统,材料科学家优化关键部件性能,工业设计师完善人机交互界面。这种多学科协同已催生出"智能机电系统"等新兴交叉学科方向。国际机器人联合会数据显示,采用跨学科团队开发的工业机器人产品,其市场响应速度提升 40%,研发周期缩短 35%。因此,专业集群建设必须紧跟时代步伐,积极推动学科交叉,以适应新时代对高素质、复合型人才的需求。

(二)智能制造领域的学科交叉实践探索

在智能制造领域,学科交叉的实践探索不断深入。为了构建全面且高效的智能制造专业集群,需深入剖析智能制造技术的核心构成要素,并清晰界定其涵盖的学科领域,诸如机械工程、电子工程、计算机科学以及自动化控制等。在此基础上,打破传统学科界限,将这些学科的知识点有机融合到智能制造的课程体系中,形成交叉嵌入式的课程体系。同时,搭建跨学科的研究平台,鼓励不同学科的专家和教师围绕智能制造领域的重

大科学问题和关键技术难题展开联合攻关,促进学术交流和协同创新。

(三)复合型人才的培养模式

新工科背景下,专业集群建设需要构建以培养复合型人才为目标的人才培养模式。首要任务是优化课程体系,将跨学科的知识点有机融入专业课程之中,旨在使学生在掌握专业知识的同时,能够拓宽知识视野并增强跨学科的综合能力。其次,实施双导师制,为学生配备来自不同学科的导师,提供多元化的学术指导和职业规划建议,帮助学生形成跨学科的研究兴趣和创新能力。再次,鼓励学生参与跨学科的竞赛和项目,通过团队合作和协同创新,提升解决复杂问题的能力。最后,加强国际化教育,引入国际化的教育资源和教学方法,培养学生的国际视野和跨文化交流能力,为他们成为具有国际竞争力的复合型人才奠定坚实基础。

(四)学科交叉对技术创新和产业升级的推动作用

学科交叉在推动技术创新和产业升级方面发挥着重要作用。在智能制造领域,不同学科的交叉融合能够激发新的创新思维和灵感,催生新的技术和应用。例如,机械工程与计算机科学的交叉融合促进了智能机器人、智能制造系统等前沿技术的研发进程;而电子工程与自动化控制的交叉则推动了智能传感器、智能控制系统等关键技术的重大突破。这些技术的创新和应用不仅提升了智能制造产业的竞争力,还带动了整个产业链的升级和发展。同时,学科交叉还有助于构建完善的创新生态体系,促进产学研用的紧密结合,为智能制造领域的持续创新提供强大动力。

(五)学科交叉面临的挑战与应对策略

学科交叉尽管在智能制造专业集群建设中具有重要意义,但在实施过程中也面临着一些挑战。首先,不同学科间的知识体系存在差异,如何实现有效的融合与协同是一个需要解决的问题。为此,需要加强顶层设计,从战略高度出发制定完善的学科交叉发展规划和政策措施,为学科交叉提供有力保障。其次,跨学科的人才培养和团队建设需要投入大量的资源和精力。为了应对这一挑战,应加大投入力度,优化资源配置,为跨学科的研究和教学提供充足的资源保障。再次,还需要加强国际合作与交流,积极寻求与国际知名高校和科研机构的合作机会,共同推动学科交叉的发展与创新。

第四节　专业集群建设的实践探索

一、专业集群建设的基础与条件

智能制造专业集群建设的基础与条件,是影响该领域教育质量和人才培养成效的关键因素。为了夯实这一基础,我们必须从多维度出发,共同构建一个全面、深入且富有创新性的教育体系。

（一）基础设施建设

高标准的实验室和实训基地不仅可以为学生提供将理论知识转化为实践操作的平台，更是学生探索新技术、新工艺的重要场所。通过引进先进的智能制造设备和技术，可以让学生在实验室内亲身体验智能制造的全过程，从而加深对这一领域的理解和认识。同时，实训基地的建设也应紧密结合产业需求，确保学生所获得的实践技能能够直接应用于未来的工作中。

（二）师资力量的培育与引进

师资队伍是智能制造专业集群建设的另一重要支柱。一支优秀的教师队伍，不仅应具备深厚的学术功底，还需拥有丰富的实践经验和敏锐的市场洞察力。他们能够将最新的科研成果和技术动态融入教学中，为学生提供前沿、实用的知识体系。一是通过加大对现有教师的培训力度，提升他们的专业素养和教学能力；二是积极引进外部优秀人才，为团队注入新的活力和创新力量。

（三）校企紧密合作

与企业的紧密合作也是智能制造专业集群建设不可或缺的一环。通过与企业建立深度的校企合作关系，可以更准确地把握产业需求和市场动态，从而调整和完善人才培养方案。同时，企业也为学生提供了真实的职业环境和实践机会，帮助他们在实践中不断磨炼技能、提升自我。校企共同合作育人，不仅有助于提高学生的就业竞争力，更能为智能制造产业的发展输送源源不断的高素质人才。

二、专业集群建设的实施步骤与策略

（一）市场调研与需求分析

在智能制造专业集群建设的初期阶段，市场调研和需求分析扮演着至关重要的角色，旨在全面而深入地了解智能制造领域的发展趋势、当前的人才需求状况以及教育市场的竞争格局，从而为后续的专业集群定位和人才培养方向提供科学依据。

通过问卷调查、访谈、数据分析等多种方法，全面系统地收集来自行业内外的大量数据和市场反馈，确保数据的广泛性和代表性，为后续的专业集群定位和人才培养方向提供坚实的数据支撑。

通过对这些数据的深入挖掘和分析，不仅可以掌握智能制造领域的最新动态和发展趋势，还可以清晰地看到当前市场对人才的需求状况以及教育市场的竞争格局，明确人才培养的目标和方向，根据行业的需求和市场的变化，灵活调整课程设置和教学方法，确保所培养的人才能够紧密对接产业需求，具备行业所需的知识、技能和素养，为智能制造领域的发展注入新的活力，推动行业的持续进步和创新。

(二)规划制定与实施方案

专业集群建设需要制定科学合理、切实可行的建设规划和实施方案。在制订规划的过程中需要充分考虑现有资源条件、师资力量、教学设施等实际情况，确保所制定的规划既具备高度的可行性，又能在实际操作中得以顺利实施。例如，对现有资源的合理利用、师资力量的优化配置以及教学设施的升级与完善等方面，每一个环节都需进行细致的评估与考量。同时，规划还需具备前瞻性和创新性，以适应智能制造技术的快速更新和产业升级的需求。

实施方案则需明确各项建设任务的责任主体、时间节点和成果形式，确保每一项工作都能够按照既定的路线图和时间表有序推进，高效落实。通过细化规划内容和明确实施步骤，专业集群建设有了清晰的路线图和时间表，有助于更好地把握建设节奏，确保各项工作的顺利开展。

(三)加强学科交叉与融合

在智能制造专业集群的建设与发展过程中，加强学科交叉与融合是提升人才培养质量的重要途径和关键要素。智能制造领域涉及机械工程、电子工程、计算机科学、自动化控制等多个学科的知识和技术。为了培养具备全面素养和创新能力的高素质人才，需要深刻认识传统学科壁垒的局限性，并积极采取措施打破这些壁垒，推动相关学科的深度融合。具体措施：可以通过设立跨学科课程，将不同学科的知识体系有机结合起来，为学生提供更为全面、系统的知识体系；可以搭建跨学科实践平台，让学生在实践中体验不同学科知识的交汇与融合，从而加深对智能制造领域的理解和认识；通过组建跨学科科研团队，集中不同学科领域的专家智慧和资源优势，共同攻克智能制造领域中的前沿问题和关键技术。通过这些措施，促进学生知识结构的多元化和思维方式的创新，为智能制造领域输送更多具备跨学科背景和创新能力的复合型人才。

(四)建立质量监控和评估机制

建立有效的质量监控和评估机制是确保人才培养质量的重要保障。构建完善的质量监控体系，对人才培养的全过程进行实时跟踪和动态管理，包括对学生学习成果的考核、教师教学质量的评估以及教学资源的优化配置等方面。学生学习成果的考核，应涉及课程考试、实践项目、创新能力展示等多个维度，以确保学生能够全面掌握专业知识和技能。通过学生评价、同行评审、教学督导等方式对教师教学质量进行评估，全面了解教师的教学水平，并及时给予反馈和指导，促进教学质量的不断提升。根据专业集群建设的实际需求，合理配置教学资源，包括实验室设备、图书资料、网络课程等，为学生提供良好的学习环境和实践机会。通过定期开展人才培养质量的评估工作，收集用人单位反馈、毕业生追踪调查等信息，全面评估人才培养的实际效果和社会认可度。根据评估结果，及时调整优化专业集群建设的方案和措施，确保人才培养质量的持续提升。

三、专业集群建设的效果评估与持续改进

(一)评估体系的构建

评估体系应建立多维度、多层次的考量指标,全面覆盖智能制造专业集群建设的各个方面。在体系构建过程中,要深入剖析智能制造专业集群建设的核心要素与关键环节,从人才培养质量、科研成果转化及社会服务效果等视角切入,制定详尽且具体的评估指标与标准,采用多种评估方法与手段,如定量分析与定性分析相结合、专家评审与实地考察相交融等,并通过学生满意度调查与企业用人反馈等渠道,力求真实、直接地反映专业集群建设的实际效果与潜在问题,从而科学、准确地评估建设成效,确保评估结果的客观公正。

(二)效果评估的多维度分析

人才培养质量评估:着重考查学生的综合素质、专业技能掌握情况以及创新能力培养成效。通过对比分析学生入学前后的学习成绩、项目参与度、科技竞赛获奖情况等指标,评估专业集群建设在提升学生能力方面的成效。同时,关注毕业生的就业去向和发展状况,将其作为衡量人才培养质量的重要指标。

科研成果转化评估:密切关注教师与企业的科研合作项目进展,跟踪科技成果的转化应用情况及实际效益。通过统计科研项目数量、科研经费投入、专利申请与授权、技术合同成交额等数据,量化评估专业集群在科研创新方面的贡献,并考察其对产业发展的推动作用。

社会服务效果评估:通过分析智能制造专业集群为地方经济和产业发展所提供的具体支持和服务案例,综合评估其社会服务效果及影响力。包括校企合作项目的数量与质量、解决地方企业技术难题的案例、参与制定行业标准或政策的情况等。

(三)反馈机制与持续改进策略

满意度调查与反馈收集:定期开展学生满意度调查和企业用人反馈活动,通过问卷调查、座谈会等方式广泛收集学生和企业的意见和建议,帮助及时发现专业集群建设中存在的问题和不足,为后续改进提供数据支持。

针对性改进策略制定:基于评估结果和反馈意见,制定具有针对性和可操作性的改进策略。例如,针对课程内容与实际需求脱节的问题,及时调整课程设置和教学计划,引入更多与产业发展紧密相关的实践课程;针对教师科研能力提升的需求,需加大科研培训和学术交流的力度以及与企业的沟通合作,共同推动产学研深度融合。

实施与监控:在改进策略实施过程中,需建立严格的监控机制,确保各项改进措施得到有效执行,持续跟踪改进效果,并根据实际情况进行适时调整和优化,以确保智能制造专业集群建设能够持续、健康地发展。

第五节　专业集群的构建模式与资源整合

一、基于产业链需求的专业集群架构

在海洋强国战略背景下,青岛黄海学院智能制造专业集群紧密围绕海洋智能装备制造与检测关键技术领域,对接区域产业链,以"适应需求、突出优势、互动融合、集约共享"为基本原则,合理布局优势、特色专业,以"特"建群,以"核"强群、以"产"链专,以"课"赋能,打造具有海洋特色的智能制造专业集群,突出"应用底色、海洋特色、创新亮色"。通过跨学科、跨领域的深度合作,构建了具有"学科交叉融合、课程立体支撑、资源集聚共享、特色鲜明突出"的智能制造专业集群格局(图 5-1)。

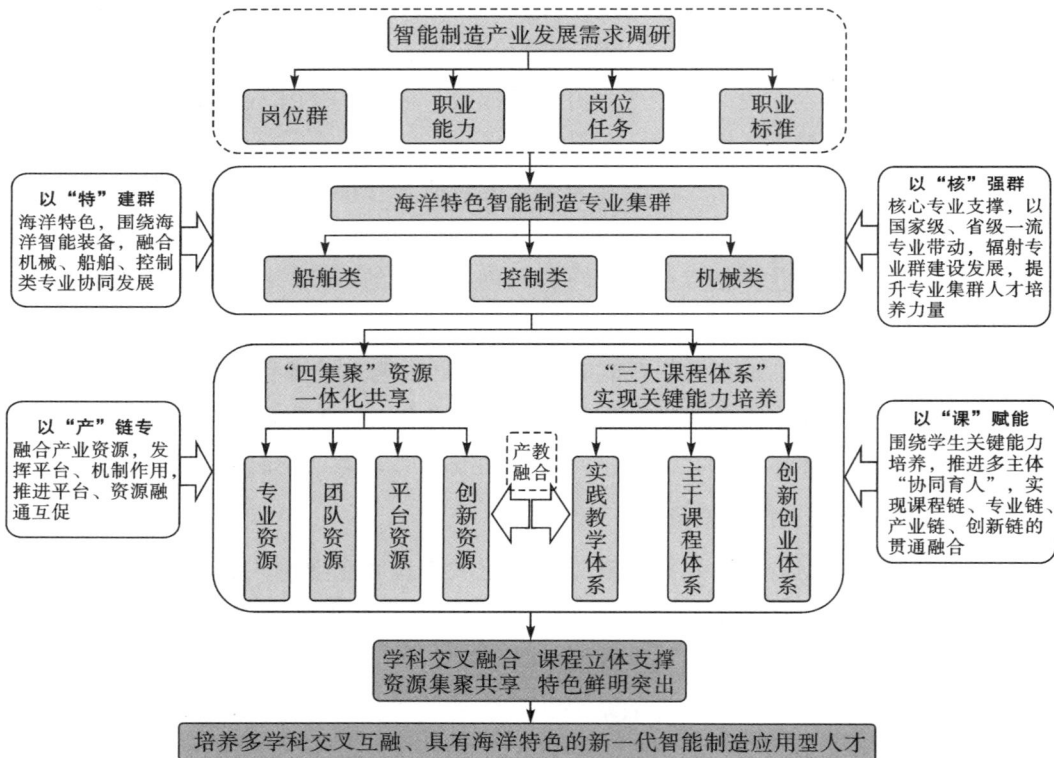

图 5-1　智能制造专业集群

(一)核心专业与支撑专业的协同设计

该专业集群以智能制造工程专业为核心,辅以机械设计制造及其自动化、机器人工程、船舶与海洋工程、电子信息工程和电气工程及其自动化等专业,形成核心专业与支撑

专业的协同机制,以核心专业为引领,支撑专业协同发展的紧密关系,通过资源共享和优势互补,共同推动专业集群的整体发展。

智能制造工程专业作为专业集群的核心,肩负着培养具备智能制造领域深厚基础知识和卓越应用能力的高素质人才的重任。该专业不仅注重理论知识的传授,更强调实践能力的培养,通过项目驱动、案例教学等方式,让学生在解决实际问题的过程中不断锤炼和提升自我。

机械设计制造及其自动化专业作为专业集群的支撑,为智能制造工程专业提供了坚实的机械设计与制造方面的基础知识和技术支持。通过课程体系的协同设计,学生可以在掌握机械原理、机构设计、制造工艺等基础知识的同时,深入了解智能制造技术在机械领域的应用和发展趋势。

船舶与海洋工程专业作为专业集群的特色,为智能制造专业集群注入了海洋装备设计与制造方面的专业知识和技能。学生不仅能够学习到先进的海洋装备设计理念和方法,还能在实践中锻炼自己的工程实践能力和创新能力。

电气工程及其自动化、电子信息工程等专业作为专业集群的补充,则从电气控制、通信技术等方面为智能制造工程专业提供了必要的支撑。这些专业的加入,使得智能制造专业集群在学科交叉和资源整合方面更具优势,能够培养出更多具备跨学科知识和创新能力的复合型人才。

通过协同设计这些专业之间的课程体系和教学内容,实现资源共享和优势互补,提高整体教学质量和人才培养质量。在具体实施过程中,为确保专业集群与产业链需求的高度契合,专业集群建立了动态调整与持续优化机制,可以根据产业链需求对各专业进行动态调整和优化。当产业链对某一特定领域的技术或人才需求增加时,相应增加该领域相关课程的比重或开设新的专业方向,以满足市场的迫切需求。反之,当某一领域的需求减少时,可以适当减少相关课程的比重或调整专业方向,以避免资源浪费和人才错配。通过这种动态调整机制,确保专业集群始终保持与产业链发展的同步性,为海洋装备产业的发展提供源源不断的高素质人才支持。

(二)专业能力与职业岗位的映射关系图谱

以培养智能制造人才为核心,以德育能力培养为主线,构建面向智能制造专业集群关键职业岗位能力培养的映射关系图谱,强化教学科研平台、校企实习实训基地、创新工作室、社会志愿服务平台载体,实现课程、科研、实践、创新、服务"五维一体"育人。

在构建图谱时,对产业链中的各个职业岗位进行深入分析和研究,明确每个岗位的主要职责、工作内容和所需技能,结合专业集群中各专业的培养目标和课程设置情况,确定各专业毕业生能够掌握的专业能力及其水平。通过构建专业能力与职业岗位映射关系图谱,形成直观、清晰的映射关系,使学生更加精准地把握所学专业与未来职业发展之间的联系,进而明确自身的学习目标和职业规划方向。同时也有助于高校和企业更好地了解市场需求和人才供给情况,为人才培养和招聘提供有力支持。

二、资源整合的"四集聚"一体化共享模式

以专业集群建设特色为引领,系统化集聚校企双方专业资源、团队资源、平台资源和创新资源,打破单一专业资源壁垒,促进专业发展相互支撑,团队建设交叉互融,平台资源聚合共建,创新资源集聚共享,实现"四集聚"资源一体化共享(图5-2)。

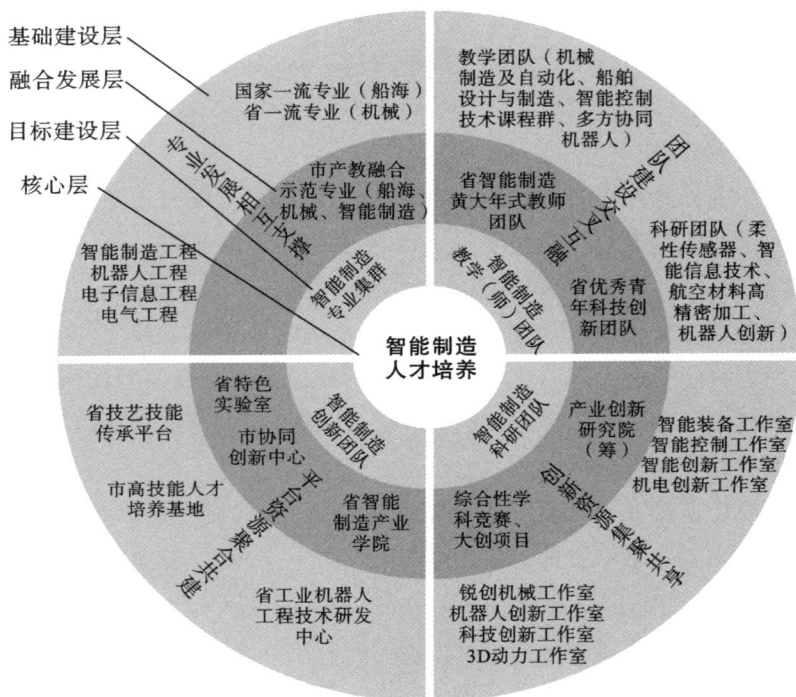

图5-2 "四集聚"资源一体化共享

(一)专业发展相互支撑——跨学科课程模块化设计

在专业资源整合层面,实施跨学科课程模块化设计的策略,有效满足智能制造领域的多元化需求。针对智能制造领域,根据其发展需求和产业链特点确定跨学科课程模块的主题和内容范围。邀请相关学科的专家和教师共同参与课程设计工作,他们将各自学科中的相关知识点和技能点融入模块中。同时注重模块之间的衔接和配合关系,设计涵盖机械设计、自动化控制、信息技术等多个学科的课程模块体系,确保整个课程体系的连贯性和系统性。每个模块包含一系列核心课程,能够为学生提供全面且深入的专业知识。例如,在机械设计模块中,整合了机械设计基础、材料力学、机械制图等课程,确保学生能够从理论到实践全面掌握机械设计的相关知识。

学生可以根据自己的兴趣和发展方向选择适合自己的跨学科课程模块进行学习,拓

展自己的知识视野和技能范围。在跨学科课程模块化设计实施后,对其效果进行全面评估。评估结果表明,该设计不仅有效激发了学生的学习兴趣和积极性,还显著增强了学生的专业素养和综合能力。学生能够通过跨学科的课程学习,获得更广阔的知识视野和更强的创新能力。同时也有助于提高整体教学质量和人才培养质量,推动智能制造专业集群的持续发展。

(二)团队建设交叉互融——校企"双师型"教师队伍共建机制

在团队资源协同方面,构建校企"双师型"教师队伍共建机制,双方教师共同参与课程设计、教学实施和科研活动,将高校的理论优势与企业的实践优势相结合,提升教学质量和学生的学习效果。通过加强高校与企业之间的合作与交流,促进双方教师资源的共享和互补,从而推动理论与实践的深度融合,提高整体教学水平和科研能力。

在实际运作过程中,为解决双方合作意愿的不统一、合作模式创新性的缺乏等问题,采取了建立定期的沟通机制、明确双方职责和权益、制定具体的合作计划和实施方案、设立专项基金支持校企联合开展科研项目和技术攻关工作等多种措施,确保校企"双师型"教师队伍共建机制的顺利推行。通过双方的紧密交流与合作,实现资源共享、优势互补和互利共赢。

(三)平台资源聚合共建——现代产业学院与产教融合基地的功能联动

在平台资源共享方面,注重现代产业学院与产教融合基地的功能联动,以打造产学研用紧密结合的创新生态。现代产业学院作为校企合作的桥梁和纽带,负责整合双方资源、推动产学研项目合作;而产教融合基地则为学生提供真实的实践环境和设备支持,促进他们在实践中学习和成长。

现代产业学院与产教融合基地协同制订人才培养方案、组织实践教学活动以及推动科研成果的转化与应用等。如在智能制造领域,双方合作开设了智能工厂实训课程,让学生能够在真实的生产环境中体验智能制造的各个环节和流程。同时,双方共同承担科研项目和技术创新任务,推动科研成果的转化和应用。

通过平台资源功能联动,确保双方资源实现有效对接与共享,实现校企资源的优化配置和高效利用,不仅提高了学生的实践能力和创新能力,还推动了产业的升级和发展。

(四)创新资源集聚共享——学科竞赛、大创项目与科研转化的生态闭环

在创新资源集聚方面,构建了涵盖学科竞赛、大创项目与科研转化的生态闭环体系,实现创新资源的有效整合与高效利用。为实现学科竞赛、大创项目与科研成果转化的有效衔接,可采取以下措施:一是强化学科竞赛的组织管理,提升竞赛的层次与影响力,鼓励学生积极参与赛事活动,并为其提供必要的指导和支持,通过学科竞赛激发学生的创新兴趣和实践能力;二是积极引导并鼓励学生参与大创项目,严格筛选项目团队和项目内容,确保项目的创新性和可行性,通过大创项目为学生提供实践机会和资金支持;三是加强与企业和科研机构的合作与交流,通过科研转化将研究成果转化为实际产品或服务,推动科研成果的转化和应用。同时,构建完善的评价与激励机制,对在创新活动中表现突出的个人或团队给予表彰与奖励,以进一步激发广大师生的创新热情与积极性。

第六节　专业集群人才培养体系的创新实践

一、基于能力矩阵的课程体系重构

以培养智能制造人才为核心,以德育能力培养为主线,构建面向智能制造专业集群关键职业岗位能力培养的人才培养体系(图5-3),强化教学科研平台、校企实习实训基地、创新工作室、社会志愿服务平台载体,实现课程、科研、实践、创新、服务"五维一体"育人,打造学生未来成才的核心素养。

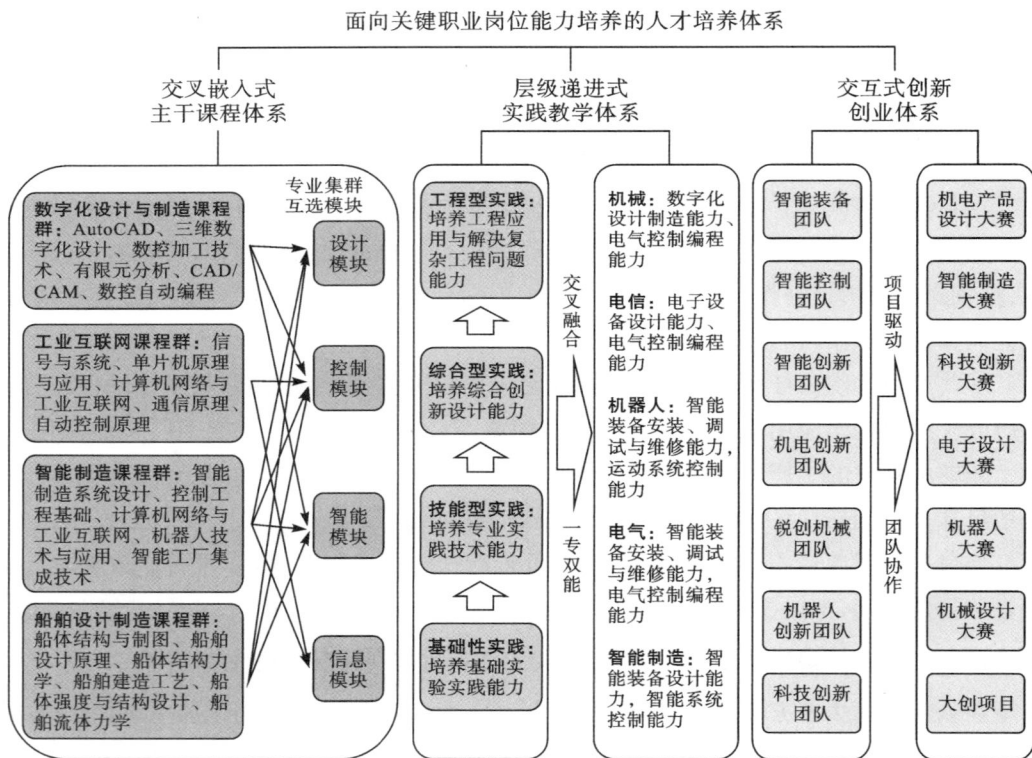

图5-3　面向智能制造专业集群关键职业岗位能力培养的人才培养体系

(一)交叉嵌入式主干课程体系

交叉嵌入式主干课程体系是面向智能制造专业集群关键职业岗位能力培养的人才培养体系的核心基础,通过精心设计课程模块,全面培养学生的专业技能与工程应用能力。数字化设计与制造课程群模块侧重于提升学生的工程应用能力。通过该类课程的学习,学生能够掌握数字化设计与制造的核心技术,如产品设计、工艺规划、生产优化等,从而为智能制造系统的设计与优化打下坚实基础。工业互联网课程群模块涵盖了智能制造、单片机、网络与工业互联网、自动控制等多个领域,为学生提供了全面的工业互联网知识体系,让学生深入了解工业互联网的基本原理和技术架构,掌握如何利用工业互联网实现设备间的互联互通与数据共享,让学生从数据采集、传输到处理、分析,全面掌握工业互联网的关键技术。智能制造课程群模块侧重于培养学生在智能制造系统设计与控制、网络与工业互联网、机器人技术与应用、智能工厂集成技术等方面的综合能力。通过项目驱动的教学模式,学生能够深入了解智能制造前沿领域知识,提升解决实际问题的能力。船舶设计制造课程群模块作为对智能制造领域的特色拓展,聚焦船舶行业的智能制造需求,涵盖船舶设计与制造的全过程,学生能够深入了解船舶行业的最新发展趋势,掌握船舶设计与制造的关键技术。该课程群的设计,旨在培养具备船舶领域专业知识与智能制造技能的复合型人才。

(二)层次递进式实践教学体系

层级递进式实践教学体系强调实践环节在智能制造人才培养中所占据的重要地位,通过构建基础实践、技能实践、综合实践和工程实践四个层级递进的实践教学体系,逐步提升学生的实践能力。基础实践能力的培养,通过基础实验和技能训练,如实验操作、仪器使用等,培养学生的基础实践能力,为后续的专业学习打下坚实基础。专业技能的锤炼,在掌握基础技能的基础上,进一步开展专业技能实践,如机械加工、电子电路设计、工艺设计、设备调试等,以提升学生的专业实践技术能力。综合创新设计能力的激发,则通过综合性项目或课程设计,培养学生的综合创新设计能力。学生将在实践中如项目策划、团队协作等,综合运用所学知识,解决复杂工程问题,提升团队协作与项目管理能力。工程实践能力的提升,则通过在企业的真实环境中进行实习或项目合作,使学生更加深入地了解行业现状,为其未来的职业发展做好准备,培养学生的工程应用与解决复杂工程问题的能力。

(三)交互式创新创业体系

为系统性培育学生的创新思维与跨界实践能力,构建了"四维协同"交互式创新创业平台。通过智能装备设计、智能控制开发、智能制造系统集成与智能产品创新四大主题赛事,形成覆盖"机械—控制—信息—服务"全链条的能力孵化闭环。其中,智能装备设计大赛重点强化机械创新与数字化建模能力;智能控制设计大赛依托工业物联网平台开展算法优化实战;智能制造设计大赛以产线数字孪生为命题,推动参赛方案应用于企业技改项目;智能产品设计大赛则贯通"用户需求分析—智能硬件开发—商业模式设计"全流程。四大赛事通过共享校企共建的智能技术创新工坊,实现跨专业组队、作品技术复合,构建了"以赛促创、赛创融合"的育人新生态。

二、"三院联动"协同育人机制

在智能制造专业集群的建设过程中,创新育人载体,实施"三院联动"的多主体协同育人机制,是提升教育质量、加速产业升级的关键途径。对接区域产业需求,发挥产业对专业集群建设的导向与整合作用,通过"产业创新研究院＋现代产业学院＋智能制造学院"的紧密联动,实现产业技术、资源、人才与产教融合机制的深度融合,构建"产业育人、育人反哺"的良性循环生态系统。

(一)现代产业学院——产教融合课程开发与双导师制实施

现代产业学院作为产教融合的桥梁,其核心任务在于推动课程开发与教学模式的创新。在课程体系建设上,应强化产教融合,邀请企业专家共同参与课程设计与教学内容的优化,确保课程内容紧贴产业前沿,反映技术标准与行业需求。通过构建具有产业特色的课程体系,为学生提供更加贴近实际、富有挑战性的学习经历。同时,推行双导师制,即由校内专任教师与企业专家共同担任学生指导教师,形成"校内＋校外"的联合指导模式。校内导师负责传授理论知识与基础技能,而企业导师则侧重于实践指导与职业规划,为学生提供个性化的学习路径与职业发展建议。此外,加强与现代产业学院的合作与交流,共同开展科研项目与技术攻关,推动产学研用的深度融合,并建立定期评估机制,确保教学质量与人才培养目标的持续达成。

(二)产业创新研究院——技术转化与真实项目驱动教学

产业创新研究院作为技术创新与转化的高地,其关键在于推动技术转化与真实项目驱动教学的深度融合。通过与企业和科研机构的紧密合作,共同开展科研项目与技术攻关,加速创新成果的转化与应用。同时,以真实项目为载体,设计富有挑战性、实践性的教学任务与实践活动,让学生在参与项目的过程中学习和掌握相关知识与技能,提升其解决复杂问题的能力与创新能力。此外,建立完善的评价与激励机制,对在技术转化与真实项目驱动教学方面表现突出的个人或团队给予表彰与奖励,激发团队成员的积极性与创造力。同时,加强与国际先进教育机构的合作与交流,引进国际前沿的教育理念与技术手段,以推动智能制造专业集群的国际化进程,促进其可持续发展。

(三)智能制造学院——人才培养主体功能的优化与拓展

作为人才培养的主体单位,智能制造学院需不断优化与拓展其人才培养功能,以适应产业升级与技术创新的需求。一是加强师资队伍建设,提升教师的专业素质与教育教学能力,打造一支高水平、国际化的教学团队。二是完善课程体系与教学内容,确保课程体系的科学性与合理性,以及教学内容的时效性与针对性。三是强化实践教学环节的建设与管理,提升学生的实践能力与创新能力。通过深化与企业和科研机构的合作与交流,推动产学研用的紧密结合与协同发展。四是构建完善的评价与反馈机制,及时了解学生的学习情况与反馈意见,为教学改进与人才培养质量的持续提升提供有力支持。

"三院联动"协同育人机制的实施,有助于推动智能制造专业集群的持续发展与创新能力的提升。该机制通过强化产教融合、技术创新与人才培养的深度融合,构建开放、协同、共赢的育人生态系统,为区域产业升级与经济社会发展提供有力的人才支撑与智力保障。

第七节　专业集群建设推广价值与展望

智能制造专业集群的建设具有深远的战略价值与意义,不仅推动了我国制造业的转型升级和区域经济的繁荣发展,还为我国教育事业的国际化发展和国际竞争力的提升提供了有力支持。随着技术的不断进步和产业的持续发展,智能制造专业集群将继续发挥其重要作用,为我国智能制造产业的蓬勃发展贡献力量。

一、专业集群的推行价值

(一)专业集群建设的价值与意义深化

通过专业集群的建设,推动产业链、教育链、创新链的深度融合,打破传统教育与产业之间的界限,促进资源共享与优势互补,增强人才培养的针对性和实效性,为产业的持续创新和升级提供了强大的智力支撑。

专业集群通过整合教育资源,优化专业设置,培养了大量适应智能制造产业发展需求的高素质人才,加速产业转型升级。在推动智能制造技术的创新与应用、提升产业竞争力等方面发挥了重要作用,加速了我国制造业的转型升级进程。

通过加强国际合作与交流,积极引进和借鉴国际先进的教育理念及教育资源,智能制造专业集群建设在提升人才培养质量和教育水平方面取得了显著成效,有利于缩小与发达国家在智能制造领域的差距,提升我国在全球产业链中的地位和竞争力。

(二)区域经济与产业发展的有力支撑

专业集群的建设推动了地方产业结构的优化升级,为地方经济注入了新的增长动力,促进地方经济发展。通过加强校企合作、产教融合,专业集群为地方企业提供了技术支持和人才保障,促进了地方经济的繁荣发展。专业集群通过整合产业链上下游资源,形成了协同发展的良好态势,提升产业链竞争力。协同发展不仅提升了产业链的整体竞争力,还为地方产业的可持续发展奠定了坚实基础。专业集群汇聚了众多高素质人才和创新资源,为产业创新提供了有力支持,引领产业创新。通过加强科研合作和技术攻关,专业集群在智能制造领域取得了一系列创新成果,推动了产业的持续创新和发展。

(三)国际合作与交流的深化拓展

通过与国际知名高校和企业的深度合作,专业集群成功引进了先进的教育理念、教学方法和技术资源,不仅提升了我国智能制造人才的培养质量,还为我国教育事业的国际化发展提供了有力支持。

专业集群培养的学生通过参与国际性的科研项目和竞赛活动,具备了国际视野和跨文化交流能力,提升国际竞争力。学生在未来的职业生涯中将更具竞争力,能够为我国智能制造产业的国际化发展贡献更多力量。

专业集群建设积极寻求与国际知名企业和科研机构的合作机会,共同推动智能制造技术的创新与应用及国际合作项目的落地,为智能制造产业带来了新的发展机遇,促进我国与国际社会的交流与合作。

二、专业集群的发展趋势与展望

展望未来,智能制造专业集群的建设将进一步深化和拓展其推广价值与深远意义。随着智能制造技术的不断发展和产业升级的不断推进,专业集群将不断优化人才培养体系,提升人才培养质量。通过加强课程体系建设、实践教学环节和师资队伍建设等,专业集群将培养出更多具备创新精神和实践能力的高素质人才。

未来,专业集群将进一步加强与产业界、学术界和用户端的紧密合作,推动产学研用的深度融合。通过共建创新平台、开展联合研发和技术攻关等方式,专业集群将加速科技成果的转化与应用,推动智能制造技术的持续创新和产业升级。

在国际合作与交流方面,专业集群将继续深化与国际知名高校和企业的合作关系,拓展合作领域和范围。通过参与国际性的科研项目、竞赛活动和学术交流等方式,专业集群将不断提升自身的国际影响力和竞争力,为我国智能制造产业的国际化发展做出更大贡献。

第六章　船舶与海洋工程产教融合示范专业

随着全球经济一体化进程的加速和海洋经济的蓬勃发展,船舶与海洋工程领域对高素质应用型人才的需求日益迫切。青岛黄海学院船舶与海洋工程专业积极响应国家产教融合战略,通过深化校企合作,构建产教融合示范专业,为海洋工程领域培养了大量高素质应用型创新人才。本章将以青岛黄海学院船舶与海洋工程专业为例,探讨产教融合示范专业的建设路径与实践经验。

第一节　国家战略与区域产业需求

一、国家战略驱动下的专业发展机遇

在"海洋强国"战略指引下,我国海洋经济正加速向质量效益型转变。2021年国务院发布的《"十四五"海洋经济发展规划》明确提出,到2025年,海洋产业生产总值占国内生产总值比重达到15%。山东省作为海洋大省,其新旧动能转换重大工程将海洋装备产业列为重点发展领域。青岛市依托其作为"一带一路"重要节点城市和山东自贸试验区核心区的优势,构建了"956"产业体系,其中海洋装备产业链与智能制造装备产业链被列为重点发展方向。

青岛黄海学院船舶与海洋工程专业敏锐把握国家战略机遇,主动对接青岛市"十四五"海洋经济发展规划,聚焦海洋装备产业升级需求,确立了"服务区域经济发展、对接产业需求、强化智能制造特色"的建设定位。专业建设紧密围绕《中国制造2025》对海洋工程装备领域的技术要求,以培养适应智能船舶、海洋工程装备制造等新兴领域的高素质应用型人才为目标。

二、区域产业需求与专业定位的耦合

青岛作为我国北方重要的海洋工程装备制造基地,依托国家级船舶与海洋工程产业集群,已形成集船舶建造、海洋工程装备研发、配套产业于一体的完整产业链,聚集了中船集团、武船重工、北船重工等龙头企业,年产值突破1200亿元。随着全球船舶工业向智能化、绿色化方向转型,青岛船舶与海洋工程产业正经历深刻变革,企业加速布局智能船厂建设,如武船重工投资5亿元打造的数字化车间,通过工业机器人、数字孪生技术实

现船体建造精度控制在±2毫米以内；绿色船舶技术研发提速，如青岛造船厂有限公司研发的700TEU纯电动集装箱船已实现零排放；深海开发需求推动海洋工程装备向智能化、模块化升级，如中船集团青岛基地承建的"蓝鲸1号"钻井平台配备DP3动力定位系统，可在全球98%的海域作业。技术变革对人才能力结构提出新要求，如数字化设计人才缺口达40%，智能制造技术岗位需求年均增长25%，海洋工程装备开发领域对创新型人才需求占比达35%。

面对产业升级带来的人才需求变化，青岛黄海学院船舶与海洋工程专业以"服务区域经济发展、对接产业需求、强化智能制造特色"为定位，通过"三对接"机制实现教育供给与产业需求的深度耦合。在专业链与产业链对接方面，以船舶工程为核心，拓展海洋工程装备、海洋智能装备方向，增设"智能船舶"微专业，与人工智能学院共建交叉学科平台。在人才链与岗位链对接上，构建"三维能力"培养体系。该体系通过专业课程夯实专业基础能力，依托校外实训基地强化工程实践能力，借助创新工作室提升创新发展能力，重点培养船舶设计工程师、海洋装备制造工程师等岗位人才，形成了"产业需求导向—专业结构调整—人才培养创新"的良性循环。

第二节　产教融合示范专业建设路径

一、校企协同育人机制创新

(一)"共建共管共育共享"合作模式

青岛黄海学院设立校企合作发展处，对校企合作项目实施全过程进行监管与指导，智能制造学院由院长负责，实践教研室和系部具体实施。青岛黄海学院船舶与海洋工程专业与企业开展全方位深层次合作，构建"多元化、矩阵式"校企协同育人模式(图6-1)，开展产教融合"八个对接"，即培养目标与产业需求、教学标准与行业标准、课程体系与职业能力、实训过程与生产过程、应用研究与技术创新、专业教师与企业导师、实训平台与现实工程、专业文化与企业文化对接，夯实学生综合素养、实践创新、工程应用、持续发展四个基本能力，构筑高素质应用型人才培养的"四梁八柱"。

在组织架构方面，青岛黄海学院船舶与海洋工程专业成立了由中国造船工程学会专家、武船重工高管、高校教授组成的专业建设指导委员会，企业专家占比达53.85%，形成了校企双院长制管理架构。指导委员会每学期召开联席会议，审定人才培养方案、课程体系设置及实践教学计划，确保专业建设始终契合产业发展脉搏。这种多元共治的组织模式打破了传统高校封闭办学的局限，使企业从人才培养的"旁观者"转变为"参与者"。

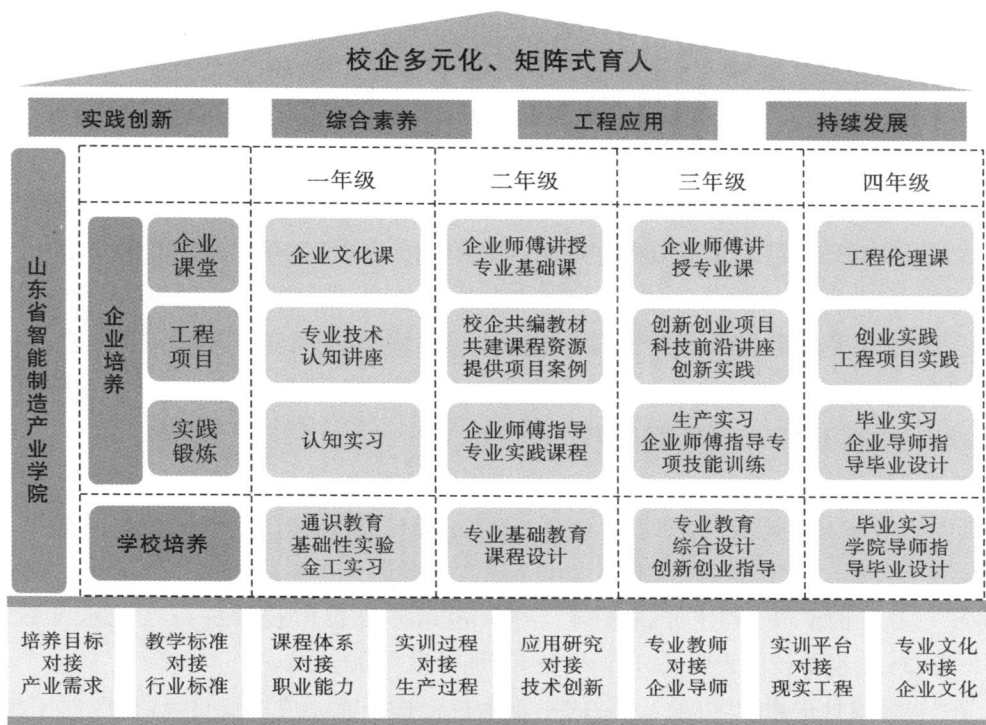

图 6-1　校企协同育人矩阵图

在运行机制创新层面,船舶与海洋工程专业制定了《产教融合实施办法》《产业教授管理办法》等 12 项制度文件,建立校企师资"互聘互兼互派"机制。专任教师年均到企业实践 3 个月,企业导师承担 25％以上专业课程教学及毕业设计指导任务,形成"双导师"协同育人格局。2021—2024 年,共有 96.9％的专任教师参与企业技术研发项目,企业导师累计授课超过 2000 课时,指导毕业设计 127 项。这种双向流动机制有效提升了教师队伍的实践教学能力。2021—2024 年,教师获省级教学成果奖 2 项,教学创新大赛奖项 5 项。

质量保障体系方面构建了"双闭环"监控模式:校内通过教学督导、学生评教、同行评议等机制进行过程性监控,校外引入中国船级社等第三方机构开展职业能力认证评估。建立毕业生跟踪反馈系统,对就业率、就业质量等 12 项指标进行动态监测。2021—2024年教学事故率控制在 0.5％以内,学生满意度达 95％以上,毕业生职业资格获证率100％,用人单位对毕业生实践能力满意度达 94.5％。

(二)"四进制"产教融合机制深化

创建"企业技师进课堂、工程项目进课程、实践锻炼进车间、毕业设计进企业"的"四进制"产教融合机制。

在"企业技师进课堂"方面,船舶与海洋工程专业实施"产业教授进高校"计划,聘请

12名企业导师承担船舶建造工艺、机器人学等核心课程教学。开发船舶智能制造案例库等教学资源,包含22个典型企业项目。开展"企业开放日"活动,邀请行业专家年均举办8场技术讲座,组织学生赴武船重工智能船厂、海尔智能制造基地等企业参观学习,使学生及时掌握行业前沿技术。

船舶与海洋工程专业在"工程项目进课程"方面,与哈尔滨工程大学青岛船舶科技有限公司共建"船舶设计工作室",将企业真实项目转化为教学案例。开发船舶CAD/CAM等16门项目化课程,学生参与企业产品设计占比达30%。实施"真题真做"教学模式,2021—2024年完成企业项目50余项,其中"蓝领匠成"项目获第七届山东省"互联网+"大赛金奖。与青岛龙嘉海事船舶设计有限公司合作开发的游艇设计项目,实现教学成果向企业产品的直接转化,创造经济效益80万元。

在"实践锻炼进车间"方面,建立16个校外实训基地,涵盖船舶设计、智能制造等领域,其中武船重工智能船厂实训基地配备ABB工业机器人、激光切割机等先进设备。实施"学期小实践+学年大实践"制度,学生企业实习实训参与率达76.03%,累计完成实习任务超5万工时。开展"工匠进校园"活动,邀请齐鲁首席技师进行技能示范教学,2021—2024年组织技能大师公开课23场,培训学生1200人次。

在"毕业设计进企业"方面,25%的毕业生在合作企业完成毕业设计,选题源于生产实际问题。开展校企双导师联合指导,企业导师负责工程实践指导,校内导师负责理论提升。2021—2024年,毕业设计成果获省级优秀论文5篇,产生经济效益200余万元。其中"船舶钢制壁面永磁吸附式除锈机器人"项目获国家发明专利,已在青岛共享智能制造有限公司实现成果转化,创造经济效益150万元。

通过"四进制"机制的深度实施,专业形成了"企业课程+项目实践+双师指导"的立体化培养模式。成立产业学院,开发船舶建造工艺等29门省高校联盟在线课程(含省级一流本科课程5门)。建设船舶建造虚拟仿真实验中心,包含船体放样、分段装配等12个虚拟场景,年使用量达2万学时。2021—2024年,学生获国家级竞赛奖励168项,其中国家级一等奖2项,省级奖项232项,学生主持国家级创新创业项目5项,获授权专利35项。

这种深度融合的育人模式显著提升了专业服务产业的能力。2021—2024年承担横向课题50项,技术成果转化收益超120万元,解决企业技术难题23项,创造经济效益1000余万元。

青岛黄海学院船舶与海洋工程专业通过"共建共管共育共享"合作模式与"四进制"产教融合机制的创新实践,构建起"产业需求—人才培养—技术创新"的良性循环。这种创新模式为同类院校推进产教融合提供了可复制的实践范式。在全国应用型高校产教融合论坛上多次作典型发言,相关成果被《中国教育报》等媒体专题报道,形成了广泛的示范辐射效应。

二、课程体系与教学资源建设

(一)"融合递进式"课程链构建

青岛黄海学院船舶与海洋工程专业以服务海洋装备产业为导向,构建了"融合递进式"课程链,实现课程体系与产业链的深度耦合。课程体系按照"通识教育＋专业教育＋创新教育"三层次架构,设置"船舶设计""智能制造""海洋工程装备"等五大模块化课程群,涵盖数字化设计、智能建造、海洋开发等领域。其中专业核心课程占比55％,实践教学学分达32.5％,形成"基础理论—专业技术—工程应用"的递进式知识结构。

在模块化课程建设中,船舶与海洋工程专业对接中船集团、武昌重工等企业技术标准,开发船舶原理、海洋工程装备设计等核心课程,引入智能船舶技术、水下机器人开发等前沿课程。与哈尔滨工程大学青岛船舶科技有限公司共建"船舶设计工作室",将企业真实项目转化为船舶 CAD/CAM、船舶生产设计等项目化课程,学生参与企业产品设计占比达30％。实施"真题真做"教学模式。2021—2024 年完成企业项目 50 余项,其中"蓝领匠成"项目获第七届山东省"互联网＋"大赛金奖。

在校企共建课程方面,专业与青岛龙嘉海事船舶设计有限公司等 22 家企业联合开发机器人学、海洋智能装备制造技术等 16 门在线课程,全部上线国家智慧教育平台,其中 5 门获评省级一流课程。开发"船舶智能制造案例集"等 22 个典型教学项目,动态更新企业技术标准。建设船舶建造工艺虚拟仿真实验等 3 门虚拟仿真课程,通过数字孪生技术模拟船体放样、分段装配等 12 个生产场景,年使用量达 2 万学时。

教材建设成效显著,校企联合编写《船舶结构设计》《船舶 CAD/CAM》等 14 部教材,确保与行业技术发展同步。

(二)实践教学体系创新

船舶与海洋工程专业构建"基础型—技能型—综合型—工程型"四阶层级递进实践教学体系,依托山东省智能制造现代产业学院等 6 个省级平台,实现"实验—实训—实战"的能力进阶培养。基础型实践通过金工实习、船舶模型制作等课程,培养学生基本技能,占实践总学分的 30％;技能型实践依托智能制造实训基地,开展船舶 CAD/CAM 实训、工业机器人操作等,占实践总学分的 35％;综合型实践通过船舶设计大赛、智能制造挑战赛等,占实践总学分的 25％;工程型实践通过企业顶岗实习、毕业设计,占实践总学分的 10％。

船舶与海洋工程专业实施"工作室"模式,强化创新创业能力培养。校企共建 8 个创新工作室,组建"专业教师＋创新创业导师＋企业导师"指导队伍体系,实现跨校企、跨学科、跨专业协同育人,依托"双创课程—科学探究—创新人才"三计划培养体系,进行"意识—能力—实践—成果"进阶式培养。2021—2024 年学生获国家级竞赛奖励 168 项,其中国家级一等奖 2 项(全国海洋航行器设计与制作大赛),省级奖项 232 项。学生主持国家级创新创业项目 5 项,获授权专利 35 项,发表学术论文 39 篇。

船舶与海洋工程专业签订校外实训基地达 16 个,涵盖船舶设计、智能制造等领域,实施"学期小实践＋学年大实践"制度,学生企业实习实训参与率达 76.03％。开展"工匠进校园"活动,邀请齐鲁首席技师进行技能示范教学。2021—2024 年组织技能大师公开课 23 场,培训学生 1200 人次。

在毕业设计环节推行"双导师制",25％的毕业生在合作企业完成毕业设计,选题源于生产实际问题;采用校企双导师联合指导,企业导师负责工程实践指导,校内导师负责理论提升。其中"船舶钢制壁面永磁吸附式除锈机器人"项目获国家发明专利,已在青岛共享智能制造有限公司实现成果转化,创造经济效益 150 万元。

通过实践教学体系创新,学生工程实践能力显著提升。毕业生就业率稳定在 92％以上,专业对口率 73.21％,42.85％的毕业生进入合作企业,留青率达 52.54％。用人单位满意度调查显示,94.5％的企业认为毕业生"实践能力突出",晋升周期较同类院校缩短 1～2 年。

课程体系与教学资源建设的深化实施,使船舶与海洋工程专业形成了"理论教学—虚拟仿真—企业实践"的立体化培养模式。船舶与海洋工程专业与莱茵科斯特共建智能制造研发中心,开发船舶建造工艺等 29 门省高校联盟在线课程。建设山东省海洋智能装备制造与测控技术实验室,开展多介质协同射流强化技术等关键技术研究,相关成果获山东省高等学校科学技术奖。

通过持续优化课程体系与教学资源,青岛黄海学院船舶与海洋工程专业实现了教育供给与产业需求的精准匹配,为区域海洋经济高质量发展培养了大批高素质应用型人才。这种"产业需求导向—课程体系重构—教学资源创新"的发展模式,为同类院校推进产教融合提供了可借鉴的实践范式。

三、师资队伍与平台建设

(一)"双师双能型"师资队伍建设

青岛黄海学院船舶与海洋工程专业以"双师双能型"教师队伍建设为核心,构建了一支结构合理、专兼结合的高水平师资团队。现有专任教师 33 人,其中博士 14 人(占比 42.4％),高级职称 22 人(占比 66.7％),形成以教授为引领、博士为骨干的学术梯队。专任教师中 93.9％具备"双师"资格,远高于全国同类专业平均水平。各企业兼职教师 12 人,涵盖船舶设计、智能制造、海洋工程装备等领域,其中不乏中国造船工程学会专家、齐鲁首席技师等行业领军人才。

在师资培养方面,船舶与海洋工程专业实施"青蓝工程",建立校内导师与企业导师联合培养机制。专任教师年均到企业实践 3 个月,参与企业技术研发项目年均 2 项,2021—2024 年累计完成企业技术攻关 50 余项。企业导师承担教学任务年均 80 课时,开发教学案例年均 2 项,指导学生毕业设计年均 15 项。这种双向流动机制有效提升了教师队伍的实践教学能力。2021—2024 年教师获省级教学成果奖 2 项,教学创新大赛奖项 5 项,智能制造教学团队获山东省黄大年式教学团队称号。

教学团队建设成效显著,拥有山东省高等学校青创人才引育计划团队 1 个,青岛市优秀教学团队 2 个。教师科研能力突出,2021—2024 年主持国家自然科学基金项目 1 项、省部级课题 5 项,发表 SCI/EI 论文 44 篇,获授权专利 34 项,其中发明专利 12 项。科研成果获山东省高等学校科学技术奖等科研奖励 10 项,技术成果转化收益 120 万元。教师积极参与行业服务,12 人为中国造船工程学会会员,为区域产业发展提供智力支持。

（二）"政行企校"协同创新平台

船舶与海洋工程专业构建了"政行企校"四位一体的协同创新平台体系,形成"省级科研平台—校企合作平台—社会服务平台"三级架构。省级科研平台包括山东省海洋智能装备制造与测控技术实验室、山东省工业机器人工程技术研发中心、山东省机电产品创新技艺技能传承平台等,配备先进科研设备总值达 3000 万元。其中,海洋智能装备制造与测控技术实验室聚焦多介质协同射流强化技术研究,开发的船用薄板液压成型数字控制装备已实现成果转化,为企业创造经济效益 500 万元。

在校企合作平台方面,船舶与海洋工程专业与武船重工共建海洋工程装备协同创新中心,开展深海钻井平台关键技术研究;与海尔集团共建智能制造实训基地,开发智能生产线调试等实训项目;与青岛龙嘉海事船舶设计有限公司共建船舶设计工作室,将企业真实项目融入教学。2021—2024 年校企联合攻关项目 23 项,其中"船舶钢制壁面永磁吸附式除锈机器人"项目获国家发明专利,相关技术在青岛共享智能制造有限公司实现产业化,年产值突破 2000 万元。

社会服务平台包括青岛市高技能人才培养基地、山东省科普专家工作室、大学生创新创业孵化基地等。作为青岛市高技能人才培养基地,船舶与海洋工程专业面向海军部队、地方企业开展技能培训年均 800 人次,培训合格率达 98％;举办科普讲座 20 场,开展"家电义务维修""科普进社区"等活动 50 余次,受益居民超万人。大学生创新创业孵化基地孵化学生创业项目 27 个,项目获第七届山东省"互联网＋"大赛金奖,实现社会服务收入 150 万元。

通过平台建设,船舶与海洋工程专业形成了"教学、科研、服务"三位一体的发展格局。2021—2024 年承担横向课题 50 项,到账经费 2276 万元,技术成果转化收益 120 万元。与青岛昌佳机械有限公司合作开发的高效绿色精密切削设备,使企业加工效率提升 25％;为青岛海艺自动化技术有限公司开展工业机器人师资培训,培训企业技术骨干 200 人次。这些平台不仅为教学提供了实践支撑,也成为服务区域产业发展的重要载体。

师资队伍与平台建设的深度融合,显著提升了专业的综合实力。船舶与海洋工程专任教师中 3 人获"山东省教学名师"称号,5 人获"青岛市优秀教师"称号。船舶与海洋工程教学团队指导学生获国家级竞赛奖励 168 项,其中国家级一等奖 2 项,省级奖项 232 项。平台建设成果获山东省高等教育教学成果二等奖,相关经验在全国应用型高校产教融合论坛做典型发言,形成广泛的示范效应。

青岛黄海学院船舶与海洋工程专业通过"双师双能型"师资队伍建设与"政行企校"协同创新平台的互动发展,实现了人才培养与技术创新的良性循环。这种"人才强教、平台促产"的发展模式,为同类院校推进产教融合提供了可借鉴的经验,即在师资建设上注重校企双向流动,在平台建设上强化资源整合,最终形成服务地方经济发展的可持续动力。

四、质量保障体系构建

(一)内部质量保障

青岛黄海学院船舶与海洋工程专业构建了覆盖人才培养全过程的内部质量保障体系,确保教育教学质量持续提升。在教学过程监控方面,建立"五位一体"质量监控体系,通过学生评教、同行评价、督导检查、企业反馈、毕业生跟踪 5 个维度进行动态监测。每学期开展 3 轮次教学督导,覆盖全部课程和教师,2021—2024 年累计听课 1200 余节,提出改进建议 237 条。实施"一课一策"教学改革,建立课程质量档案,对船舶原理等核心课程进行周期性评估,根据评估结果动态调整教学内容和方法。教学事故率控制在 0.5% 以内,学生满意度连续 3 年保持在 95% 以上,船舶建造工艺课程学生评教平均分达 4.8 分(满分 5 分)。

毕业生跟踪机制方面,建立包含 3000 余名毕业生的数据库,持续跟踪就业率、就业质量、职业发展等 12 项核心指标。2021—2024 年毕业生就业率稳定在 92% 以上,船舶与海洋工程专业对口率 73.21%,其中 42.85% 的毕业生进入合作企业。用人单位满意度调查显示,94.5% 的企业认为毕业生实践能力突出,89% 的企业认为毕业生职业素养符合岗位要求。建立毕业生成长档案,对优秀毕业生进行深度追踪,如 2018 届毕业生苗立岐已成长为齐鲁首席技师,2020 届毕业生孙靖东获山东省劳动模范称号。

(二)外部质量保障

专业引入多元化外部质量保障机制,提升教育教学的社会认可度。第三方评估方面,与麦可思研究院建立长期合作,开展毕业生就业质量、培养目标达成度等专项评估。2023 年评估显示,毕业生就业竞争力指数达 89.2,比全国同类专业平均水平高 12 个百分点。积极推进教育部工程教育认证,对标《华盛顿协议》标准完善培养体系,已完成自评报告撰写和专家进校考察准备工作。中国造船工程学会定期对专业开展建设评估,2021—2024 年评估结果均为优秀,特别是对实践教学环节给予高度评价。

在社会监督机制方面,船舶与海洋工程专业设立由企业代表、校友、教育专家组成的社会监督员制度,每学期召开监督会议,参与课程建设、实习实训等环节评估。建立教学信息公开制度,通过专业网站定期发布年度质量报告、课程大纲、教学成果等信息,接受社会监督。2021—2024年发布专业建设年度报告3份,累计访问量超5万次。接受山东省教育厅教学督导团专项检查,评估结果为优秀,特别是在产教融合机制创新方面获得督导组高度肯定。

通过内外结合的质量保障体系,船舶与海洋工程专业形成了"目标—过程—结果"的闭环管理机制。2021—2024年学生获国家级竞赛奖励168项,其中国家级一等奖2项,省级奖项232项。毕业生职业资格获证率100%,其中35%取得船舶焊接检验员等高级职业资格。用人单位反馈显示,毕业生平均晋升周期较同类院校缩短1~2年,部分优秀毕业生3年即成长为技术骨干。

质量保障体系的有效运行,为专业建设提供了坚实支撑。船舶与海洋工程专业获批国家级一流本科专业建设点,通过山东省教育厅专业综合评价(排名前10%)。教学成果获省级二等奖2项,智能制造教学团队获山东省黄大年式教学团队称号。相关经验在全国应用型高校产教融合论坛做典型发言,形成示范辐射效应。

青岛黄海学院船舶与海洋工程专业通过构建科学完善的质量保障体系,实现了人才培养质量的持续提升。这种"内外协同、动态调整"的质量保障模式,即在内部建立全链条质量监控机制,在外部引入多元评价主体,形成"以评促建、以评促改"的良性循环,最终实现教育质量与产业需求的高度契合,为同类院校推进产教融合提供了重要参考。

第三节　产教融合示范专业建设启示

一、坚持需求导向,动态调整专业结构

(一)建立产业需求跟踪机制

青岛黄海学院船舶与海洋工程专业建立了"产业需求—人才培养"动态适配机制,通过定期企业调研、毕业生跟踪反馈、行业协会合作等方式,实现专业结构与产业升级的同频共振。产教融合专业建设指导委员会每学期召开企业调研会,2021—2024年累计走访中船集团、武船重工等50余家企业,形成《海洋装备产业人才需求分析报告》3份。建立毕业生数据库,跟踪就业率、就业质量等12项核心指标,发现85%的企业对智能制造技术人才需求年均增长25%,据此新增"智能船舶"微专业。船舶与海洋工程专业与山东省船舶工业行业协会共建人才需求预测模型,运用大数据分析产业发展趋势,提前两年预判海洋新能源技术岗位需求,及时增设相关课程模块。

(二)构建动态调整机制

船舶与海洋工程专业实施"两年一修订"的人才培养方案动态调整机制,2021—2024年新增智能船舶技术、水下机器人开发等12门课程,淘汰过时课程5门。开发《船舶智

能制造案例集》等活页式教材,每年更新企业技术标准20%以上。建立专业预警机制,通过就业率、招生规模等指标监测专业发展,2023年根据区域产业需求变化,将海洋智能装备方向招生比例提升至35%。这种动态调整使船舶与海洋工程专业始终保持与产业技术同步,2021—2024年毕业生就业专业对口率达73.21%,留青就业率52.54%,有效缓解区域人才短缺问题。

二、强化机制创新,构建长效合作模式

(一)完善校企合作制度

船舶与海洋工程专业建立校企合作负面清单制度,明确双方权责边界,2021—2024年签订校企合作协议22份,覆盖人才培养、技术研发等领域。创新"产业教授"评聘机制,聘请12名行业专家担任产业教授,承担25%以上专业课程教学,年均指导学生毕业设计15项。完善校企利益共享机制,制定《横向课题管理办法》,规定技术成果转化收益70%用于团队奖励,2021—2024年技术成果转化收益120万元,激发校企合作活力。

(二)创新合作模式

探索订单班、工学交替等培养模式,船舶与海洋工程专业与青岛龙嘉海事船舶设计有限公司共建"龙嘉班",定制化培养船舶设计人才。建立"项目驱动"合作机制,以企业项目带动人才培养。2021—2024年完成企业项目50余项,其中"蓝领匠成"项目获山东省"互联网+"大赛金奖。构建"跨学科交叉"合作平台,与人工智能学院共建"智能船舶"联合实验室,开发船舶智能导航系统,相关成果获国家实用新型专利3项。

三、注重平台建设,提升服务产业能力

(一)打造"政行企校"协同平台

船舶与海洋工程专业建立政府主导、行业指导、企业参与、高校主体的合作机制,与青岛市教育局共建"海洋装备产业学院",获专项经费支持500万元。共建产业技术创新联盟,联合武船重工、海尔集团等企业攻关"船舶钢制壁面永磁吸附式除锈机器人"等关键技术,相关成果获国家发明专利。搭建科技成果转化平台,2021—2024年实现技术成果转化4项,转化收益120万元,解决企业技术难题23项,创造经济效益1000余万元。

(二)加强实训基地建设

建设教学、科研、培训、生产、创新"五位一体"实训基地,引入企业先进设备,保持实训条件与产业同步,2023年新增智能焊接机器人等设备投入300万元。推行"实训+认证"模式,学生可考取船舶焊接检验员等职业资格,2021—2024年职业资格获证率100%,其中35%取得高级职业资格。

四、突出学生中心,完善质量保障体系

(一)构建"三全育人"体系

实施全员育人,建立"导师制",为每位学生配备校内导师和企业导师,2021—2024 年指导学生获国家级竞赛奖励 168 项。在全程育人方面,将产教融合贯穿人才培养全过程,从大一认知实习到大四企业顶岗实习,形成"学期小实践＋学年大实践"全周期培养。全方位育人整合校内外资源,与海军部队共建国防教育基地,开展"红色造船精神"教育,培养学生工匠精神。

(二)创新评价体系

建立"能力导向"评价标准,突出实践能力考核,实践教学学分占比达 32.5%。引入企业参与的第三方评价,与麦可思数据有限公司合作开展毕业生就业质量评估,2023 年评估显示毕业生就业竞争力指数达 89.2。实施"成长档案"制度,跟踪学生发展轨迹,2021—2024 年毕业生晋升周期较同类院校缩短 1～2 年,部分优秀毕业生 3 年即成长为技术骨干。

五、加强政策支持,优化产教融合生态

(一)完善政策保障

争取地方政府专项经费支持,设立产教融合基金,2021—2024 年获青岛市教育局专项拨款 1200 万元。落实国家税收优惠政策,合作企业享受研发费用加计扣除等政策,累计减免税额 200 万元。建立产教融合激励机制,对成效显著的单位给予表彰,2021—2024 年评选"产教融合先进个人"15 名,奖励校企合作项目 8 项。

(二)营造良好环境

加强舆论宣传,通过《中国教育报》等媒体宣传产教融合成果,相关报道达 12 次。建立校企合作信息平台,发布技术需求、人才招聘等信息,促成合作项目 23 项。

青岛黄海学院船舶与海洋工程专业构建"需求导向—机制创新—平台支撑—质量保障—政策优化"的产教融合生态体系。这种模式为同类院校提供了可复制的经验:在专业定位上精准对接区域产业集群,在机制创新上构建校企命运共同体,在培养模式上实施全周期工程教育,在质量保障上建立内外协同评价体系,在政策支持上营造良好发展环境。该校的建设实践表明,产教融合示范专业建设需要政府、行业、企业、高校协同发力,通过制度创新、资源整合、模式变革,最终实现教育链与产业链的深度耦合,为区域经济高质量发展提供强有力的人才支撑和技术保障。

第七章　智能制造现代产业学院

第一节　产业学院政策驱动与区域产业需求分析

智能制造作为国家战略的重要组成部分,是推动制造业转型升级、实现高质量发展的关键路径。近年来,国家深化政策布局,出台了一系列政策文件,逐步构建起覆盖顶层设计、产教融合、人才培养的全链条政策体系,为智能制造领域的技术创新与教育变革提供了系统性支撑。

一、国家战略引领下的智能制造教育政策体系建构

(一)《中国制造 2025》的战略定位与教育响应

2015 年国务院发布的《中国制造 2025》作为我国实施制造强国战略的首个纲领性文件,首次将智能制造确立为制造业转型升级的主攻方向。该文件通过"三步走"战略明确了智能制造发展的阶段目标:至 2025 年迈入制造强国行列,2035 年达到世界制造强国中等水平,到新中国成立 100 年时综合实力进入世界制造强国前列。在教育领域,文件特别强调"建立多层次人才培养体系",提出构建"政府引导、行业参与、院校主体"的协同育人机制,为智能制造领域产教融合的深化提供了战略指引。

在政策实施层面,教育部联合工信部启动"智能制造人才培养创新工程",在 27 所"双一流"高校设立智能制造工程专业,推动"新工科"建设。数据显示,2016—2020 年全国新增智能制造相关专业点达 412 个,形成覆盖本科、高职、中职的完整专业链。这种战略导向直接推动了青岛黄海学院等高校与企业共建产业学院,实现专业设置与区域产业链的精准对接,为高校与企业协同开展技术攻关与人才培养提供了明确指引。

(二)产教融合政策的制度化突破

2017 年颁布的国务院办公厅印发的《关于深化产教融合的若干意见》明确提出:"深化产教融合,促进教育链、人才链与产业链、创新链有机衔接,是当前推进人力资源供给侧结构性改革的迫切要求,对新形势下全面提高教育质量、扩大就业创业、推进经济转型升级、培育经济发展新动能具有重要意义。"产教融合已成为国家推动教育改革和进行人力资源开发的顶层制度安排中的重要内容,标志着产教融合从教育政策上升为国家制度

安排。该意见进一步细化"引企入教"改革路径,提出鼓励行业龙头企业与高校共建产业学院、实训基地等实体平台,并推动企业深度参与人才培养方案制订、课程开发与教材编写。该意见创新性地提出"三个对接"原则,即专业设置与产业需求对接、课程内容与职业标准对接、教学过程与生产过程对接,构建了"政府统筹、行业指导、校企双元"的政策框架。

在制度设计上,建立产教融合型企业认证制度,对通过认证的企业给予"金融＋财政＋土地＋信用"的组合激励,明确要求完善税收优惠、财政补贴等激励政策,为校企合作提供了制度保障。截至2022年,全国已认证企业达1453家,其中智能制造领域占比38%。在该政策在山东地区的落地实践中,青岛市政府对参与产业学院建设的企业给予教育费附加返还的政策优惠。

(三)现代产业学院建设的标准化推进

2020年,教育部、工业和信息化部印发的《现代产业学院建设指南(试行)》,标志着智能制造人才培养进入标准化建设阶段。文件聚焦区域产业发展急需领域,明确现代产业学院的建设目标与任务,提出"七个共同"原则(共同规划、共组师资、共建资源、共施教学、共评质量、共创成果、共担责任),其中"共组师资"与"共评质量"最具创新价值。前者要求企业技术专家参与教学时长不低于总课时的30%,后者建立包含企业满意度、毕业生适配度等12项指标的评估体系。

在实施成效方面,全国的首批50个国家级现代产业学院中,智能制造类占比达44%,平均校企合作开发课程达23门/校,推动高校与行业企业深度合作。该指南特别强调以智能制造、新一代信息技术等战略性新兴产业为重点,要求产业学院建立专业动态调整机制。以政策落地的"青岛模式"为例,西海岸新区政府建立"产业学院建设专项督导组",将企业参与度、技术转化率等指标纳入高校绩效考核体系,确保人才培养与产业技术迭代同步。

(四)政策协同与叠加效应分析

这三个文件形成了"战略规划—制度保障—实施标准"政策链条,构建了智能制造人才培养的完整生态系统。从政策工具视角分析,顶层政策体系呈现出"强制性工具递减、混合型工具递增"的演变特征:《中国制造2025》主要采用目标规划、机构调整等强制性工具;产教融合政策转向税收优惠、认证奖励等混合型工具;现代产业学院建设则更多运用标准制定、质量评估等激励性工具。

政策演进在青岛产生显著叠加效应,智能制造相关专业毕业生本地就业率从2015年的41%提升至2022年的78%,校企共建实验室年均技术转化项目达35项。政策协同下形成的"青岛西海岸产教融合示范区",成功探索出"产业链需求清单—教育供给清单—政策支持清单"三单对接机制,为全国产业学院建设提供了可复制的范式。

二、区域经济格局重构中的产教融合动力机制研究

(一)海洋经济战略下的地方产业布局演进

山东省作为国家海洋经济发展先行区,依托"蓝色硅谷"战略构建"一核两极三带"的海洋装备制造产业格局。青岛西海岸新区作为核心承载区,形成了以海洋工程装备、智能船舶制造、海洋资源开发装备为主导的产业集群,2022年海洋装备产业产值突破1800亿元,占全省总量的42%。

(二)产业集群升级对教育链的牵引效应分析

青岛智能制造产业呈现"双核驱动"特征:海尔工业互联网平台聚集上下游企业3200余家,形成智能家电产业生态圈;中车四方车辆有限公司牵引轨道交通装备产业链,带动配套企业127家。产业集群的技术迭代速度远超传统教育体系更新周期,产生显著的教育供给滞后效应。

随着智能制造技术的快速发展,企业对人才的需求从单一技能型向复合型、创新型转变。智能装备设计与制造领域需要具备机械工程、自动化控制、工业互联网等多学科知识的复合型人才;海洋工程领域则要求具备海洋装备设计、智能运维、数据分析等综合能力的人才。而传统高校教育偏重理论教学,对学生的实践能力培养不足,导致毕业生与企业需求存在脱节现象。以工业机器人应用领域为例,企业岗位能力要求已从单一操作技能转向"编程＋调试＋系统集成"的复合能力结构,而高校相关专业仍存在课程模块离散、实践环节薄弱等问题。

(三)教育供给侧结构性矛盾的多维透视

基于对青岛126家智能制造企业的深度调研,构建"教育链—产业链"适配度评估模型(表7-1)。数据显示,毕业生岗位胜任力缺口主要体现在三方面:智能装备跨学科整合能力不足、工业物联网系统运维经验缺乏、工程问题解决创新能力薄弱。传统教育模式在产教协同机制、实践平台建设、课程更新速度等方面存在系统性短板,导致人才培养规格与产业需求形成结构性错位。

表 7-1 青岛智能制造领域"教育链—产业链"适配度评估指标体系

维度	指标项	权重	适配度
专业设置	与重点产业匹配度	20%	78%
课程体系	行业标准融入度	25%	65%
实践能力	企业项目参与度	30%	53%
师资结构	"双师型"教师占比	15%	41%
质量评价	企业满意度指数	10%	68%

为破解人才供需结构性矛盾,青岛市政府明确提出"以产教融合推动教育链与产业链深度融合"的发展目标。通过校企合作、共建产业学院,将产业需求融入教育体系,成为区域经济高质量发展的必然选择。青岛西海岸新区在智能制造领域形成了"龙头企业引领、中小企业协同"的产业生态,为产教融合提供了丰富的实践场景。西海岸新区政府通过政策引导与资金支持,推动高校与企业共建实训基地、联合实验室等平台,形成了"政府搭台、校企唱戏"的协同发展模式。

第二节　产业学院协同治理体系建构探索

产业学院建设是国家产教融合政策的新导向,《国务院办公厅关于深化产教融合的若干意见》的出台为从根本上破解产教融合深层次问题指明了方向。在山东省建设海洋强省、青岛市实现"制造"向"智造"转型升级的大背景下,作为一所地方应用型本科高校,青岛黄海学院智能制造学院将自身融入国家战略层面和区域经济建设,主动对接青岛智能制造产业转型升级,推进产教融合、校企合作,开设机器人工程、船舶与海洋工程等专业,培养新时代社会发展所需的人才。

出于对应用型人才教育规律的把握,2019年青岛黄海学院智能制造学院组织专家反复论证,成立校级智能制造产业学院,把产业学院作为产教融合的主要抓手,作为创建"国家一流本科专业"的重要突破口。经过持续建设,该产业学院2021年获批山东省现代产业学院。青岛黄海学院智能制造产业学院通过构建"五位一体"协同机制、理事会领导下的协同管理模式、"共建、共管、共育、共享"协同运行模式(以下简称"四共"协同运行模式)以及多维系统化制度体系,形成了全方位、多层次、立体化的协同治理体系,有效促进了教育链、人才链与产业链、创新链的有机衔接。

一、多元主体协同治理的理论模型与实践路径

(一)协同治理理论框架的建构逻辑

协同治理理论框架的建构源于对传统校企合作模式局限性的突破。基于利益相关者理论和协同效应理论,青岛黄海学院提出"五维动态耦合"模型,将政府、行业、高校、企业和科研平台纳入统一治理系统。该框架强调制度性合约的纽带作用,通过政策流、资源流、信息流的交互循环,形成"需求识别—资源整合—价值创造"的闭环运行机制。政府作为战略规划者提供制度保障,高校承担教育供给侧改革责任,企业发挥市场资源配置功能,科研平台驱动技术创新,行业协会则构建生态链接桥梁。五方主体遵循"要素互补、责任共担、利益共享"原则,实现教育链与产业链的深度融合。

(二)政府主导下的政策工具组合创新

政府作为协同机制的主导者,通过政策引导与资源整合,为产业学院建设提供了坚

实保障。青岛市通过制度性、财政性、服务性政策工具的系统集成，构建起全国领先的产教融合政策体系。一是出台专项政策，设立产教融合专项资金，支持实训基地、实验室等基础设施建设。二是搭建合作平台，组织校企对接会、行业论坛等活动，促进高校与企业的深度合作。三是提供制度保障，明确提高企业教育支出税前扣除比例，并建立产教融合型企业认证制度，对通过认证的企业给予用地指标倾斜、人才公寓配建等政策包支持，激发企业参与积极性。政府的政策支持与资源协调，为产业学院的建设与发展营造了良好的外部环境。

（三）高校主责的教育供给侧改革实践

高校作为协同机制的核心主体，负责人才培养方案设计、课程体系开发与科研创新。青岛黄海学院智能制造产业学院在教育供给侧改革中实施"四维穿透"战略，重构人才培养体系。一是学科穿透层，构建跨学科专业群，打破机械工程、自动化、信息工程等学科壁垒，组建智能装备设计与制造交叉学科群，开发"机械设计＋工业互联网""船舶工程＋数字孪生"等复合型课程模块，培养符合产业需求的复合型人才。二是课程穿透层，构建"理论—虚拟—实体"三阶递进体系，校企合作开发课程，将企业真实项目转化为教学案例，确保教学内容与行业需求紧密对接。三是评价穿透层，引入工程教育认证标准和国际认证标准，建立企业深度参与的"三维评价模型"，将岗位胜任力、技术创新力、职业发展力纳入考核体系。

（四）企业主体的深度参与机制设计

企业通过深度参与机制实现教育资源与产业资源的双向赋能。企业作为协同机制的重要参与者，深度融入人才培养全过程。一是提供实践资源，共建实训基地、实验室等平台，为学生提供真实的生产场景与技术资源。二是参与课程开发，企业工程师与高校教师联合设计课程内容，确保教学内容紧贴行业前沿。三是拓展就业渠道，通过校企合作，为学生提供实习与就业机会，实现人才培养与就业需求的无缝对接，形成教育价值与商业价值的共生生态。

（五）科研协同创新平台的技术转化机制

科研协同创新平台在产教融合中扮演技术转化引擎的角色，作为协同机制的技术支撑，通过技术研发与成果转化，推动产学研深度融合。一是搭建技术研发平台，联合企业共建工程技术研究中心，聚焦智能制造领域的技术痛点开展攻关。二是推动成果转化，将科研成果应用于企业生产线，解决实际生产问题，同时将技术案例转化为教学资源，形成"科研反哺教学"的良性循环。三是促进资源共享，通过开放实验室、技术培训等方式，为企业提供技术支持，形成"技术共享、互利共赢"的合作模式。

（六）行业协会的生态链接功能实现

行业协会作为产教融合的生态链接者，通过标准制定、资源整合与数据赋能推动协同治理。一是制定行业标准,联合高校与企业制定智能制造领域的人才培养标准与职业资格认证体系。例如,青岛市机器人协会主导构建工业机器人领域"标准链—人才链—数据链"三链协同体系,制定《工业机器人操作与维护》"1+X"证书标准,覆盖从初级调试到系统集成能力等级。通过建立岗位能力矩阵与课程模块的映射关系,实现智能制造岗位的"课证融通"。二是对接产业需求,例如,该协会搭建的产业人才数据库实时追踪岗位需求变化并进行动态分析,为高校课程设置与人才培养提供指导。三是促进资源共享,组织行业论坛、技术交流会等活动,推动高校与企业之间的技术交流与合作。

二、基于核心枢纽与多维支撑的组织架构模式

(一)组织架构的理论模型建构

青岛黄海学院智能制造现代产业学院的管理模式采用理事会领导下的协同治理机制,构建"一体三翼"的组织架构(图7-1)。该架构以产业学院理事会为核心治理枢纽("一体"),通过教学工作委员会、专业建设委员会、发展咨询委员会三大职能分支("三翼")形成立体化治理组织架构。

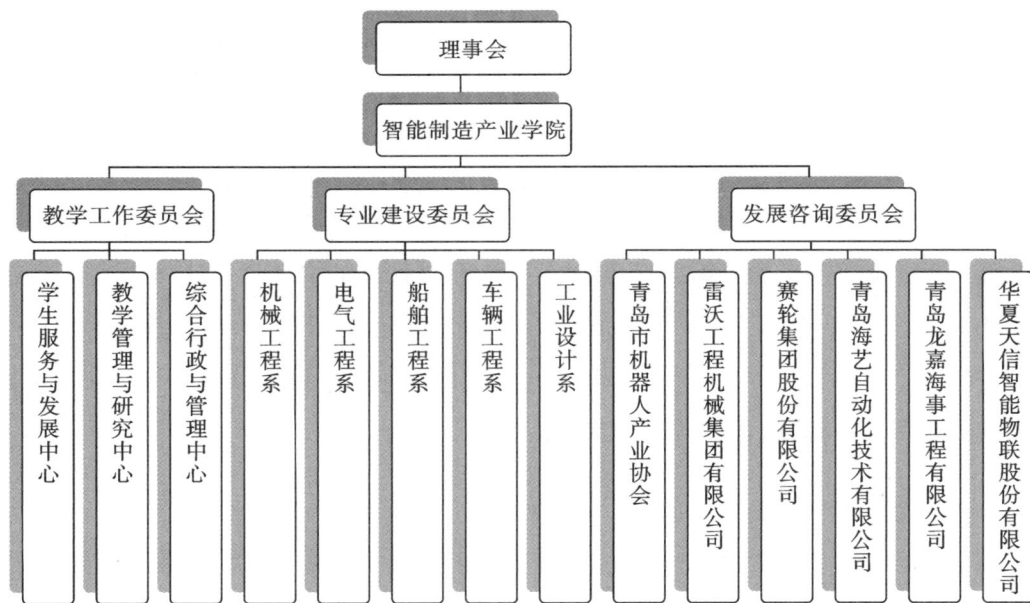

图7-1　"一体三翼"组织架构

(二)核心枢纽的决策统筹职能设计

产业学院实行理事会领导下的院长负责制,作为核心中枢,采用"双轨并行"决策机制。理事会作为最高决策机构。在制度决策层面,组建由政府主管部门、行业协会、高校和龙头企业四方代表组成的产业学院理事会,形成政、行、校、企四方共治格局,每季度召开联席会议审定重大事项,负责制定学院发展战略、审议重大事项、监督运行绩效,并协

调各方资源,实行协同管理模式。在业务决策层面,建立"提案—论证—票决"三级流程,引入区块链技术实现决策过程可追溯,处理产教融合提案等。理事会下设综合行政与管理中心,实施需求清单、资源清单、项目清单"三单管理",动态匹配企业技术攻关需求与高校智力资源,推动校企联合研发项目的促成。

(三)多维支撑体系的职能分化机制

产业学院下设教学工作委员会、专业建设委员会和发展咨询委员会三个委员会,形成"决策—执行—监督"的闭环管理体系。教学工作委员会实行"双导师制",由高校教师与企业工程师共同组成,主要负责课程体系设计、教学模式创新、教学质量监控以及实践教学基地建设等工作;专业建设委员会采用"专家引领制",由行业专家与高校学科带头人组成,重点负责专业设置论证、课程开发评审、教学标准制定以及人才培养方案优化等核心工作;发展咨询委员会推行"政企协同制",由政府相关部门代表与龙头企业高管共同参与,着重开展产业需求调研、发展战略规划、资源整合配置以及政策支持协调等工作。

(四)组织架构的实践效能

"一体三翼"协同管理模式具有三个显著特征:一是建立了多元主体协同治理机制,实现了政、行、校、企四方利益的有机统一;二是设置专门委员会,形成了分工明确、相互支撑的治理结构,确保了决策的科学性和执行的有效性;三是强化产教融合的深度和广度,为人才培养质量的提升和产业需求的精准对接提供制度保障。实践表明,这种管理模式不仅有效促进了教育链、人才链与产业链、创新链的有机衔接,还为青岛黄海学院智能制造现代产业学院的可持续发展提供了可复制、可推广的治理范式,确保了该现代产业学院在人才培养、专业建设与资源整合方面的科学性与高效性,为产教融合的可持续发展提供保障。

三、协同运行的机制创新与实践

(一)共建共享实践教学体系

在校企合作过程中,产业学院积极构建资源互补、优势共享的建设模式,共同投资建设现代化实训基地、专业实验室和产学研协同创新平台。例如,青岛黄海学院智能制造现代产业学院与海尔集团、中车集团等龙头企业合作,共建了智能制造实训中心、工业互联网实验室、技术创新研发中心等实体平台,并配套建设虚拟仿真教学系统,形成"虚实结合、软硬配套"的实践教学体系。平台不仅为学生提供了真实的生产场景与技术资源,还为企业的新技术、新工艺研发提供了支持,实现了校企资源的优化配置和高效利用。

(二)双主体协同管理模式

青岛黄海学院智能制造现代产业学院建立了"双主体"管理机制,校企双方共同组建专业建设指导委员会,联合制定人才培养方案、开发课程体系、设计教学标准,并引入行业技术标准和岗位能力要求,确保人才培养规格与产业需求精准对接。例如,在青岛黄海学院智能制造现代产业学院机械工程专业的课程开发中,企业工程师与高校教师共同参与课程设计,将企业的实际项目和生产流程转化为教学内容,使学生所学知识与企业需求无缝对接。双主体管理模式充分发挥了校企双方的优势,实现了决策的科学性和执行的有效性。

(三)双元育人培养模式

在人才培养过程中,产业学院实施"双元育人"模式,推行"双导师制"和"项目制"教学。企业选派具有丰富实践经验的技术骨干担任产业导师,与高校学术导师共同指导学生,开展案例教学、项目教学和现场教学。同时,定期邀请企业专家开展专题讲座,将最新行业动态和技术前沿融入教学过程。例如,在智能制造装备设计课程中,企业导师带领学生参与实际的装备设计项目,让学生在实践中掌握专业知识和技能。双元育人模式,不仅提高了学生的实践能力,还培养了学生的创新思维和解决实际问题的能力。

(四)校企资源共享机制

产业学院构建了"资源池"共享机制,使校企双方共享教学设备、技术专利、科研成果和人力资源,联合开展技术攻关和成果转化。通过建立就业信息共享平台,实现人才培养与就业需求的无缝对接。青岛黄海学院智能制造现代产业学院与企业共同建立技术研发中心,企业为学院提供科研课题和研究经费,学院为企业提供技术支持和人才服务。资源共享机制不仅促进了校企双方的共同发展,还为区域产业升级提供了有力的技术支持和人才保障。

"四共"协同运行模式突破了传统校企合作的表层化局限,实现了深度融合。青岛黄海学院智能制造现代产业学院通过资源整合和利益共享,形成了可持续发展的动力机制,为区域产业转型升级提供了高质量的人才支撑和技术支持,有效促进了教育供给侧与产业需求侧的精准对接,为现代产业学院的建设提供了可操作的实践路径。

四、多维系统化制度体系

(一)明确发展方向与目标

为确保产教融合的规范性与可持续性,产业学院构建了多维度系统化的制度体系。涵盖顶层设计、运行管理、人才培养、资源配置等多个维度,为产业学院的高质量发展提供了坚实的制度保障。在顶层设计方面,青岛黄海学院智能制造现代产业学院明确方向与目标,制定了《青岛黄海学院关于深化产教融合的实施意见》,明确了产业学院的建设目标、任务与实施路径。同时,出台了《青岛黄海学院"产业学院"建设与管理办法》,细化了建设标准与评估指标,确保产业学院建设有章可循、有据可依,为产业学院的发展提供了明确的方向和目标,保障了产教融合工作的顺利开展。

（二）规范运行管理流程

在运行管理方面,产业学院规范流程与职责,保障产业学院的高效运行。青岛黄海学院智能制造现代产业学院出台了《青岛黄海学院产业学院绩效考核办法(试行)》与《智能制造产业学院教学督导工作实施办法(试行)》,建立了科学的考核与监督机制。绩效考核办法从人才培养质量、科研成果转化、社会服务能力等维度设置量化指标,定期评估产业学院运行成效;教学督导工作实施办法则通过定期检查与反馈,确保教学质量与行业需求紧密对接,有效提升了校企合作的效率与质量,推动了产业学院的持续发展。

（三）创新人才培养机制

在人才培养方面,产业学院创新模式与机制,制定了《青岛黄海学院产业学院学生培养与管理办法(试行)》与《青岛黄海学院产业学院导师制实施办法(试行)》,构建了"双导师制"与"项目驱动"相结合的育人模式。学生培养管理办法明确了实践教学、顶岗实习、毕业设计等环节的具体要求,确保人才培养目标与产业需求高度契合;导师制实施办法则规范了企业导师与高校导师的职责分工,推动校企协同育人落地实施。制度的建立,为产业学院的人才培养工作提供了有力保障,提高了学生的综合素质和就业竞争力。

（四）优化资源配置与激励

在资源配置方面,青岛黄海学院智能制造现代产业学院优化激励与保障,出台了《青岛黄海学院产业学院奖学金管理办法》与《青岛黄海学院产业学院经费管理办法(试行)》。奖学金管理办法设立了专项奖励,表彰在学科竞赛、技术创新等方面表现突出的学生;经费管理办法明确了专项资金的使用范围与审批流程,确保资源高效配置。此外,青岛黄海学院智能制造现代产业学院还出台了《青岛黄海学院产业教授选聘与管理办法(试行)》与《智能制造产业学院"企业导师"聘任与管理暂行办法》,规范了企业导师的选聘标准与职责要求,为师资队伍建设提供了制度保障。通过系统化的制度设计和实施,优化了产业学院的资源配置,激发了师生的积极性和创造性。青岛黄海学院智能制造现代产业学院实现了从顶层设计到具体实施的全链条规范管理。多项管理办法的实施显著提升了校企合作的效率与质量,学生培养与管理办法的落地确保了人才培养目标与产业需求的高度契合。这些制度不仅为产业学院的建设与发展提供了有力支撑,也为其他高校的产教融合实践提供了可复制的经验。

第三节　产业学院人才培养体系重构

青岛黄海学院智能制造产业学院以服务区域经济发展和产业转型升级为导向,通过深化产教融合、校企协同育人机制,重构"需求导向、标准引领、实践赋能、多元评价"的人才培养体系。该产业学院依托校企共建的 6 个产学研平台、50 余家合作企业资源,形成

"专业链—产业链—创新链"三链融合的人才培养模式,实现人才培养供给侧与产业需求侧的全要素对接。

一、基于产业需求的人才培养定位

(一)区域产业背景与人才能力新要求

青岛作为国家海洋经济发展示范区与全球领先的智能家电产业集群承载地,其制造业转型升级对人才能力结构提出了全新要求。在这样的区域产业背景下,青岛黄海学院智能制造产业学院积极构建"需求牵引—动态反馈—精准适配"的产教协同育人机制,建立起与区域产业发展同频共振的人才培养体系。该产业学院深入分析区域产业发展趋势,明确智能制造产业对人才的迫切需求,特别是对既掌握机械设计又具备数据建模能力的复合型技术技能人才的需求日益增长。通过对青岛西海岸新区 126 家智能制造企业的周期性调研,该产业学院精准把握人才市场动态,为专业设置和课程开发提供坚实依据。

(二)数据驱动的专业群架构精准调整与校企联合调研

以青岛西海岸新区智能制造企业的调研数据为基准,2021—2024 年连续每年发布《智能制造领域人才供需动态监测报告》。数据显示智能制造领域新兴岗位人才缺口年均增长显著,复合型技术技能人才需求占比过半。青岛黄海学院智能制造产业学院通过数据直接驱动专业群形成"双核驱动"架构:一方面聚焦"智能装备设计与制造",对接工业母机与机器人产业链需求;另一方面强化"海洋工程数字化运维",服务船舶与海工装备产业集群发展,精准锚定人才培养的战略方向。青岛黄海学院智能制造现代产业学院联合雷沃工程机械集团有限公司(以下简称雷沃工程机械)、赛轮集团股份有限公司(以下简称赛轮集团)等龙头企业开展产业人才需求调研,深度解构岗位能力需求,明确机械设计制造及其自动化、船舶与海洋工程、机器人工程等专业在智能装备设计、工业物联网运维、高端装备制造等领域的岗位能力矩阵,动态调整培养方案。

(三)"四环联动"模型的动态调整机制与人才培养方案的明确

动态调整机制的实施体现为"四环联动"模型运作。需求采集环:通过青岛市工业互联网人才大数据平台实时抓取企业招聘信息中的技能关键词;分析转化环:通过每季度召开校企联席会议将企业技术转化为课程模块;实施反馈环:依托教学数据平台监控学生能力达成度;迭代优化环:根据毕业生三年职业发展追踪数据逆向调整课程体系。青岛黄海学院智能制造产业学院结合区域产业发展规划,明确人才培养的服务面向和特色定位,制订差异化的人才培养方案,基于岗位能力分析,确定人才培养的知识、能力和素质目标,形成"基础能力+核心能力+发展能力"的三层次能力体系。将企业认证标准纳入人才培养目标,确保人才培养与产业需求的精准对接,毕业生能力与企业岗位需求精准匹配。

二、课程体系重构与行业标准对接

(一)以区域产业需求为导向的课程体系设计与校企合作开发课程

以区域产业需求为导向的课程体系设计以青岛智能制造产业链需求为导向,紧密结合区域产业发展趋势,以核心职业与技术能力培养为主线,构建了"基础通用、模块组合、交叉融合、强化实践"的课程新体系。基础理论模块包括机器人技术基础、智能制造导论等课程,可为学生奠定扎实的理论基础;行业应用模块包括工业机器人编程与操作、智能制造系统设计等课程,帮助学生掌握行业前沿技术;实践创新模块则通过企业真实项目实训与学科竞赛项目孵化,提升学生的实践能力与创新能力。与合作企业开发课程,将企业真实项目转化为教学案例,实现了教学内容与产业需求的紧密对接。以区域产业需求为导向的课程体系设计,确保了人才培养目标与区域产业需求的高度契合。

(二)行业标准融入课程体系与校企合作开发教材

行业标准的融入是课程体系重构的核心环节。将行业标准融入教学内容,并依托校企合作推动课程实施,有效解决了传统教育模式与产业需求脱节的问题,通过建设不仅提升了学生的实践能力与就业竞争力,也为区域产业升级提供了有力的人才支撑。以核心职业与技术能力培养为主线,积极融入企业标准,如将工业机器人软件与编程、FANUC工业机器人程序员A级证书等职业资格认证标准融入课程内容,确保学生所学技能与行业需求无缝对接。将工业机器人操作与编程、机器人技术基础等课程内容与职业资格认证标准衔接,学生在完成课程学习后可直接参加认证考试。青岛黄海学院智能制造现代产业学院还通过校企合作开发教材,将企业真实项目与行业案例融入教学内容。与青岛海艺自动化技术有限公司合作编写的《工业机器人编程与操作》教材以及共建的玩转工业机器人课程,成为行业标准融入课程内容的典范。行业标准与课程内容的深度融合,有效提升了学生的职业竞争力与岗位适配度。

三、实践教学体系创新与校企合作共建

(一)"双导师制"教学模式下的校企合作与产学研项目驱动课程实施

校企合作是课程实施的重要保障。产业学院通过"双导师制"教学模式,邀请企业工程师与高校教师联合授课,确保课程内容的理论性与实践性相结合。定期参与课程的实践教学,为学生提供真实的生产场景与技术指导。通过产学研项目驱动课程实施,将企业技术需求转化为教学案例;通过校企合作推动课程实施,实现了教学内容与产业需求的无缝对接,为区域产业升级提供了有力的人才支撑。

(二)依托省级实践平台构建实践能力培养机制与"工作室"模式下的创新创业能力培养

依托山东省特色实验室、山东省工业机器人工程技术研发中心等省市级实践平台,

校企联动建立"学期小实践,学年大实践"的实践能力培养机制,构建并实施了"基础型＋技能型＋综合型＋工程型"四阶层级递进实践教学体系,提升了学生工程实践应用能力和解决复杂工程问题的能力。青岛黄海学院智能制造现代产业学院实施"工作室"模式,强化创新创业能力培养。青岛黄海学院与合作企业共建8个创新工作室,组建"专业教师＋创新创业导师＋企业导师"指导队伍体系,实现跨校企、跨学科、跨专业协同育人,依托"双创课程—科学探究—创新人才"三计划培养体系,对学生进行"意识—能力—实践—成果"进阶式创新培养。

(三)"多元化、矩阵式"校企合作育人模式

青岛黄海学院智能制造现代产业学院紧密联系企业,开展全方位深层次合作,构建"多元化、矩阵式"校企合作育人模式。成立校企合作联盟,将产业需求融入教育体系,将人才培养标准和企业生产标准、岗位群标准全面对接,实施"知识传授＋能力培养＋价值塑造"全方位协同育人;实施校企"平台共建、课程共创、师资共培、资源共用、过程共管、成果共享、责任共担、人才共育"全过程协同育人;实施"课程＋项目、课堂＋车间、实训＋生产、教师＋专家、专业文化＋企业文化、应用研究＋技术创新"全要素协同育人,形成矩阵式校企育人模式(图7-2)。

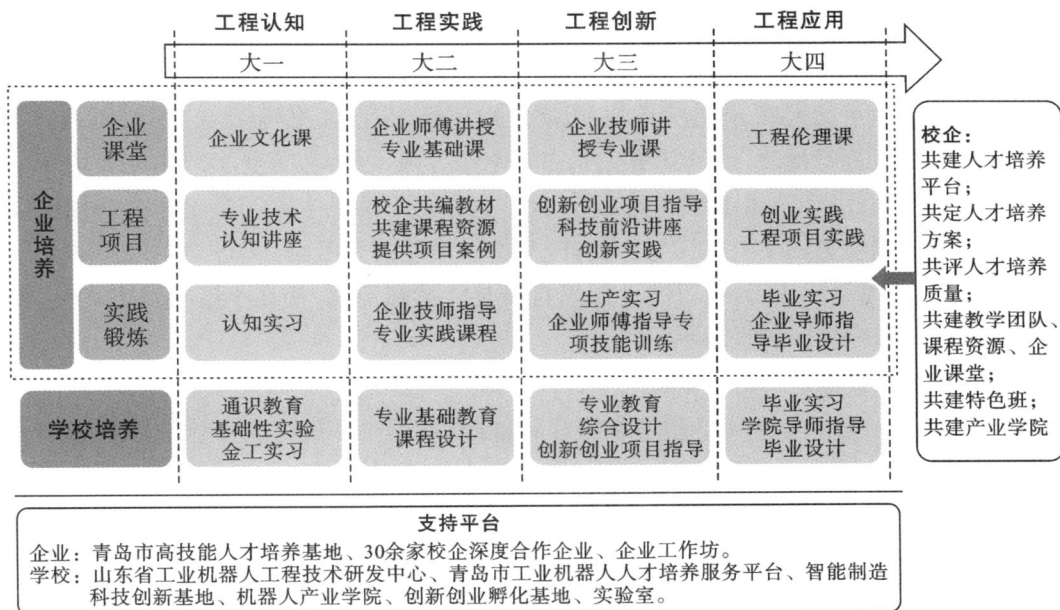

		工程认知	工程实践	工程创新	工程应用	
		大一	大二	大三	大四	
企业培养	企业课堂	企业文化课	企业师傅讲授专业基础课	企业技师讲授专业课	工程伦理课	校企:共建人才培养平台;共定人才培养方案;共评人才培养质量;共建教学团队、课程资源、企业课堂;共建特色班;共建产业学院
	工程项目	专业技术认知讲座	校企共编教材共建课程资源提供项目案例	创新创业项目指导科技前沿讲座创新实践	创业实践工程项目实践	
	实践锻炼	认知实习	企业技师指导专业实践课程	生产实习企业师傅指导专项技能训练	毕业实习企业导师指导毕业设计	
学校培养		通识教育基础性实验金工实习	专业基础教育课程设计	专业教育综合设计创新创业项目指导	毕业实习学院导师指导毕业设计	

支持平台
企业:青岛市高技能人才培养基地、30余家校企深度合作企业、企业工作坊。
学校:山东省工业机器人工程技术研发中心、青岛市工业机器人人才培养服务平台、智能制造科技创新基地、机器人产业学院、创新创业孵化基地、实验室。

图7-2　多元化、矩阵式校企合作模式

智能制造现代产业学院与青岛市多家公司共建产业园,将订单引入学校、产品引入实训、技师引入课堂,让教师进入车间、学生进入工段,培养学生的实践应用能力。构建校企师资"互聘互兼互派"机制,完善"人才共育、过程共管、成果共享、责任共担"的校企合作长效机制,形成校企合作良性循环。该产业学院先后与青岛市机器人协会、50余家

企业紧密合作,校企合作本科专业 100% 全覆盖。2023—2024 年,与行业企业共建"工业机器人"等实验教学中心 2 个,共建机器人技术基础、船舶结构力学等课程 16 门,合作开发教材 12 部,开展企业课堂 32 节,开发教学案例 80 个,充实教学资源,丰富教学内涵,提升学生的工程实践能力。

四、质量评价体系构建与实施

(一)动态双效评估体系的构建与评价方法的多元化

充分利用信息技术,构建动态双效评估体系,强化过程评价,探索增值评价,健全综合评价,形成多元主体参与、多方评价策略、多维评价需求的全过程课程评价体系。评价方法多元化:采用过程性评价与终结性评价相结合,除了传统的期末考试等终结性评价之外,增加课堂表现、实践操作、项目进展等过程性评价环节,全面反映学生在学习过程中的技能掌握情况,如在智能制造课程中,通过观察学生在自动化生产线实训中的操作熟练度、问题解决能力等进行过程性评价。定性与定量评价相结合:既采用考试分数、技能测试成绩等定量指标,又结合教师评价、学生互评等定性评价,如在评价学生团队合作完成的智能制造项目时,综合考量项目成果的量化指标和团队成员协作、沟通等定性表现。

(二)评价主体的多元化与评价内容的全面性

评价主体多元化。采用教师评价、企业导师评价、学生互评与自我评价。教师评价:根据学生在课堂上的表现、作业完成情况、实践操作等方面进行专业评价,如教师对学生的数控编程作业进行批改,评价其编程能力。企业导师评价:从行业实践角度评估学生的技能水平和职业素养,如在学生实习期间,企业导师评价学生在实际工作中的操作技能和问题解决的能力。学生互评与自我评价:组织学生进行互评,促进学生之间的交流与学习,同时鼓励学生进行自我评价,反思自身技能掌握情况,如在小组项目中,学生互相评价团队成员的技能贡献和协作能力。

评价内容与技能培养目标紧密结合,对接行业标准。将行业标准和企业实际需求融入评价内容,如在评价学生工业机器人操作技能时,依据工业机器人操作的职业标准进行考核,关注核心技能与综合能力,不仅评价学生对专业知识的掌握,还注重评价其实践动手能力、创新思维、团队协作等综合能力,如在智能制造课程设计项目中,评价学生的系统设计、调试优化以及团队合作能力。

(三)评价结果的反馈与应用

强化评价结果的反馈与应用,及时反馈与指导。将评价结果及时反馈给学生,帮助其了解自身技能优势与不足,并提供针对性指导,如教师在学生完成实践操作后,立即指出操作中的问题并给予改进建议。持续改进教学,教师根据评价结果,调整教学方法和内容,优化课程设计,以更好地满足学生技能培养需求,如若发现学生对某一技能掌握较弱,教师可增加相关教学案例和实践环节。

第四节　产业学院校企协同育人模式创新

校企双主体育人模式是青岛黄海学院智能制造产业学院实现产教深度融合的核心机制。通过双导师制实施、产学研项目驱动以及四进制产教融合机制，打破了传统教育模式的局限，构建了校企协同育人的创新体系，实现了教育与产业的双赢。

一、双导师制与教师企业工作站常态化运行机制

（一）双导师制的实施框架与运行

双导师制作为校企协同育人的核心机制，为每位学生配备了校内学术导师与企业实践导师，旨在构建"理论—实践—创新"三元联动的培养闭环。学术导师须具备副教授以上职称及产业项目经验，企业导师须具有高级工程师职称或 5 年以上技术管理经验。青岛黄海学院智能制造现代产业学院建立了校内双导师资质认证库，并实施动态考核与星级评价，以确保导师团队的质量和专业性。

在职责分工方面，学术导师主要负责培养方案的主导制订、实践课程的协作开发以及创新项目的技术理论支持和职业发展规划的学术路径设计；企业导师则在实践课程开发中占据主导地位，负责市场需求对接、创新项目的指导以及行业资源的引入。这种分工明确了双方在学生培养过程中的角色和任务，充分发挥了校企双方的优势。学术导师与企业导师职责分工矩阵见表 7-2。

表 7-2　学术导师与企业导师职责分工矩阵

职责维度	学术导师	企业导师
培养方案制订	主导	参与
实践课程开发	协作	主导
创新项目指导	技术理论支持	市场需求对接
职业发展规划	学术路径设计	行业资源导入

为促进校企双方的有效协作，青岛黄海学院智能制造现代产业学院实行了"月度联席会＋季度成果展"的制度，校企导师共同建立学生成长档案，并开发"双导师工作云平台"，实现项目进度、学生表现、企业需求的实时数据共享。此外，还建立导师交叉评价体系，企业导师对学术导师的产业敏感度打分，学术导师对企业导师的教学能力评分，以此推动双方不断提升自身的专业水平和指导能力。

（二）教师企业工作站的实体化与标准化运行

教师企业工作站作为产教融合的实体化载体，其常态化运行遵循一系列原则和标

准。在组织上,工作站具备独立法人资质,由校企联合成立管理委员会,设置技术研发部(企业主导)、教学转化部(学校主导)、项目管理部(双负责人制),并明确各部门的职责和管理流程。在运行流程方面,按照"企业需求发布—校方科研团队揭榜—联合组建项目组(教师+工程师+学生)—研发周期分段考核(节点:需求确认/原型测试/量产转化)—成果双向转化(专利共享、教材开发、实训设备迭代)"的过程,该过程被标准化为多个阶段,包括校方科研团队揭榜、联合组建项目组、研发周期分段考核以及成果的专利共享、教材开发、实训设备迭代等,确保了项目的高效推进和成果的有效转化。

资源保障体系化是工作站稳定运行的关键。企业每年按营业收入的一定比例设立专项基金,学校将工作站成果纳入教师职称评审指标(工作站研发成果等同于省级科研项目),政府则配套"免税+补贴"政策,共同为工作站的运行提供坚实的资源支持。通过这些措施,教师企业工作站不仅成为校企合作的桥梁,更是推动产学研深度融合的重要平台,为学生提供了丰富的实践机会和优质的教育资源。

(三)双导师制实施的精细化路径

双导师制的实施遵循五步法:第一步,需求精准对接;第二步,导师动态匹配;第三步,培养方案定制;第四步,过程量化管理;第五步,成效反馈迭代。从需求精准对接到成效反馈迭代,每个步骤都经过精心设计和执行。需求精准对接通过产业人才大数据平台分析区域紧缺岗位能力图谱,明确人才培养的方向和重点;导师动态匹配采用"双向盲选+智能推荐"算法,确保导师与学生的专业需求和技术背景高度契合;培养方案定制则根据学生的专业方向和职业规划,由企业导师设计部分实践模块,使理论与实践紧密结合;过程量化管理通过开发双导师工作量核算系统,将企业导师指导学生的工作量纳入企业关键绩效指标(KPI)考核,保障了导师的工作积极性和指导质量;成效反馈迭代则建立毕业生3年职业发展追踪机制,根据反馈数据优化导师配比,不断提升育人效果。

产业学院通过聘请企业工程师与校内教师共同担任学生导师,实现了理论教学与实践指导的有机结合。企业导师主要负责实践环节的教学与指导,帮助学生掌握实际生产技能。校内导师负责理论教学与科研指导,奠定学生的理论基础。企业导师与校内教师共同指导学生完成毕业设计,确保课题内容与产业需求紧密对接,还为学生提供了高质量的实践机会。

二、企业生产场景教学化改造标准与实施路径

(一)"四真四转化"原则体系下的场景改造

企业生产场景教学化改造严格遵循"四真四转化"原则体系,旨在为学生创造真实且具有教学价值的学习环境。在物理空间层面,改造后的教学场景保留80%以上的原厂生产线设备,仅嵌入不超过20%的教学辅助设备,确保学生能够接触并熟悉真实的工业环境。以汽车制造为例,截取焊装、涂装、总装等典型生产全流程,将其转化为可重复训练

的教学切片,使学生能够在模拟生产线上进行反复练习,掌握实际操作技能。

数据资源方面,采用经脱敏处理的真实生产数据包,如良品率曲线、设备故障代码库等核心参数,通过加密传输至教学系统后,作为案例分析的核心素材。这不仅让学生接触到真实的生产数据,还培养了他们对数据的分析和处理能力。管理标准移植则完整引入企业"6S"现场管理规范和岗位 KPI 考核体系,最终实现生产岗位向教学工位、技术标准向实训模块、工艺文件向活页教材、工程师向实践导师的四重转化,形成完整的产教价值链条,使学生在学习阶段即养成标准化作业习惯,为今后的职业生涯打下坚实基础。

（二）分级标准体系与场景改造实施路径

生产场景教学化改造标准被划分为基础级、示范级、引领级三个梯度,每个梯度都有明确的配置要求和课程对接目标。基础级改造满足独立教学区的基本配置,重点对接 3门专业核心课程,并建立双通道隔离防护系统;示范级改造强调产线嵌入式工位设置,配备智能生产线并开发 5 门模块化课程,智能预警系统覆盖大部分风险点位;引领级改造则代表行业最高水平,实现全场景数字孪生系统部署,通过工业互联网平台实时回传绝大多数设备数据,教学工位设备利用率不低于 75%。

场景改造实施经历系统化五步路径,从需求诊断到常态化运行,每个阶段都有明确的任务和要求。需求诊断阶段组建校企联合诊断组,运用多维度评估模型分析设备先进性、教学节点可拆解性及改造成本效益比;物理空间改造采用"三区两通道"设计,确保教学与实践的有机结合;课程开发强调双主体参与,工程师主导编制课程标准操作视频,并嵌入 AR 辅助教学模块;常态化运行阶段则建立校企联合管委会,实行设备维护费用分担机制,并通过教学数据驾驶舱实时监控设备状态,保障教学活动的顺利进行。

三、产学研项目驱动机制的深度构建

（一）需求识别到成果反哺的闭环系统构建

产业学院以区域产业升级需求为导向,联合企业开展技术攻关与成果转化,构建了"需求识别—资源转化—教学实施—成果反哺"的闭环系统。通过建立校企联合技术需求库,系统梳理合作企业在智能制造领域的技术痛点,将产学研项目深度融入课程设计与教学实践,形成"理论—实践—创新"递进式培养路径。以雷沃工程机械的"液压系统智能诊断"需求为例,校企联合团队将其拆解为数据采集、算法建模、系统集成三大模块。这三大模块对应转化为智能传感技术、机器学习基础、工业物联网应用三门课程的实践项目,使学生在学习过程中能够接触到真实的项目任务,培养解决实际问题的能力。

教学实施过程中实行双导师制,企业工程师负责设备操作规范教学,学校教师侧重理论推导,学生在完成实验时,需同步输出满足企业要求的故障诊断模型优化方案。这种模式不仅让学生将所学知识应用于实际,还直接为企业的技术改进提供了支持。青岛黄海学院智能制造现代产业学院与赛轮集团、华夏天信智能物联股份有限公司(以下简

称华夏天信)等合作企业共同开发的产学研项目,覆盖了智能装备设计、工业机器人应用、数字化车间管理等多个方向,实现了教学价值与产业价值的双重提升。通过构建技术需求与教学资源的双向转化机制,将企业技术需求转化为教学资源,实现人才培养与技术创新的双向赋能。

(二)项目分级管理与教学融入标准

建立"基础型—综合型—攻关型"三级项目管理体系,针对不同类型的项目制定相应的管理标准和教学融入要求。基础型项目聚焦单一技术点,如华夏天信的"电机能耗监测"项目,要求学生完成传感器选型与数据可视化;综合型项目则需跨多门课程,如赛轮集团的"轮胎成型工艺优化"项目,需跨机械设计、自动控制、生产管理三门课程,组建由5~7人组成的跨专业团队,完成全流程方案设计;攻关型项目由校企联合专家组指导,如将青岛港的"自动化码头调度算法"项目纳入毕业设计环节,要求学生具备较高的综合能力和创新思维。项目管理平台实时监控项目进度,设置关键节点评审机制,企业专家对方案可行性、成本控制等进行量化评分,确保项目的质量和效益。

(三)学科竞赛与课程改革的耦合机制

构建"竞赛命题—课程重构—能力认证"的递进式培养链。将中国机器人大赛、全国大学生机械创新设计大赛等赛事题目深度融入课程。以2023年"智能仓储机器人"赛题为例,对应开发包含路径规划、多机协同、能耗优化等6个教学单元的模块化课程包,学生需在8周内完成从方案设计到实物制作的全过程。建立竞赛成果与学分认定转换规则,获得省级以上奖项可置换2~4个创新实践学分。配套开发"竞赛能力雷达图"评价系统,从机械设计、控制编程、文档撰写等8个维度进行能力画像,为个性化培养提供数据支撑。通过学科竞赛驱动课程改革,将竞赛项目融入教学内容,学生在学习过程中不仅掌握了理论知识,还提升了创新能力,有效提升了综合素质与就业竞争力。

四、"四进制"产教融合机制的精细化实施

(一)"四进制"机制的构建与实施

创建"企业技师进课堂、工程项目进课程、实践锻炼进车间、毕业设计进企业"的"四进制"产教融合机制,旨在构建"教学—实践—创新"全链条协同育人体系,有效解决传统教育中理论与实践脱节的问题,推动人才培养与产业需求深度融合。

(二)企业技师进课堂与工程项目进课程

企业技师进课堂,通过建立"准入—培养—考核—迭代"的全周期管理体系,确保企业导师的教学质量和专业水平。此外,制定《企业导师资格认证标准》,明确导师须具备的工程经验和项目背景等硬性条件,并实施"三段式"岗前培训,提升其教学能力。动态更新企业专家资源库,实行"五星级"评价制度,根据学生反馈和教学效果对企业导师进

行定期评估,连续两季度低于 3 星者启动退出机制。产业学院联合多家合作企业,遴选具有丰富工程经验的技术骨干担任兼职教师,定期开设专题课程,结合企业真实案例讲解理论原理与实操技巧,使学生能够直接从行业专家那里获取前沿知识和实践经验。

工程项目进课程强调以企业真实项目为载体,重构教学内容与方法。构建"项目拆解—教学转化—场景还原"的实施路径,将企业的实际工程项目分解为多个教学模块,对应开发项目手册,并采用"虚实结合"教学法,让学生在仿真训练后进入实验室进行实物操作和载荷测试。同时,开发"工程决策模拟系统",设置突发变量,培养学生应对复杂工程问题的能力。例如,将"船舶结构轻量化设计"项目纳入船体结构设计课程,学生通过仿真建模、材料选型与成本优化等环节,完成从设计到验证的全流程训练。以青岛龙嘉海事工程有限公司的"船舶结构轻量化设计"项目为例,教学团队将该项目分解为需求分析、方案设计、仿真验证、成本核算四大模块,对应开发包含 23 个任务点的项目手册。教学团队采用"虚实结合"教学法,在 CATIA 软件中进行三维建模训练后,进入校企共建的船舶结构实验室,使用激光切割机制作缩比模型进行载荷测试。开发"工程决策模拟系统",设置材料价格波动、工艺变更等突发变量,培养学生应对复杂工程问题的能力。项目实施后,学生的结构设计效率得到提升,方案成本控制误差得到缩减。

(三)实践锻炼进车间与毕业设计进企业

实践锻炼进车间。建立"认知—操作—管理"三级能力培养框架,让学生在真实生产场景中逐步提升职业素养与技术能力。在实训基地设置不同类型的实践区域,制定明确的能力考核标准,并实行"工单制"管理模式,企业发布虚拟工单,学生独立完成相关任务,企业工程师现场指导并按照生产标准考核,使学生在实践中积累工作经验,提高解决实际问题的能力。例如,在青岛海艺自动化实训基地,设置基础工位(机器人基本操作)、综合工位(生产线联调)、创新工位(工艺优化)三类实践区域。制定《车间实践能力考核标准》,明确各阶段能力指标。实行"工单制"管理模式,企业发布包含技术参数、交付标准的虚拟工单,学生独立完成机器人编程、传感器调试与系统联调,企业工程师现场指导并按照生产标准考核。在生产实习课程中要求学生在产线中轮岗参与装配、质检与运维,学生实习表现直接纳入课程学分考核。

毕业设计进企业。以产业需求为导向,构建"选题—实施—答辩—转化"的质量控制链。与企业共建毕业设计命题库,设置真实课题。例如,青岛黄海学院智能制造产业学院与赛轮集团共建毕业设计命题库,设置"绿色轮胎成型工艺优化""车间数字孪生系统开发"等 36 个真实课题。实行"双盲选题"机制,确保选题的公平性和合理性。实施阶段采用"周报—月审—中期检查"制度,企业导师进行线上指导,校企联合专家组开展方案可行性评审,保障项目的顺利推进。答辩环节引入企业代表、高校教师、行业专家三方评分机制,重点考察技术落地性。建立成果转化奖励基金,对具有应用价值的成果给予孵化支持,促进学生创新成果的转化和应用。

第五节 产业学院建设成效与推广价值

智能制造产业学院构建了"机制创新—课程重构—实践赋能—生态协同"四位一体的产教融合范式,形成制度设计标准化、资源转化技术化、成效评估数据化三大可迁移经验,为新时代应用型高校深化产教融合提供了可复制、可推广的范式体系,具有重要的理论价值和实践指导意义。

一、产教融合协同机制创新与制度体系构建

(一)"四共"协同运行模式与制度体系的建立

产业学院构建了"共建、共管、共育、共享"四位一体的"四共"协同运行模式,配套形成涵盖顶层设计、运行管理、人才培养、资源配置等多维度的18项制度体系。通过"双主体"管理机制,明确校企双方在决策、执行、监督等各个环节的权责,确保双方能够平等参与、高效协作。在"双导师制"教学实施过程中,制定了详细的导师选聘、培训、考核标准和流程,保障了导师团队的质量和稳定性。同时,建立了"动态反馈—精准适配"培养方案调整机制,使教育链与产业链能够深度融合,为应用型高校的产教融合提供了制度保障。

(二)制度创新与管理机制的优化

在制度创新方面,产业学院探索出"常岗优酬"柔性引才机制,吸引了一批具有丰富实践经验和深厚理论知识的专业人才加入教学团队,为学院的发展注入了新的活力。同时,构建了"绩效考核＋教学督导"双轨质量保障体系,从教学效果、科研成果、社会服务等多个维度对教师进行综合评价,激励教师不断提升自身素质和教学水平。此外,还建立了"需求采集—分析转化—实施反馈—迭代优化"的四环联动动态调整模型,确保人才培养方案能够及时响应产业需求的变化,为同类院校解决校企合作中的权责模糊、标准脱节等问题提供了可借鉴的范式。

(三)体制模式的标准化与可复制性

产业学院形成的"政校企协同治理标准框架",为应用型高校的产教融合提供了可复制、可推广的治理范式。青岛黄海学院智能制造现代产业学院制定了《产业学院建设与管理标准化流程》,明确了校企资源投入比例、联合决策机制等量化指标,使各方在合作过程中有章可循。同时,建立了"行业标准—教学标准"转化工具包,开发了课程模块动态调整算法模型,能够快速将行业的新技术、新工艺、新规范融入教学内容。此外,还输出了"双导师工作云平台"等技术工具,实现了校企资源的智能匹配,提高了合作效率,为全国应用型高校提供了"制度设计—运行监控—成效评估"全流程解决方案。

二、学科集群重构与课程体系深度再造

(一)"核心＋支撑"学科群体系的构建

围绕智能制造产业链,产业学院构建了机械工程、控制科学、船舶工程三大学科交叉融合的"核心＋支撑"学科群体系。通过设置"智能制造装备""海洋工程智能维修"等6个新工科方向,使专业链与青岛智能家电、海工装备等区域产业集群精准对接。例如,在智能制造装备方向,开设了智能传感技术、工业机器人应用等课程,培养学生在智能装备设计、制造、调试等方面的能力;在海洋工程智能维修方向,设置了海洋工程装备故障诊断、智能运维技术等课程,满足海洋工程领域对智能维修人才的需求。这种学科交叉融合的模式,不仅拓宽了学生的知识面,还提高了他们的综合素养和创新能力,使毕业生在就业市场上更具竞争力。

(二)课程体系的深度开发与校企合作

在课程体系开发过程中,产业学院创新了"三阶五步"课程开发模式,构建了"基础通用＋模块组合"的课程体系。通过需求解构阶段的企业岗位能力图谱分析,明确了各岗位所需的知识、技能和素质;在标准转化阶段,将职业标准融入课程目标和教学内容,确保学生所学与职业要求相匹配;教学实施阶段采用项目化课程改造五步法,将企业实际项目转化为教学案例,开发了行业标准融入度评估矩阵、活页教材开发指南等工具。校企双方共同参与课程设计、教材编写、教学实施等环节,使教学内容紧跟行业发展前沿,提高了课程的实用性和针对性。2021—2024年,校企共建了22门课程,形成了具有鲜明特色的课程体系,为同类院校的课程改革提供了技术路径和实践参考。

(三)人才培养成果与专业建设成效

通过学科集群重构与课程体系深度再造,产业学院在人才培养和专业建设方面取得了显著成效。毕业生在工业机器人系统集成等新兴岗位的就业率大幅提升,岗位适配度高达91%,深受用人单位好评。船舶与海洋工程等2个专业入选国家级/省级一流专业,形成了"学科交叉—产业需求—人才供给"的良性循环,为区域经济发展和产业升级提供了有力的人才支撑。

三、实践育人体系与双师队伍建设模式

(一)平台化实践教学与能力培养

产业学院通过构建"省—市—校企"三级实践平台,形成了"基础型—技能型—综合型—工程型"的"四阶层级递进"的实践教学体系。依托5个省级平台和50个实训基地,实施"学期小实践＋学年大实践"机制,让学生在不同阶段都能得到充分的实践锻炼。例如,在基础型实践阶段,学生可以在学院的实验室进行机械原理实验、电子技术实验等,

掌握基本的实验技能;在技能型实践阶段,学生可以到校企共建的实训基地进行工业机器人操作、数控加工等技能训练,提高动手能力;在综合型和工程型实践阶段,学生参与企业的真实项目,如智能制造系统的集成与调试、海洋工程装备的智能运维等,培养解决复杂工程问题的能力。通过这种递进式的实践教学,学生在毕业时能够具备扎实的实践能力和工程素养。实践教学方面,通过构建"省—市—校企"三级实践平台,形成"基础型—技能型—综合型—工程型"的"四阶层级递进"培养路径。依托5个省级平台和50个实训基地,实施"学期小实践+学年大实践"机制、"四进入"工程,实现100%学生获得职业资格证书,工程型实践项目完成量年均增长37%。

(二)"双师型"教师队伍建设策略与成果

在"双师型"教师队伍建设方面,产业学院实施了"外引内培+混编互聘"策略,创新"三工程"培养体系。通过高层次人才引进工程,吸引了一批具有博士学位和海外留学经历的高层次人才,充实了教师队伍的理论教学力量;通过青年教师企业挂职工程,选派青年教师到企业进行挂职锻炼,参与企业的技术研发和生产管理,提高他们的实践能力和工程背景;通过兼职教师教学能力提升工程,对企业的兼职教师进行系统的教学能力培训,使其能够更好地适应课堂教学需求。经过这些措施,形成企业背景教师占比96.6%、"双师型"教师达90%的师资结构。"双师双能"队伍建设模式形成了示范效应,其"企业技师工作站"常态化运行机制和"校企导师交叉评价体系",为应用型高校师资转型提供了量化评估工具,推动了教师队伍的整体发展。

四、社会服务能力与专创融合生态构建

(一)科研团队与企业需求的精准对接

产业学院探索建立了"科研团队—企业需求"精准对接机制,依托校内柔性传感器等4个科研团队,2021—2024年攻克企业技术难题20余项,完成横向课题70余项,成果转化经济效益超200万元。通过与企业的紧密合作,科研团队能够深入了解企业的技术需求和市场导向,有针对性地开展科研工作。例如,青岛黄海学院智能制造产业学院与某智能制造企业合作,针对其生产线上的自动化控制系统优化问题,科研团队深入企业进行调研和技术攻关,成功开发出一套高效的控制系统,不仅提高了企业的生产效率,还为企业节省了大量成本。这种产学研合作模式,不仅提升了学院的科研实力和社会服务能力,还为企业的技术升级和创新发展提供了支持。

(二)产学研用一体化平台的构建与服务成效

构建了"产学研用"一体化平台,开展企业员工培训、职业技能认证等社会服务,形成了"人才培养—技术研发—产业服务"协同增值效应。平台整合了学院的科研资源、教学资源和企业的生产资源,实现了资源共享和优势互补。通过平台,企业可以获取学院的科研成果和技术支持,学院可以了解企业的实际需求和市场动态,为教学和科研提供实

践基础。例如,平台为企业提供了智能制造技术培训课程,帮助企业员工提升了专业技能;同时,学院也借助平台与企业共同开展技术研发项目,将科研成果转化为实际生产力,推动了区域经济的发展。

(三)政策引导下的协同发展与专创融合生态构建

在生态构建层面,青岛黄海学院智能制造产业学院形成的"政策引导(政府)—标准对接(行业)—资源共投(校企)"协同发展模式,打造了"学赛一体"培养体系,构建了"创新工作室+双创课程+竞赛孵化"三级培育机制。在政府政策的引导下,学院与行业企业共同制定标准,共享资源,形成了紧密的合作关系。产业学院通过"学赛一体"培养体系将学科竞赛与教学紧密结合,激发了学生的创新兴趣和创造力。例如,学院成立了多个创新工作室,由专业教师和企业导师共同指导学生开展创新项目;开设了双创课程,培养学生创新创业思维和能力;通过竞赛孵化机制,对学生的竞赛项目进行全程指导和孵化,帮助学生将创新成果转化为实际产品或服务。师生获省级以上学科竞赛奖2000余项,获专利授权135项,形成了"意识激发—能力培养—项目孵化—成果转化"四阶递进路径。实现实践创新与理论突破的双向互哺,为应用型高校专创融合提供了可量化的评价标准,推动了创新创业教育的深入开展。

第八章　智能海洋装备特色学院

第一节　特色学院建设背景与目标定位

一、国家战略驱动与区域产业需求分析

（一）服务海洋强国战略的顶层设计

当前，我国正处于建设海洋强国的关键时期。党的十八大以来，党中央、国务院高度重视海洋经济发展，明确提出要加快发展海洋高端装备制造业，提升海洋科技创新能力。在国家战略引领下，山东省作为海洋大省，将"现代海洋"和"高端装备"列为新旧动能转换"十强"产业重点发展方向。青岛作为山东半岛蓝色经济区核心城市，正在加快建设国际海洋名城，重点培育海洋装备、智能制造装备等新兴优势产业链。

（二）山东省"高端装备"与"现代海洋"产业需求匹配

智能海洋装备作为高端装备制造业的重要组成部分，是信息化与工业化深度融合的重要体现。随着海洋资源开发向深远海拓展，传统海洋装备正面临智能化、绿色化转型升级的迫切需求。通过调研发现，山东省内海洋装备制造企业普遍存在以下痛点：一是高端海洋装备自主创新能力不足，关键核心技术依赖进口；二是智能化改造进程缓慢，生产效率和质量亟待提升；三是复合型技术人才短缺，制约产业创新发展。以青岛造船厂、山东海洋工程装备研究院等龙头企业为例，其在海洋平台、智能船舶等领域的研发制造过程中，对既懂海洋工程又掌握智能制造技术的复合型人才需求缺口年均达 200 人以上。

从区域产业布局来看，青岛市已形成以西海岸新区为核心的海洋装备产业集聚区，拥有船舶制造、海洋工程装备等完整产业链。但产业转型升级面临人才供给结构性矛盾：一方面，传统船舶制造人才供给过剩；另一方面，具备数字化设计、智能控制等能力的创新型人才严重不足，供需矛盾突出。

二、特色学院组建的必要性与可行性

(一)学科交叉融合与产业链升级的迫切需求

为响应国家海洋强国及装备制造业发展的战略需求,智能制造学院于 2020 年启动智能海洋装备特色学院筹建工作,以服务山东省十强产业中的高端装备、现代海洋领域及青岛市海洋装备、智能制造装备重点产业链等地方经济社会发展,加快构建与山东战略性新兴产业衔接的学科交叉融合的人才培养体系。

智能海洋装备特色学院建设具有显著的必要性:一是海洋装备智能化是产业升级的必然趋势,需要突破学科壁垒,培养跨学科复合型人才。传统船舶与海洋工程专业培养方案难以满足智能感知、数字孪生等新技术要求,必须重构人才培养体系。二是山东省"十四五"规划明确提出要打造世界级海洋装备产业集群,急需高校提供人才支撑和技术服务。三是青岛黄海学院作为应用型本科院校,需要通过特色学院建设深化产教融合,提升服务地方能力。经专家论证,青岛黄海学院在交通与船舶工程学院的基础上,成立以船舶与海洋工程专业为核心,智能制造工程和电子信息工程专业为支撑的智能海洋装备特色学院。

(二)专业建设基础与校企协同优势分析

智能海洋装备特色学院建设具备扎实的基础条件:专业建设方面,依托的船舶与海洋工程专业是国家级一流本科专业建设点,2024 年通过 IMarEST 国际工程教育认证,专业建设水平国内领先。智能制造工程、电子信息工程等支撑专业与核心专业形成优势互补。师资队伍方面,拥有专任教师 56 人,其中高级职称占比 81.8%,"双师型"教师占比 85.5%,师资队伍包括省级教学名师、黄大年式教师团队、省青创团队等团队组织等优质资源。校企合作方面,与山东海洋工程装备研究院等 20 余家企业建立深度合作关系,共建省级特色实验室、省级工程技术研发中心等 9 个省市级产学研平台,获批省级示范性实习基地 1 个。2021—2024 年横向课题到账经费超 3000 万元,为人才培养提供项目支撑。硬件设施方面,学院建设了海洋智能装备制造与测控技术特色实验室等 39 个专业实验室,设备总值达 5000 余万元。开发了船舶智能制造虚拟仿真实验平台等数字化教学资源,建成省级一流课程 6 门、思政示范课 3 门、在线开放课 25 门、开发 73 个教学案例。学生培养方面,2021—2024 年获"西门子杯"中国智能制造挑战赛等国家级奖项 48 项,毕业生行业就业率稳定在 75% 以上,涌现出山东省劳动模范等优秀校友。这些条件为特色学院建设提供了坚实基础。

三、目标定位与发展愿景

(一)聚焦"海洋智能装备设计与制造"的核心方向

智能海洋装备特色学院的建设依托国家级一流本科专业、国际工程教育认证专业船舶与海洋工程在国内专业教育的领先优势,面向海洋装备设计与智能制造、海洋装备智能控制、海洋信息智能感知 3 个领域,推进人才培养、科技创新与社会服务,培养理论基础实、创新能力强、实践能力突出、具有国际视野的高素质应用型人才。

基于国家战略需求和区域产业发展需要,智能海洋装备特色学院确立了"立足青岛、服务山东、辐射全国"的发展定位,制定了"三步走"战略目标:近期(2025—2027 年)建成省内领先的海洋装备人才培养基地;中期(2028—2032 年)打造国家级特色产业学院;远期(2032—2040 年)建设具有国际影响力的智能海洋装备教育创新高地。

具体建设目标包括:人才培养方面,构建"海洋工程＋智能制造＋信息技术"的跨学科培养体系,每年培养高素质应用型人才 300 人以上,毕业生行业就业率达 80% 以上。专业建设方面,保持船舶与海洋工程专业在全国应用型高校中的领先地位,建设 3～5 门国家级一流课程。校企合作方面,新增 5 家深度合作企业,共建 2 个省级工程技术研究中心,每年横向课题经费达 1000 万元及以上。师资建设方面,引进和培养 10 名以上具有行业影响力的"双师型"教师,建成 2 个省级教学科研团队。

(二)打造"国际标准引领、产教深度融合"的特色标杆

海洋智能制造装备作为高端装备制造业的重点发展方向,是信息化与工业化深度融合的重要体现,高端装备制造业的转型升级急需智能制造技术赋能,以提升生产效率、技术水平和产品质量,降低能源资源消耗,实现制造过程的智能化和绿色化发展。围绕国家海洋装备发展的战略性需求,智能海洋装备特色学院优化学科专业结构,探索专业发展新模式,重组学科专业资源,建立跨学科研究和人才培养平台,重构课程和实践能力教学体系,创新人才培养模式,使专业结构更加优化,定位更加准确,重点更加突出,特色更加鲜明,为海洋智能装备制造提供新技术、新方法和新途径。智能海洋装备特色学院推进多学科交叉融合,培养海工领域高素质应用型人才,旨在满足海洋强国战略下对信息化、智能化技术的迫切需求,培养能够适应智慧海洋科技发展的高素质应用型人才。

智能海洋装备特色学院的建设将实现四个显著转变:从单一专业培养向多学科交叉融合转变,从传统课堂教学向项目式教学转变,从学校单一主体向校企双主体育人转变,从知识传授向创新能力培养转变。该特色学院的建设将从根本上提升人才培养质量,满足海洋装备产业转型升级对高素质应用型人才的需求。

通过 5～10 年建设,智能海洋装备特色学院致力于打造成为"国际标准引领、产教深度融合、资源集聚共享、海洋特色鲜明"的专业特色学院。在人才培养方面,建立"一生一专长"的个性化培养模式,为每位学生配备学业导师、企业导师和生活导师。在服务产业方面,构建"产学研用"一体化创新体系,年技术成果转化 5 项以上,服务企业 50 家以上。在国际化合作方面,与 3～5 所国外高校建立合作关系,开展师生互访、联合培养等项目。通过持续创新,为海洋强国建设提供强有力的人才支撑和智力支持。

第二节 特色学院建设基础与实践路径

一、专业集群构建与学科交叉融合

(一)以船舶与海洋工程为核心的专业集群布局

青岛黄海学院智能海洋装备特色学院创新性地构建了"1+2+N"专业集群体系(图 8-1),即以船舶与海洋工程国家级一流专业为核心,智能制造工程和电子信息工程两个新兴专业为支撑,辐射带动相关专业协同发展,打破传统学科壁垒,实现了海洋工程、机械工程、控制科学等多学科的深度交叉融合。

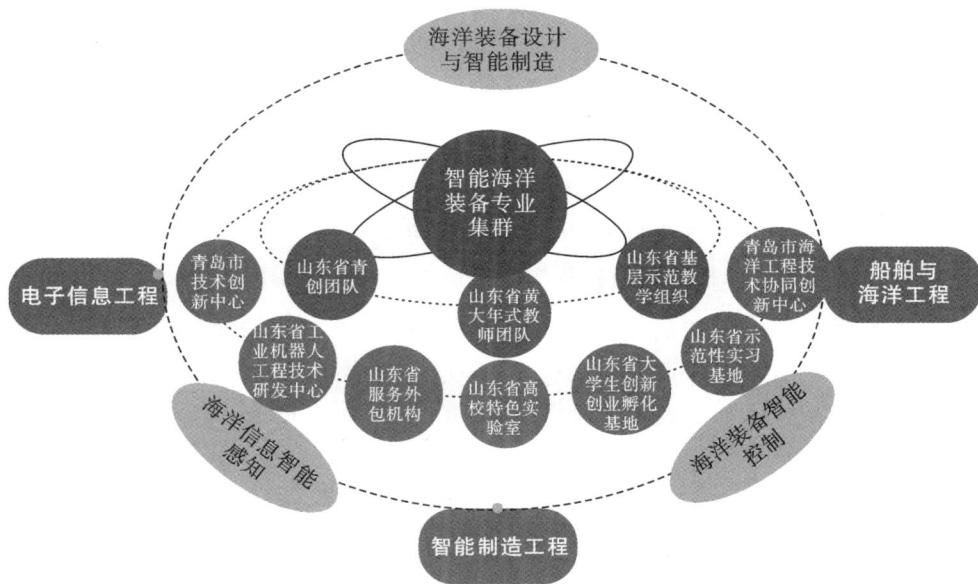

图 8-1 学科交叉融合"1+2+N"专业集群体系

(二)多学科交叉融合协同发展

在课程体系设计上,青岛黄海学院智能海洋装备特色学院构建了"基础共享、专业分立、拓展互选"的模块化课程体系。基础共享模块设置了海洋工程导论、智能制造基础等跨专业基础课程,确保所有专业学生掌握共性知识;专业分立模块突出各专业特色,如船舶与海洋工程专业强化智能船舶设计等课程;拓展互选模块开设海洋机器人技术、工业大数据分析等 15 门交叉课程,供学生跨专业选修。通过这种课程设置,实现了专业间的"硬联通"。

智能海洋装备特色学院建设了"智能船舶虚拟仿真实验室"等 6 个跨专业实验实践

教学平台。在这些平台上,不同专业学生组成项目团队,共同完成"智能养殖工船设计""海洋观测装备开发"等综合性实践项目。

师资队伍建设方面,智能海洋装备特色学院组建了5个跨学科教学团队,如"海洋装备智能控制教学团队"由船舶工程、自动控制、计算机等专业教师组成。这些团队定期开展联合教研活动,共同开发了海洋装备数字孪生技术等8门交叉课程,编写了《智能海洋装备技术》等5部特色教材。

二、产教深度融合的校企协同机制

(一)"五共机制"下的校企利益共享与过程共管

智能海洋装备特色学院创新性地构建了"五共"校企协同机制,包括校企共育培养机制、利益共享双赢机制、过程共管监控机制、互聘共用管理机制和多元共同评价机制。在具体实施中,智能海洋装备特色学院与山东海洋工程装备研究院等龙头企业共建特色学院,形成校企"双主体"育人模式。

青岛黄海学院共同组建了专业建设委员会,由企业技术总监、人力资源主管和学校专业负责人共同参与人才培养方案制订。在2023版人才培养方案修订中,企业专家提出了增设海洋装备智能运维等4门新课的建议,并将行业标准融入24门专业课程。在实践教学环节,企业提供真实项目案例73个,用于课程设计和毕业设计。

(二)共建省市级产学研平台与校外实训基地

在共建实践平台方面,青岛黄海学院联合投资建设了"海洋智能装备实训中心",包含智能焊接、数字孪生等8个实训区。该实训中心按照企业真实生产环境配置设备,实现"校中厂"的功能。同时,在青岛造船厂等企业建立了12个"厂中校"实践基地,学生可在企业完成累计1年的实践学习。

在师资互聘方面,智能海洋装备特色学院聘请了26名企业工程师担任产业教授,参与课程教学和毕业设计指导;同时选派18名教师到企业担任技术顾问,参与"深海养殖装备研发"等实际项目。这种双向交流使教师及时了解行业最新技术,使企业专家深度参与人才培养。

三、师资队伍与教学资源建设

(一)双师双能型教师团队培养路径

智能海洋装备特色学院实施"三大工程"加强师资队伍建设。双师素养优化工程:通过教师企业实践、职业资格认证等途径,提升教师实践能力,目前85.5%的专业教师具备双师素质。教科研能力提升工程:通过设立青年教师成长基金、组建科研团队等措施,2021—2024年教师承担省部级以上项目30余项。名师引领工程:通过建立名师工作室、教学示范岗等,发挥高层次人才带动作用。

(二)省级一流课程与虚拟仿真教学资源开发

在教学资源建设方面,开发了"智能海洋装备教学资源库",该资源库包含 25 门在线开放课程、73 个企业真实案例、126 个虚拟仿真实验项目。其中,船舶建造工艺、船体结构与制图课程获批省级一流课程,学生可通过 VR 设备沉浸式体验智能船厂的全流程作业。

智能海洋装备特色学院建成了涵盖"基础—专业—创新"三层次的实践教学平台。基础层有工程训练中心等共享平台;专业层有船舶 CAD/CAM 实验室等专业实验室;创新层有海洋机器人创新工作室等开放平台。

智能海洋装备特色学院建立了教学过程评价、教学效果评价、持续改进"三维度"教学质量监控机制。教学过程监控通过督导听课、学生评教等方式;教学效果评价引入企业参与的毕业要求达成度评价;持续改进机制通过年度质量报告和专项整改确保闭环管理。2021—2024 年毕业生培养目标达成度持续保持在 90% 以上。

智能海洋装备学院还特别注重教学改革研究,2021—2024 年获批"新工科背景下智能海洋装备人才培养模式研究"等省级教改项目 7 项,获省级教学成果奖 3 项。这些研究成果及时反哺人才培养实践,形成了良性的改革创新循环。通过持续建设,智能海洋装备特色学院已建立起支撑高素质应用型人才培养的完善教学体系。

第三节　特色学院育人模式创新与实践

一、"三融四阶"人才培养模式设计

(一)协同路径

智能海洋装备特色学院以价值塑造、能力本位、创新驱动、持续发展为人才培养理念,聚焦提升学生实践创新能力和解决复杂工程的能力,将价值引导融汇在人才培养的各个环节,以关键核心能力培养为根本,以创新能力培养为发展引擎,构建了"产业导航、思政引领、两院协同、三融四阶"的高素质应用型人才培养模式。

智能海洋装备特色学院通过产教融合、科教融汇、专创融通的协同路径,实现了人才培养的系统性变革。在产教融合方面,实施"八个对接"机制:专业建设与产业需求对接、培养目标与岗位能力对接、课程内容与职业标准对接、实践教学与企业生产对接、专业教师与企业专家对接、专业文化与企业文化对接、应用研究与技术创新对接、职业发展与终身教育对接。

(二)实践能力递进培养

在科教融汇方面,实施"三个转化"工程。科研项目转化为教学案例:2021—2024 年累计转化省部级科研项目 23 项。科研成果转化为实验设备:自主研发的"海洋环境模拟测试平台"等 5 套设备用于教学。科研团队转化为教学团队:5 个省级科研团队全部承担本科教学任务。同时,全面开放科研实验室,设立学生科研助理岗位 56 个,本科生参与发表 SCI/EI 论文 18 篇。

在专创融通方面,构建"四层递进"培养体系。创新意识培养阶段:通过新生研讨课和学科前沿讲座实现全覆盖。创新能力培养阶段:依托 12 个科技创新工作室开展项目训练。创新创业实践阶段:通过"互联网+"等竞赛平台进行实战演练。成果转化阶段:设立 50 万元种子基金支持学生创业。

二、学科专业建设与课程体系重构

(一)国际工程教育认证导向的 OBE 课程体系

基于成果导向(OBE)理念的课程体系重构,重点突破传统学科导向的课程设置局限。在毕业要求制订阶段,邀请行业专家参与论证,最终确定 12 条毕业要求,分解为 36 个可衡量的指标点。课程体系设计采用"反向设计"方法,确保每门课程精准支撑毕业要求。例如,智能船舶系统设计课程明确支撑"复杂工程问题解决能力"等 3 个毕业要求指标点。

课程内容重构突出"三性"特点:前沿性,引入数字孪生、智能运维等新技术内容,更新幅度达 40%;交叉性,设置"海洋工程+人工智能"等 6 个课程模块;实践性,专业课程中工程案例教学占比不低于 30%。特别开发的海洋装备智能制造系统等 5 门项目式课程,采用"理论讲授—虚拟仿真—实物操作"三阶段教学法,学生满意度达 96%。

(二)组织架构

教学方式创新实施"三个转变":从教师中心向学生中心转变,推广翻转课堂等主动学习方法;从知识传授向能力培养转变,采用 CDIO 工程教育模式;从结果评价向过程评价转变,建立多元化考核体系。船舶电力系统课程采用"项目答辩+实操考核+理论测试"的综合评价方式,更全面反映学生能力。

质量持续改进机制包含四个环节:年度课程质量分析,基于达成度评价数据;毕业生跟踪调查,建立 5 年追踪机制;用人单位反馈,每年召开校企座谈会;改进措施落实,形成闭环管理。2021—2024 年,根据反馈调整课程 16 门,新增方向模块 2 个。

三、创新创业能力培养体系

(一)专创互促的"学赛创"一体化创新环境

智能海洋装备特色学院构建的"学赛创"一体化培养体系,实现了专业教育与创新创业教育的有机融合。在平台建设方面,打造了"三位一体"支撑平台:基础训练平台包含 3 个创新实验室和 1 个创客空间;专项提升平台设立智能海洋装备等 4 个特色工作室;实战孵化平台包括校级孵化器和 2 个校企共建创新中心。

竞赛体系设计采用"金字塔"结构:基层普及类竞赛如校内科技节,学生参与面达 100%;中层提高类竞赛如省级专业竞赛,年均获奖 80 余项;顶层拔尖类竞赛如"互联网＋"国赛,获金奖 2 项。特别设立的"黄海杯"智能海洋装备创新大赛,已成为区域性品牌赛事,2023 年吸引 12 所高校参赛。

(二)学科竞赛与成果转化的层级递进机制

学科竞赛项目孵化实施"三级助推"机制:初级项目由专业教师指导,侧重技术验证;中级项目配备校企双导师,面向实际需求;高级项目引入风险投资,推进市场化运作,2021—2024 年累计孵化项目 73 个。

学科竞赛保障体系方面,建立"四维支撑"系统。制度保障:出台《创新创业学分认定办法》等 6 项制度。经费保障:年均投入 150 万元专项经费。师资保障:组建 32 人的校内外导师库。服务保障:提供法律咨询等 8 项配套服务。这套保障体系有效激发了学生的创新潜能,毕业生创业比例达 5.7%,高于全国平均水平。

学科竞赛评价反馈机制采用"双循环"模式:内部循环通过学生创新能力测评、项目质量评审等进行过程监控;外部循环通过第三方评估、企业评价等获取社会反馈。根据评估结果动态调整培养方案,确保创新创业教育始终与行业发展同步。2023 年毕业生创新能力评价数据显示,解决问题能力、团队协作能力等指标较 2020 年提升 25%以上。

第四节　特色学院运行保障与成效

一、特色学院运行保障

(一)组织架构保障

青岛黄海学院智能海洋装备特色学院建立了"校企双主体"的组织架构体系,通过校企理事会和专业建设委员会实现协同治理和双轨管理,致力于专业建设、课程建设、师资培养、学生实习、就业及企业员工培训、技术服务等合作。青岛黄海学院成立专业特色学院领导小组,由院长、专业带头人、企业管理及技术骨干等组成。全面统筹协调管理,各项工作责任到人,制定严格的督促、奖惩制度,加大考核力度,确保智能海洋装备特色学院各个环节可持续创新发展。

(二)政策与经费保障

《国务院办公厅关于深化产教融合的若干意见》(国办发〔2017〕95 号)指出,深化"引企入教"改革,鼓励企业依托高等学校设立企业工作室、实验室、创新基地、实践基地。

《示范性特色学院建设管理办法》(教高厅函〔2022〕2号)指出,专业特色学院积极深化产教融合,探索构建政产学研用全方位协同育人模式等建设任务,明确了教育部、高校、特色学院建设专家委员会等主要职责。《山东省教育厅等5部门关于开展未来技术学院和专业特色学院建设工作的通知》(鲁教高函〔2023〕40号)指出,计划建设一批山东省专业特色学院,创新组织模式和人才培养模式,强化专业建设和特色发展。青岛黄海学院制定了《专业特色学院的建设与管理办法》《关于深化产教融合的实施意见》等一系列文件。以上支持政策与改革措施,为继续深化产教融合,推动专业特色学院建设提供了有力的政策保障。

智能海洋装备特色学院建立了多元化建设经费筹措与基础保障加绩效奖励的精准投入机制,每年投入资金不低于150万。充分利用专业发展优势,积极争取学校和上级主管部门的政策支持,通过立项获得经费支持。智能海洋装备特色学院加强企业合作,鼓励企业行业捐赠,通过与企业共建实训基地、创新创业基地,实验室建设,为企业提供技术开发、咨询服务,深化产学研合作等方式增强学院内部经费创收能力,加大特色学院的经费投入。青岛黄海学院制定了《青岛黄海学院专业特色学院经费管理办法》,该办法指出经费要做到专款专用,确保专业特色学院各项工作的配套经费及时到位。

(三)体制机制保障

青岛黄海学院健全专业特色学院运行管理制度、教学评价与质量监控制度、师资培训与职员培训制度,规范治理结构和各主体关系,发挥院领导的核心作用,充分发挥校企合作理事会、专业建设指导委员会等参与民主决策作用,建立各项任务建设信息沟通机制,实行任务建设目标管理。为确保各项建设任务顺利实施,实现预期建设目标,青岛黄海学院通过分项计划制定、中期检查、总结反馈等途径,对建设计划进行监测和调整,实现对项目建设全过程的动态管理。

二、特色学院成效

(一)人才培养质量的量化提升

智能海洋装备特色学院建立了完善的人才培养质量监测体系,通过多项量化指标证明了培养成效。实施"一生一档案"的全过程跟踪机制,对毕业生进行5年持续跟踪。跟踪数据显示,毕业生平均就业率达97.8%,专业对口就业率显著提升。在企业满意度调查中,用人单位对毕业生在复杂问题解决能力、团队协作能力、技术创新能力等维度的评价均显著高于学院其他专业毕业生。

(二)科技创新与服务产业成效

智能海洋装备特色学院通过深化校企合作,在科技创新和服务产业方面取得了显著成效。科研项目层次不断提升,承担省部级以上项目32项,包括2项国家重点研发计划子课题,实现了承担国家级项目零的突破。学院与山东海洋工程装备研究院等企业联合开展的"舰船关重件表面腐蚀与防护技术"等项目,累计科研经费超 3000 万元。该特色学院在技术转化方面,完成"船用钢板智能焊接工艺"等 7 项技术转化,为企业创造经济效益 1000 余万元。智能海洋装备特色学院教师团队研发的船用薄板液压成型数字控制装备已在青岛造船厂应用,使生产效率提升 27%,质量合格率提高 15 个百分点。

三、风险防控与应对预案

(一)政策风险防控机制

智能海洋装备特色学院建立了完善的政策风险防控体系,严格遵循《国务院办公厅关于深化产教融合的若干意见》(国办发〔2017〕95 号)和《示范性特色学院建设管理办法》(教高厅函〔2022〕2 号)等政策文件要求。智能海洋装备特色学院设立了专门的"政策监测岗位",负责跟踪国家和地方政策变化。根据《青岛黄海学院专业特色学院的建设与管理办法》,智能海洋装备特色学院建立了年度评估机制,定期对照政策要求检查办学活动。2023 年,智能海洋装备特色学院根据山东省教育厅最新文件要求,及时调整了特色学院建设方案,重点强化了产教融合方面的内容。

(二)财务风险防控措施

智能海洋装备特色学院严格执行《青岛黄海学院专业特色学院经费管理办法》,确保建设经费专款专用。智能海洋装备特色学院建设经费主要来源于四个渠道:学校每年不低于 150 万元的专项资金、企业合作投入、政府专项支持和社会服务收入。在经费使用方面,建立了严格的审批流程和绩效评价机制。学院在实验设备更新、课程开发等关键领域的投入占比达到 75%,确保了资金使用效益。所有经费使用都经过第三方审计,确保合规透明。

(三)合作风险防控体系

智能海洋装备特色学院高度重视校企合作过程中的风险防控,建立了规范的合作风险防控体系,与每家合作企业都签订了详细的合作协议,明确了双方的权利义务。

第五节　特色学院示范效应与发展规划

一、示范效应与可复制经验

青岛黄海学院智能海洋装备特色学院的建设模式为应用型高校深化产教融合提供了可复制的实践范本。其核心经验主要体现在三个方面:一是打造"国际标准引领、产教深度融合、资源集聚共享、海洋特色鲜明"的专业特色学院(图 8-2)。围绕海洋智能装备制造领域,以"产"链专,以"核"建群,以"课"赋能,以"特"强院。以国际工程教育认证为专业建设标准,全面融入 OBE 理念。二是构建"一群一产业,一专一名企,一师一方案,一生一专长"的产教融合新模式。深化产教融合,落实"八个对接",实施"五共机制",校企全过程、全方位、全要素参与人才培养,实现多元化、矩阵式校企协同育人。三是构建"产业导航、思政引领、两院协同、三融四阶"的高素质应用型人才培养模式。智能海洋装备特色学院以产业需求为引导,以价值塑造为纲领,以"产业创新研究院+特色学院"为发展驱动,推进产教融合、科教融汇、专创融通,实施"基础型—技能型—综合型—工程型"四阶层级递进实践能力培养,致力于提升学生职业胜任力和持续发展能力。

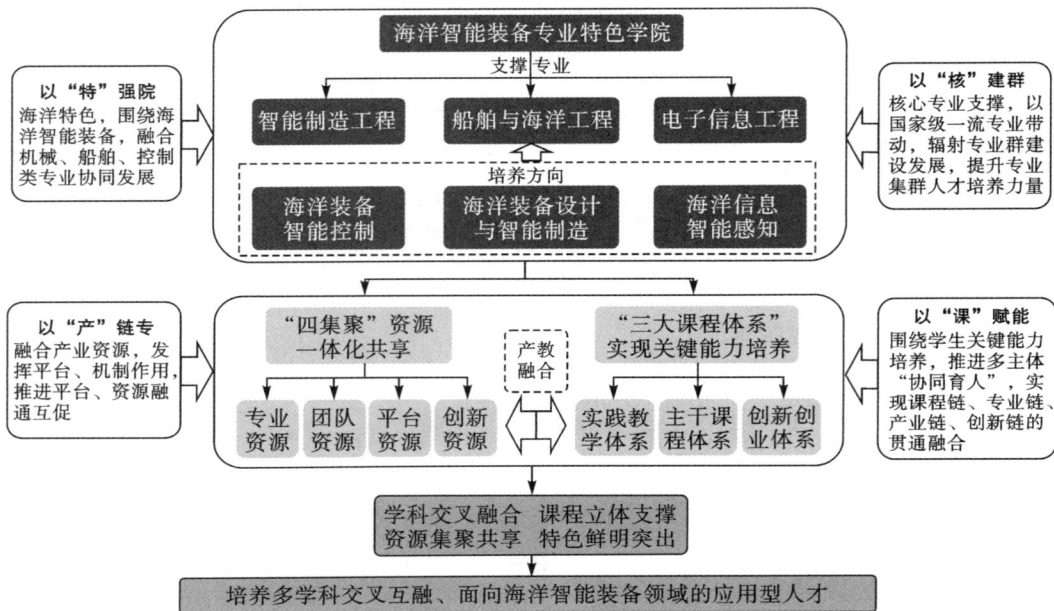

图 8-2　智能海洋装备特色学院建设体系

二、发展规划与创新生态营造

基于现有建设基础,智能海洋装备特色学院制定了分阶段的发展规划。

第一阶段是聚焦海洋智能装备,进一步优化智能海洋装备特色学院的人才培养方案、课程体系及教学资源,实现专业链与产业链、人才链与岗位链、教学内容与生产实践的有机对接,利用人工智能深度赋能课程建设,建立人才培养全程记录平台,申请智能海洋装备专业,使毕业设计与产业实际相结合,双导师率 20% 以上,校企共建实践教学平台1 个,校企联合开发教材 3~5 本,加大实验室和教学资源开放力度,学生学科竞赛获奖200 项以上。

第二阶段是创新教师聘用与考核机制,新增 3 个"双师型"教师培养基地,新建 3~5个由企业高水平专家深度参与的教科研团队,组建 1 个高水平应用型人才培养基地,校企共建 5～8 个校外实习基地和 1 个产学研中心,学生学科竞赛每年获奖 220 项以上。

第三阶段是进一步促进国际交流,与 3～5 所国外高校签订交流合作协议,力争建设 1 个省级重点实验实训中心,实现科技成果转化 10 项以上,学生学科竞赛每年获奖 240 项以上。

为确保规划落实,智能海洋装备特色学院建立了质量监测机制,每年编制《特色学院发展质量报告》,分阶段、有重点地进行规划,为该特色学院长期可持续发展提供了清晰路径。

第九章　华夏天信新能源智能装备
示范性实习(实训)基地

第一节　基地概况与建设背景

一、基地基本情况

(一)基地依托单位情况

华夏天信智能物联股份有限公司(以下简称华夏天信)成立于 2008 年 3 月,注册资本 17384.82 万元,是一家拥有前沿核心技术的高科技智慧能源工业物联网企业,目前在北京、大连等地设立多个子(分)公司。华夏天信从事矿用智能传动设备及其部件产品的研发、生产和销售,主营产品为矿用隔爆兼本质安全型高压变频器。根据中国煤炭机械工业协会出具的证明:该产品 2018—2020 年的市场占有率分别为 58%、51%、49%,均为国内第一名。华夏天信经营状况良好,2018—2020 年销售收入分别为 41671 万元、59403万元、62290 万元。

(二)基地满足实习需求情况

华夏天信现有 2 个生产车间、1 个质量中心车间,占地面积 10138 平方米,可以提供电气装配技师等岗位,满足大学生实习实训就业需求。实训基地设施设备齐全,实训场地及设备按照企业生产要求设置,具备真实的职业环境,能进行生产性实训。实训基地工位充足、功能完备、技术先进,能满足实习、实训和师资培训的需要。设备技术参数达到企业现场设备中等以上水平,设备完好率 100%,设施设备项目达标率和实习、实训项目开出率达 100%,同一项目能够同时满足 30 人实习实训。

实训基地生活设施配套齐全,能够满足师资培训和学生实习需要。华夏天信建有公寓楼,可满足 100 名实习学生的住宿,师生凭卡在公司食堂就餐,在员工活动室进行健身等娱乐活动。

(三)基地依托单位在本行业和地区的优势

华夏天信面向国家制造强国战略及区域高端装备、新能源产业发展需求,凝聚大批复合型、跨学科、跨领域的专业技术人才,面向能源装备领域专注于工业物联网关键技术及相关智能装备的研发与服务,提供智慧化转型升级、新旧动能转换的整体解决方案,重塑能源领域生产管理和经营决策方式。公司有 150 多项专利、80 多项软件著作权、18 项注册商标、238 项产品安全标志证书,参与起草多项国家及行业标准。公司通过深化产教融合,与数十家院校联合创建产业学院、实习实训基地,打造了集教学、生产、研发、创新功能于一体的产业育人基地。

(四)基地协议签订和挂牌情况

青岛黄海学院经过多次到公司走访座谈,就企业工作环境、企业人才需求、毕业生实习就业、校企共讲课堂等问题与企业领导进行深入交流,双方探索了应用型人才培养的实习、实训模式。青岛黄海学院与华夏天信强强联合、携手共建校外实习实训基地——华夏天信新能源智能装备实训基地。该基地于 2016 年 7 月 26 日正式挂牌成立,于 2024 年 1 月 10 日获批山东省普通高等学校示范性实习(实训)基地。

基地主要针对电气工程及其自动化、机械设计制造及其自动化、电子信息工程等相关专业的学生,提供丰富多样的实习(实训)活动,涵盖认识实习、岗位实习、技能提升等多个方面。在基地,学生可以近距离接触行业前沿技术,深入了解企业实际运作流程,从而在实践中深化理论知识,提升专业技能。

基地规模宏大,设施一流。宽敞明亮的实习(实训)车间为学生提供了充足的实践操作空间;先进的实验设备确保了实习(实训)活动的质量和效果;完善的生活设施则让学生在紧张的学习之余,也能享受舒适便捷的生活环境。基地能够同时容纳上百名学生进行实习(实训),充分满足了学校和企业对人才培养的需求。

在基地的建设过程中,青岛黄海学院与华夏天信紧密协作,共同投入了大量的人力、物力和财力资源。双方致力于将基地打造成一个集教学、科研、生产于一体的综合性实习(实训)基地,确保基地的设施设备和师资力量达到行业领先水平。同时,双方还制定了详细的合作协议和管理制度,明确了各自的责任和义务,为基地的长期稳定运行提供了坚实的制度保障。通过双方的共同努力,基地已经成为培养高素质、高技能人才的重要平台,为推动地方经济发展和产业升级做出了积极贡献。

(五)基地示范引领作用

华夏天信的愿景是创新驱动,致力于做能源领域智慧工业物联网(AI＋IIOT)技术的领导者,搭建矿山企业、系统集成公司、软件开发公司、设备制造厂家、高等院校、科研院所、行业协会/学会等单位协同合作的生态圈,共同促进产学研协同创新。

二、基地建设背景与意义

随着国家对高等教育实践教学环节的重视不断加强,深化产教融合、加强校企合作已经成为提升高校人才培养质量的关键性途径。长久以来,传统的高校教育模式大多侧重于理论教学,而忽视了实践教学的重要性,导致学生缺乏实际操作能力和职业素养。

为了改变这一现状,国家提出了产教融合、校企合作的教育理念,并积极鼓励高校与企业携手合作,共同建设实习(实训)基地,从而加强学生的实践能力和职业素养的培养。在这一国家政策的引导和支持下,青岛黄海学院积极响应国家号召,与华夏天信达成了深度合作,共同建设了华夏天信新能源智能装备实训基地。

该基地的建设旨在通过与企业开展深度、紧密的合作,将理论知识与实践技能相结合,增强学生的实践能力和创新能力,培养出适应智能制造和新能源产业发展需求的高素质应用型人才。基地的建设对于青岛黄海学院相关专业的教学改革、提升学生就业竞争力具有重要意义。

通过实习实训活动,学生可以深入了解企业的实际生产流程和管理模式,掌握先进的制造技术和工艺方法,从而在实践中不断提高自己的实践能力和职业素养。同时,基地还为学生提供了与企业专家面对面交流的机会,使他们能够在交流中不断拓宽视野、增长见识,为未来的职业发展奠定更为坚实的基础。相信在国家和学校的共同努力下,越来越多的高素质应用型人才将会涌现出来,为国家的经济发展做出更大的贡献。

第二节　基地建设规划与条件保障

一、基础设施与设备配置

华夏天信新能源智能装备实训基地拥有完备的基础设施和先进的设备配置,为学生提供了良好的实习(实训)环境,可以满足不同专业学生的实习(实训)需求,助力学生在新能源智能装备领域获得全面的技能提升。

在实训车间方面,基地拥有多条生产线和多种生产设备,具有数控机床、加工中心、激光切割机、焊接机器人等先进设备。这些设备采用了国内外先进的技术和工艺,具有高精度、高效率、高可靠性等特点,能够确保学生在实际操作和加工练习中掌握先进的制造技术和工艺方法。通过操作这些设备,学生能够深入了解生产流程,提高实际操作能力,为未来的职业发展打下坚实的基础。

在实验室方面,基地配备了多种检测设备和实验仪器,如光谱分析仪、力学性能测试机、热分析仪等。这些设备可以用于材料成分分析、力学性能测试、热性能分析等方面的教学和科研工作,为学生提供了良好的实验和研究环境。学生可以在实验室里进行各种实验和研究活动,深入了解新能源智能装备领域的理论知识,提高自己的实验技能和科研能力。

此外,华夏天信新能源智能装备实训基地还注重设施设备的更新和维护工作。每年都会投入大量资金用于设施设备的更新和维护。

二、师资队伍建设

华夏天信新能源智能装备实训基地拥有一支政治素质过硬、实践经验丰富、责任心强的师资队伍。这支队伍由校内专任教师与校外企业专家共同组成,他们各自发挥优势,共同承担实习实训教学任务。

校内专任教师拥有深厚的理论基础,不仅在学术领域有着卓越的成就,更在教学工作中积累了丰富的经验。他们通过深入浅出的讲解,引导学生掌握专业知识,为实习实训打下坚实的基础;还积极参与基地的建设和管理工作,负责指导学生进行实验和实训活动,并帮助学生解决在学习过程中遇到的问题。

校外企业专家具备深厚的行业背景和专业知识储备,凭借丰富的实战经验和对行业动态的敏锐洞察,为学生提供贴近实际、紧跟潮流的实训指导。他们通过剖析真实案例和现场演示操作过程,为学生传授行业内的最新技术和工艺方法,指导学生进行实际操作和加工练习,并为学生在职业规划和发展建议等方面提供指导,让学生在实践中领悟知识,提升技能。

校内专任教师和校外企业专家强强联合,共同承担实习实训教学任务,秉持严谨、务实的教学态度,注重培养学生的创新精神和实践能力,致力于为社会输送更多高素质的新能源智能装备人才。

为了进一步提高师资队伍的素质和能力水平,基地还注重教师的培训和发展工作。基地每年都会组织教师参加各种培训和交流活动,提高他们的专业素养和教学能力水平。同时,基地还鼓励教师积极参与科研活动和项目合作工作,促进他们的学术成长和职业发展。

三、经费投入与管理机制

华夏天信新能源智能装备实训基地经费投入充足,管理机制也十分完善。基地的建设和运行费用主要由青岛黄海学院和华夏天信共同承担。双方紧密合作,致力于将基地建设成为一流的新能源智能装备实训基地。为了确保基地的正常运行和长期发展,双方根据合作协议和管理制度的要求,制定了详细的经费预算和投入计划。基地每年都会投入大量资金用于设施设备的更新和维护、师资队伍的培训和发展、教学科研活动的组织和开展等方面的工作,这为基地提供了必要的硬件和软件支持,更为基地的长期发展奠定了坚实的基础。

在经费管理方面,基地建立了完善的经费管理制度和监督体系。青岛黄海学院与华夏天信共同制定了详细的经费管理制度和报销流程规定,确保每一笔经费的使用都符合规定。同时,基地还设立了专门的经费管理机构和监督小组,负责对经费的使用情况进行严格的监督和管理。这一措施不仅提高了经费使用的透明度和公正性,更为基地的可持续发展提供了有力的保障。

除了注重经费管理外,基地还注重加强与其他相关部门的沟通和协作工作。通过与其他部门的紧密合作,基地可以更好地整合各方资源,提高工作效率,确保经费使用的合理性和有效性。此外,基地还注重加强与其他企业和机构的合作与交流工作。通过与其他企业和机构的合作与交流活动,基地不仅可以吸引更多的资金和资源投入实习实训教学工作中来,还可以借鉴其他成功经验和做法,为基地的长期稳定发展提供更多的支持和保障。这些措施共同构成了基地在经费投入和管理机制方面的独特优势,为培养更多高素质的新能源智能装备人才奠定了坚实的基础。

第三节 基地运行与管理机制

一、组织管理体系

华夏天信新能源智能装备实训基地建立了完善的组织管理体系,确保基地的正常运行和高效管理。基地的组织管理体系主要由基地指导委员会、基地管理办公室、专业教研室和实训车间等部门组成。

基地指导委员会是基地的最高决策机构,由青岛黄海学院和华夏天信的高层领导共同组成,负责制定基地的发展战略和规划计划、审议基地的重要事项和决策方案等工作。

基地管理办公室是基地的日常管理机构,由青岛黄海学院和华夏天信的相关部门共同派员组成,负责基地的日常管理和运行工作,包括基地的教学管理、师资队伍建设、设施设备维护、经费管理等方面的工作。

专业教研室是基地的教学科研机构,由各个专业的专任教师和企业专家共同组成,负责制定专业的教学计划和教学大纲、组织教学活动和科研项目等工作,还负责对学生进行专业指导和职业规划等方面的帮助和支持。

实训车间是基地的实践教学场所,配备了各种先进的制造设备和检测设备,负责为学生提供实习实训场所和设施设备支持,帮助学生提高实践能力和职业素养水平。

基地还注重与学校教务处、科研处等部门开展紧密合作与交流活动,以更好地了解学校的教学和科研需求情况,并获得更加精准的服务和支持。

二、规章制度与安全保障

华夏天信新能源智能装备实训基地建立了完善的规章制度和安全保障体系,确保基地的正常运行和学生的安全与健康。

在规章制度方面,基地制定了详细的管理制度和规定要求,包括《基地管理制度》《设施设备管理制度》《师资队伍建设制度》等。这些制度对基地的运行管理、设施设备维护、师资队伍建设等方面进行了明确规定和要求,为基地的正常运行提供了有力保障。此外,基地还注重加强对学生行为规范的教育和管理工作。通过制定《学生行为规范》等规章制度来规范学生的行为举止和言谈举止,并要求学生遵守学校的各项规章制度和纪律要求。

在安全保障方面,基地建立了完善的安全保障体系。如制定《安全管理制度》《应急预案》等来加强对学生的安全教育和管理工作。此外,基地还通过与学校保卫处、后勤处等部门的紧密合作与交流活动来共同维护学生的生命安全和财产安全,为学生提供更加安全、稳定、健康的学习和生活环境支持。

基地还注重加强设施设备的维护和管理工作,确保设施设备的安全运行。

三、质量监控与评价体系

华夏天信新能源智能装备实训基地建立了完善的质量监控与评价体系来确保教学质量的稳步提升。

在质量监控方面,基地注重加强对教学过程和教学质量的监督和管理。例如,定期对教学进度、教学效果等进行检查和评估,及时发现并解决存在的问题和不足之处,并提出相应的改进意见和建议等,促进教学质量的稳步提升。

基地建立了完善的教学质量评价体系,对教学质量进行客观、公正的评价。该体系包括学生满意度调查、教师互评、专家评审等多种评价方式和方法,综合评估教学质量,并为后续的教学改进工作提供有力支持和参考依据。

基地加强对师资队伍的考核和评价,提升教师的素质,增强教师的能力。例如,定期对教师的授课情况、科研成果等方面进行考核和评价,激励教师积极参与教学科研活动并不断提高自身素质和能力。

第四节　实习(实训)教学体系与成效

一、教学体系设计

华夏天信新能源智能装备实训基地的教学体系设计科学合理、符合实际需求。该体系主要由教学目标、课程设置、教学内容与方法以及考核评估等方面组成,旨在培养学生的实践能力和职业素养。

在教学目标方面,基地注重培养学生的实践能力和职业素养。学生通过实习(实训)活动了解企业的生产流程和管理模式,并掌握先进的制造技术和工艺方法,提高自身的实践能力和职业素养。

在课程设置方面,基地根据不同专业的特点和需求设置相应的课程内容和形式。例如,针对电气工程及其自动化专业,可以设置电机与拖动基础、自动控制原理等课程;针对机械设计制造及其自动化专业,可以设置机械设计基础、机械制造工艺学等课程;针对电子信息工程专业,可以设置电路分析基础、信号与系统分析等课程。

在教学内容与教学方法上,基地注重将理论知识与实践技能相结合,提高学生的综合素质和能力水平。例如,采用案例教学、项目驱动教学等,激发学生的学习兴趣和积极性,并帮助他们更好地理解和掌握所学知识。

在考核评估方面,基地建立了完善的考核评估体系对学生的学习成果进行客观公正的评价。该体系包括对学生出勤情况、作业完成情况、实验报告撰写情况等方面进行综合评估和打分,并根据评估结果给予相应的奖励或惩罚措施,激励学生积极参与实习实训活动。

二、教学实施过程

华夏天信新能源智能装备实训基地的教学实施过程规范有序、注重实效。该过程主要包括教学准备阶段、教学实施阶段以及教学总结阶段,确保教学工作的顺利进行和取得良好的教学效果。

在教学准备阶段,基地注重做好充分的准备工作,例如,制定详细的教学计划和教学大纲,明确教学目标和要求,准备好相关的教学资料和设施设备,组织好相关的师资队伍和学生队伍等,确保教学工作的有序开展和高效推进。

在教学实施阶段,基地注重按照教学计划和教学大纲的要求来开展教学工作并注重实践环节的设计和实施工作。例如,组织学生参观企业生产线和工艺流程等,帮助他们更好地了解企业的生产流程和管理模式;安排学生进行实际操作和加工练习,提高他们的实践能力和职业素养水平;邀请企业专家进行专题讲座和交流活动,拓展学生的视野和知识面。

在教学总结阶段,基地注重对整个教学过程进行总结和反思以发现问题并提出改进措施。例如,组织学生撰写实习报告和总结材料,让学生回顾整个实习实训过程并总结经验教训;组织教师进行教学反思和交流活动,让教师分享教学经验和心得并探讨改进措施;对整个教学过程进行评估和反馈,以发现问题并提出改进措施。

三、教学成效与成果

(一)实践教学改革情况

基地在实践中不断调整与改进教学方案,提出"工匠精神引领,强固学生能力"的校外实习教学理念。将理论与实践相结合,使学生对书本知识的理解更透彻,培养其独立分析和解决问题的能力,提高学生的实践能力、创新能力和综合素质,为社会培养创新型人才。

(二)专业建设情况

实习教学体系注重校外实习基地与校内专业教育紧密结合,无缝对接产业发展,使企业全过程、全方位融入人才培养过程,实现了校企协同育人。

(1)基地积极配合学校每年开展的行企调研,把最新的产业资讯和技术发展反馈给学校,也主动与校方交流毕业生的岗位表现、专业能力;

(2)基地积极参加学校组织的人才培养方案论证、修订工作,在人才培养目标确定,专业课程体系构建、实验课时确定等多方面给出合理有效建议;

(3)基地提供设备、人力、技术支撑,与学校一同搭建"层级式"实践教学体系,"工程化"完成学生实践能力培养,"岗位体验式"提升学生实践能力;

(4)选派优秀工程师入校开展"企业课堂",将前沿科技与校内专业课结合,及时补充、更新校内专业教育知识体系;

(5)协助学校在内涵建设的多方面开展工作,联合申报山东省现代产业学院、山东省特色实验室等项目。

(三)课程建设情况

青岛黄海学院智能制造学院与华夏天信联合制定《智能制造学院课程教学团队建设实施办法》,加强课程团队建设,积极参与学校课程建设相关项目申报,不断推进课程建设成果产出。共建山东省一流本科课程单片机原理与应用、机器人技术基础,建设校级一流本科课程电工电子技术、传感器与检测技术等 3 门,校级课程思政示范课程电工电子技术、单片机原理与应用等 4 门。其中,电工电子技术课程被评为校级课程评估示范课。共同编写《维修电工实训》教材,共建机器人学等 3 门在线开放课程。3 门在线开放课程均已上线"学银在线"平台,运行效果良好,其中,玩转工业机器人线上精品课程被推送到学习强国全国平台重点推荐栏目。2021—2024 年,基地开发教学案例 22 个,开展企业课堂 80 节,不断丰富教学内容,提升人才培养与社会需求的契合度。

(四)社会培训情况

华夏天信新能源智能装备示范性实习(实训)基地是国内唯一的煤炭行业职业技能大赛综采维修电工培训基地。2021—2024 年,该基地承担了全国煤炭行业职业技能竞赛综采维修电工赛项参赛人员和裁判员的培训,以及裁判员资格考试任务,确保了竞赛安全、顺利进行。另外,基地为龙口矿业集团、济宁能源等单位进行了中高压变频器、永磁同步一体机的理论与实操培训,累计培训 1600 余人次,使工人的职业素养和能力水平得到进一步提升。

(五)项目合作情况

2016 年,青岛黄海学院智能制造学院推行校企共同体的人才培养模式改革,与企业合作成立智能制造工程校外实践基地。2019 年,青岛黄海学院智能制造学院与华夏天信合作联合成立了机器人产业学院,培养新工科人才。2021 年,依托基地,青岛黄海学院智能制造学院与华夏天信联合申报并获批了山东省智能制造现代产业学院,双方在人才培养、专业建设、双师培养等方面展开全面合作,共建课程 3 门,开发教学案例 10 项,开展企业课堂 10 节。2023 年智能制造学院教师联合企业申报的"产教融合背景下应用型院校校企合作新模式研究""数字化背景下'四段四融'育人模式重塑研究"课题获批中国电子劳动学会"产教融合、校企合作"教育改革发展课题立项。

(六)技术服务情况

从 2019 年开始,青岛黄海学院智能制造学院与华夏天信开展全面的校企合作,合作方向从学生的实习就业,逐渐向技术服务领域转移,努力实现部分新技术的转化及落地。2021 年在联合成立的山东省现代产业学院合作基础上,开展矿山安全监控、GIM 矿山采掘设计等智慧矿山关键技术的合作研究。2022 年,青岛黄海学院智能制造学院参与华夏天信革新,共同应对、解决刮板输送机永磁变频一体机控制的技术难题。2023 年,校企深度合作,学校教师参与攻克 10 千伏矿用隔爆兼本质安全型减速高压永磁同步变频调速一体机等技术难题,创造经济效益达 200 余万元。

(七)共建模式

华夏天信新能源智能装备示范性实习(实训)基地实施"四联动"校企实习实训共建模式(图 9-1)。项目联动:实习实训项目,产教研项目;基地联动:共建企业实训基地,共建学校产业学院;团队联动:专业教师团队,行业专家团队;模式联动:校政企共建,产教科融合。

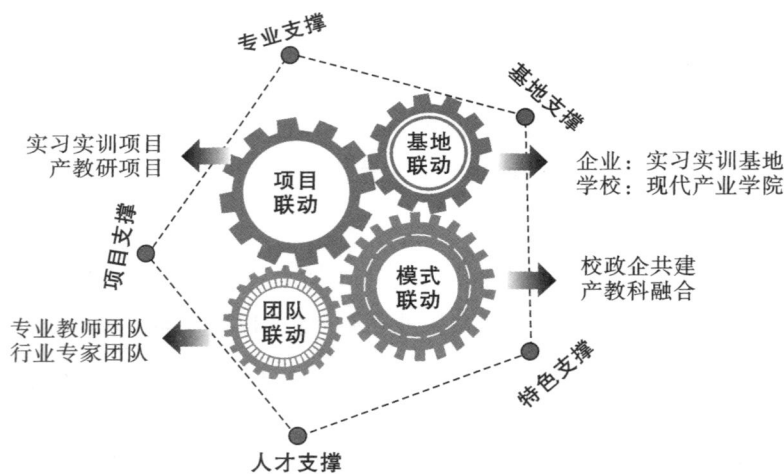

图 9-1 "四联动"校企实习实训基地共建模式

基于基地共建模式,校企联合开展培养目标与产业需求对接、教学标准与行业标准对接、课程体系与职业能力对接、实训过程与生产过程对接、应用研究与技术创新对接、专业教师与企业导师对接、实训平台与现实工程对接、专业文化与企业文化对接,夯实学生综合素养、实践创新、工程应用、持续发展四个基本能力,构筑了高素质应用型人才培养的"四梁八柱"。

基地还注重加强与行业、企业和科研机构的合作与交流,拓展其教学资源和影响力,更好地了解市场需求和技术发展趋势,并为学生提供更加贴近实际和前沿的教学内容和方法,促进学生综合素质和能力水平的提升。

第五节 实践教学改革与社会服务

一、实践教学改革

华夏天信新能源智能装备实训基地注重推进实践教学改革,以适应时代发展需求和提高人才培养质量。基地在实践教学改革方面进行了积极探索和尝试并取得了显著成效。

在课程设置方面,基地注重将理论知识与实践技能相结合,以提高学生的综合素质和能力,通过优化课程结构和内容加强实践教学环节的设计和实施工作,并增加案例分析、项目驱动等新型教学方法和手段,激发学生的学习兴趣和积极性。

在师资队伍方面,基地注重加强师资队伍建设和能力提升工作,提高教学质量和效果,引进优秀人才、加强师资培训和交流合作来提高师资队伍的素质和能力水平,并鼓励教师积极参与科研活动和项目合作。此外,基地还注重加强与企业专家和行业专家的联系与合作,以拓展其教学资源和提高影响力。

在考核评价方面,基地注重建立科学合理的考核评价体系对学生的学习成果进行客观公正的评价。该体系包括对学生出勤情况、作业完成情况、实验报告撰写情况等方面进行综合评估和打分,并根据评估结果给予学生相应的奖励或惩罚措施以激励学生积极参与实习实训活动并不断提高自身素质和能力。此外,基地还注重引入第三方评价机构对教学质量进行独立评价,以提高评价结果的客观性和公正性。

二、专业与课程建设

华夏天信新能源智能装备实训基地注重加强专业与课程建设,以提高人才培养质量和满足市场需求,在专业与课程建设方面进行了积极探索和尝试,并取得了显著成效。

在专业设置方面,基地根据不同行业和领域的需求情况设置相关专业和课程,以满足市场需求和人才培养要求。例如,针对智能制造、新能源等领域,设置电气工程及其自动化、机械设计制造及其自动化等相关专业和课程,满足市场需求和人才培养要求。

在课程体系建设方面,基地注重构建科学合理的课程体系,以提高学生的综合素质和能力,优化课程结构和内容来加强基础课程、专业课程和实践环节之间的衔接和融合,并注重引入行业最新技术和工艺方法,不断更新课程内容。此外,基地还注重加强跨学科交叉融合,拓展学生的知识视野。

在教材建设方面,基地注重加强教材编写和更新,提高教材质量和适用性,组织专家、教师和企业专家共同参与教材编写和修订,确保教材内容符合实际需求并具有前瞻性和创新性。此外,基地还注重引入国外优质教材和教学资源,丰富教材内容和提高教学质量。

在教学资源建设方面,基地注重加强教学资源建设和共享,以提高教学效果和效率。例如,建设在线教学平台、虚拟仿真实验室等新型教学资源,拓展教学形式和手段等方面的内容,并注重与企业合作开发实践教学案例和教学资源,丰富实践教学环节和提高实践教学质量。

三、社会培训与技术服务

华夏天信新能源智能装备实训基地注重加强社会培训与技术服务工作,拓展其社会影响力和服务范围,在社会培训与技术服务方面进行了积极探索和尝试,并取得了显著成效。

在社会培训方面,基地注重根据企业需求和市场需求情况开展各类技能培训和职业教育活动,为企业输送高素质技能型人才。例如,开展电气自动化技术、机械设计制造及其自动化技术等培训课程,满足企业需求并提高员工技能水平。此外,基地还注重与政府部门、行业协会等机构合作开展公益性职业技能培训和就业指导活动,服务社会公众和促进社会就业。

在技术服务方面,基地注重利用自身优势和资源为企业提供技术咨询、技术支持和技术开发等服务支持工作。例如,可以为企业提供电气自动化系统集成、智能装备研发等方面的技术支持和服务,帮助企业提高技术创新能力和市场竞争力。此外,基地还注重与企业合作开展科研项目和产品开发,推动产学研合作和协同创新,有助于为企业创造更多经济效益和社会效益。

基地还注重加强与其他高校和科研机构的合作与交流,以拓展其社会影响力和服务范围。例如,与其他高校和科研机构开展合作研究和学术交流促进共同发展,并为区域经济社会发展做出贡献。

第六节　基地特色与示范推广价值

一、基地建设特色

(一)深度的校企合作机制

紧密合作,共建基地:基地由青岛黄海学院与华夏天信共同建设,实现了从协议签订、挂牌成立到深度合作的全过程紧密合作。校企双方共同规划、建设和管理基地,确保了基地建设的专业性和实用性。

资源共享,优势互补:基地充分利用企业先进的设施设备、真实的职业环境和丰富的行业经验进行实践教学,并与学校的理论教育相结合,形成了资源共享、优势互补的良性循环。企业为基地提供实训设备、技术指导和就业支持,学校则为企业输送高素质人才,促进双方共同发展。

(二)先进的实训设施与设备

高标准建设,满足实训需求:基地拥有占地面积 10138 平方米的实训场地,配备了价值 12350 万元的实习实训设备,且设备技术参数达到企业现场设备中等以上水平,确保学生能够在最接近真实工作环境的条件下进行实训。

持续更新升级,保持领先水平:为了保持基地实训条件处于行业领先水平,基地高度重视设施设备的更新与维护。2021—2024 年,基地不断引入新技术、新设备,以满足行业发展的需求,确保学生始终能够接触到最前沿的技术和知识。

(三)高素质的师资队伍

专兼结合,提升教学质量:基地师资队伍由校内专任教师和企业兼任教师共同组成。校内专任教师具备扎实的理论功底和教学经验,能够为学生提供系统的理论指导和学术支持;兼任教师则拥有丰富的实践经验和行业背景,能够为学生提供实用的职业技能培训和就业指导。这种专兼结合的方式有效提升了教学质量和实训效果。

持续培训与发展:基地注重师资队伍的培训与发展,定期组织教师参加行业培训、学术交流等活动,提升教师的专业素养和教学能力。此外,引进具备丰富实践经验和技能的企业优秀工程师担任兼职教师,进一步充实师资队伍力量。

(四)完善的组织管理与规章制度

成立指导小组,明确职责分工:基地成立了实习(实训)指导小组,明确了各成员单位的职责分工和工作要求,确保基地建设和运行的有序进行。

制定管理文件,规范实训流程:基地制定了《实习(实训)工作方案》《校外实习(实训)学生安全及突发事件应急预案》等管理文件,对实训流程、安全管理、突发事件应对等方面进行了详细规定和说明,确保实训工作的规范化和制度化。

(五)注重实践教学改革与创新

"四联动"校企实习(实训)基地共建模式:基地探索了"四联动"校企实习实训基地共建模式,即项目联动、基地联动、团队联动和模式联动。通过这种模式创新,基地实现了培养目标与产业需求、教学标准与行业标准、课程体系与职业能力等多方面的对接和融合。

实践教学改革与创新:基地在实践中不断调整和改进教学方案,提出了"工匠精神引领,强固学生能力"的校外实习教学理念;通过理论与实践相结合、双导师制等方式,有效提升了学生的实践能力和创新能力。

(六)完善的教学质量监控与评价体系

多维度监控:基地建立了完善的教学质量监控体系,从教学计划执行、教学过程管理、教学质量评估等多个维度进行全方位监控,确保教学质量。

持续改进机制:通过定期的教学评估、学生反馈、企业评价等方式,基地能够及时发现教学中存在的问题,并采取有效措施进行改进,形成持续改进的良性循环。

二、运行成效

(一)提升了学生的实践能力和职业素养

实训条件优越,提升学生实践能力:基地先进的实训设施和设备为学生提供了最接近真实工作环境的实训条件,使学生在实训过程中能够充分锻炼实践能力。

实践教学改革,提升学生创新能力:基地通过实践教学改革和创新,如"四联动"校企实习实训基地共建模式、双导师制等方式,有效提升了学生的实践能力和创新能力。学生在实训过程中不仅能够掌握专业技能和知识,还能够培养独立思考、解决问题的能力和创新精神。

(二)促进了校企双方的共同发展

资源共享,优势互补:基地通过校企双方的资源共享和优势互补,实现了共同发展。企业为基地提供了先进的设施设备、真实的职业环境和丰富的行业经验;学校则为企业输送了高素质人才和技术支持。这种合作模式有效提升了双方的核心竞争力和市场地位。

深化合作,拓展服务范围:基地在深化校企合作的同时,还积极拓展服务范围。基地不仅服务于校内学生,还积极面向社会开展各类技能培训和技术服务活动,为区域经济社会发展做出了积极贡献。

(三)产生了良好的社会影响和经济效益

提升学校声誉和知名度:基地的建设和运营有效提升了青岛黄海学院的声誉和知名度。通过校企合作和产教融合的模式创新,学校培养了大量高素质应用型人才,赢得了社会各界的广泛认可和赞誉。

创造经济效益和社会效益:基地在为社会培养高素质人才的同时,还创造了良好的经济效益和社会效益。企业通过基地的合作模式招聘到了一批高素质员工,提升了企业的生产效率和市场竞争力。

三、示范推广价值

(一)为其他高校提供可借鉴的范例

基地通过校企深度合作、资源共享、师资队伍共建等方式,实现了产教融合的目标,为其他高校在产教融合方面的探索提供了借鉴和参考。

(二)推动区域产教融合发展

基地的建设和运营有效促进了区域内高校与企业的紧密合作,为区域经济社会发展提供了有力的人才支持和技术支撑,对于推动区域产教融合发展具有重要意义。

(三)提升人才培养质量

基地通过提供先进的实训设施、高素质的师资队伍和完善的教学质量监控体系等条件,有效提升了学生的实践能力和职业素养,为培养适应市场需求的高素质应用型人才提供了有力保障。

(四)拓展社会服务功能

基地不仅服务于校内学生,还积极面向社会开展各类技能培训和技术服务活动,有效拓宽了社会服务功能,为区域经济社会发展做出了积极贡献。这种社会服务功能的拓展也为其他基地在拓展社会服务方面提供了参考。

基地在产教融合、校企合作方面形成了独特的模式并取得了显著成效,具有较高的示范推广价值。未来,随着教育改革的不断深入和产教融合的持续推进,基地的经验和模式有望在更广泛的领域内得到应用和推广。

第十章　海洋智能装备实验教学中心

第一节　实验教学中心概况与建设背景

一、中心概况

(一)中心简介

海洋智能装备实验教学中心(以下简称中心)成立于2010年,是青岛黄海学院实验教学示范中心之一。中心专注于海洋智能装备领域的实验教学与科学研究,依托国家级一流本科专业——船舶与海洋工程专业,山东省一流本科专业——机械设计制造及其自动化专业的卓越优势,致力于打造具有鲜明特色的实验教学与人才培养基地。自成立以来,中心始终以培养高素质应用型人才为目标,不断深化实验教学改革,提高教学与科研综合水平,为海洋智能装备领域输送了大量优秀人才。

(二)硬件设施与资源

中心的实验室集中在青岛黄海学院1号实验楼的一至四楼、2号实验楼的一楼,实验用房使用面积9484平方米,生均使用面积8.3平方米。实验室具备良好的通风、照明、网络通信等设施。中心建有40个实验实训室和8个创新工作室,涵盖了船舶与海洋工程、机械加工与制造、电气工程与自动化、机械工程等多个领域。中心现有实验仪器设备1950台套,总价值2350余万元。近几年仪器设备更新较快,年更新率达10%。

中心的实验室和仪器设备实行专人管理、专人维护、定期检修制度。实验中心每年开设实验项目近300个,实验开出率100%,参与学生近7000人次,各类实验室、实验与实训软件和资源得到了充分利用。各创新工作室平均每天12小时对学生开放,充分满足了学生课外研究型和创新型实践的需求。中心设备完好率达98%,利用率达80%以上。

中心的船体结构实验室拥有高精度测量仪器和仿真模拟系统,为学生提供了直观了解船舶结构设计的平台;数控加工实验室则配备了多台先进的数控机床,让学生在实践中掌握精密加工技术。设备和实训室在培养学生实践能力和创新能力方面发挥了重要作用。

（三）软件资源与数字化教学

中心建设了丰富的数字化实验项目和网络教学资源,包括 31 个数字化实验项目,资源容量达 26.68 GB,年度访问总量超过 10 万次。教学资源以生动形象的方式呈现实验内容,有助于学生进行线上自学和实验预习,提高了学习效率。

中心在数字化建设方面采取了多项有力措施,实现了校园网络的高速覆盖,依托信息中心进行精细化的网络管理。中心的制度、教学文件、教案、实验项目、教学大纲等关键资料全部网上可查询,方便师生随时查阅,实现了资源的共享与高效利用。通过构建功能完善的数字化实验教学平台,提升实验教学效率与质量。

中心配置了数字化虚拟实验室,对危险系数高、仪器设备价格昂贵的实验装置,学生可以通过数字化的虚拟实验室进行多次重复模拟训练,直至完全学会正确的操作方法,得出实验结论。与企业合作开发数字化虚拟工厂仿真系统,让学生自由选择岗位,亲身体验工厂的工作流程,极大地增强了教学的实践性和趣味性。

中心构建实验教学管理平台,对实验室资源进行统一协调和管理,向师生提供数字化服务。所有实验都通过实验教学管理平台进行预约、实施。实验行为统一管理。学生个人预约记录可以通过平台方便地查询。平台可查询预约实验的情况,例如预约时间、预约机架、预约实验等等;可进行实验预约记录管理。中心通过实验教学管理平台统一管理,既保证实验室设备安全性,还可以记录学生实验信息,便于对学生实验效果进行评估,有效提高资源利用率,为教学质量的持续提升提供了有力支持。

（四）师资队伍与教学团队

中心拥有专兼职人员共 53 人,其中教授 22 人,副教授、高级工程师 14 人;实验系列教师 11 人,占比 20.8%;硕士及以上学位教师 47 人,占比 88.7%,其中博士学位教师 12 人;"双师型"教师占比 90%。中心教师团队实力雄厚,拥有"齐鲁首席技师"、青岛市"优秀青年岗位能手"、"教学名师"等荣誉获得者。近年来,团队成员在海洋智能装备领域取得了显著成果,发表高水平 SCI 论文 50 余篇,并成功转化多项技术成果,为社会服务项目提供了有力支持。

二、建设背景

（一）海洋经济的发展与需求

随着全球海洋经济的迅速发展,海洋资源的开发利用已成为各国竞相争夺的战略高地。海洋智能装备,作为海洋探测、环境监测和资源开发的关键工具,其重要性日益凸显。在全球经济一体化的大背景下,海洋智能装备领域正迎来前所未有的发展机遇,展现出蓬勃的发展活力。这一领域不仅涵盖传统的海洋声学技术、海洋光学技术,还涉及新兴的海洋遥感技术、智能感知与信息处理技术等多个学科领域,呈现出多元化、复杂化的趋势。

海洋智能装备在海洋资源的可持续利用、海洋环境的保护与管理以及海洋灾害的预警与应对等方面发挥着不可或缺的作用。例如,高精度的海洋声学设备能够探测海底地形地貌,为海洋工程建设提供精确的数据支持;海洋光学技术则能够监测海水质量,为环境保护提供科学依据;而海洋遥感技术和智能感知与信息处理技术的结合,更是为海洋资源的动态监测和管理提供了强大的技术支持。

为了顺应海洋智能装备领域的发展趋势,培养具备跨学科知识和实践能力的海洋智能装备专业人才显得尤为重要。这些人才不仅需要掌握扎实的理论基础,还需要具备将理论知识应用于实际问题的能力,能够在海洋智能装备的研发、生产、应用和维护等各个环节中发挥重要作用。

(二)技术进步对人才的需求

海洋智能装备技术的不断进步,对从业人员的专业技能和创新能力提出了更高要求。传统的教育模式往往侧重于理论知识的传授,却忽视了对学生实践能力和创新能力的培养,导致难以满足当前及未来海洋智能装备行业对人才的需求。

具体来说,海洋智能装备技术的发展对人才提出了以下几方面的要求:一是需要掌握先进的海洋智能装备技术原理和应用知识,包括声学、光学、遥感、智能感知与信息处理等多个学科领域的知识;二是需要具备将理论知识转化为实际应用的能力,能够在海洋智能装备的研发、生产、应用和维护等环节中发挥重要作用;三是需要具备创新思维和解决问题的能力,能够应对海洋智能装备领域不断涌现的新技术和新挑战。

为了满足这些要求,建设海洋智能装备实验教学中心显得尤为重要。通过实践教学,学生可以在真实的或模拟的海洋智能装备环境中进行学习和操作,深入了解海洋智能装备的工作原理和应用场景,提升自己的专业素养和创新能力。同时,中心还可以与企业、科研院所等机构紧密合作,共同开展技术攻关和成果转化,推动海洋智能装备技术的持续进步和产业的发展。

三、建设意义

(一)支撑教育质量提升与海洋智能装备领域发展

海洋智能装备实验教学中心的建设,直接关乎教育质量的提升,并对海洋智能装备领域的未来发展起着重要的支撑作用。通过深入剖析中心的发展历程、现状以及实验设备与技术更新的需求,可以更好地理解其在教育体系和产业发展中的定位与贡献。从最初的教学实验室到如今配备先进技术设备的教学中心,体现了高等教育与产业需求之间的紧密结合。中心通过不断更新设备、优化教学体系,确保学生能够接触到最前沿的技术和实践操作,为海洋智能装备领域输送高素质的专业人才。

（二）完善实践教学体系与推动产教融合

实践教学体系的完善是中心建设的核心任务之一。通过构建多层次的实践教学体系，包括基础实验操作、综合实验设计和创新性研究项目等，可以全面提高学生的实践能力和解决问题的能力。以实践为导向的教学模式，不仅可以培养学生的创新精神和实践操作能力，也为学生未来的职业发展奠定坚实的基础。同时，实验教学改革与创新也是提升教学质量的重要途径。例如，引入项目式学习、翻转课堂等现代教学方法，可以激发学生的学习兴趣，提高他们的自主学习能力和团队协作能力。此外，校企合作与产教融合在中心的建设中发挥着不可或缺的作用。通过与企业的紧密合作，中心能够及时了解产业需求和技术发展趋势，调整教学内容和方法，确保人才培养与产业需求的紧密对接。这种合作模式不仅为学生提供了更多的实践机会和就业渠道，也促进了科研成果的转化与应用，推动了教育链、人才链与产业链、创新链的深度融合。

（三）提供借鉴与促进技术创新

全面研究海洋智能装备实验教学中心的建设情况，并提出改进建议，不仅对于提升该中心自身的教育质量和人才培养水平具有重要意义，同时也为相关领域的实验教学中心建设提供了有益的参考和借鉴。该中心成功经验和实践案例的分享，可以促进各实验教学中心之间的交流与合作，共同推动海洋智能装备领域的技术创新和人才培养工作向前发展。跨领域的合作与交流，有助于形成协同创新的良好氛围，加速科技成果的转化与应用，为海洋智能装备领域的可持续发展注入新的活力。

第二节　实验教学中心建设规划与条件保障

一、建设规划

（一）实验教学核心地位

中心的建设以工匠文化实践育人，践行"知行合一"校训，秉持"惟德惟能、止于至善"校风，倡导学以致用，致力于构建集教学、科研、社会服务于一体的综合性实验教学平台。青岛黄海学院通过优化实验室布局与规划，提升实验教学和实验室建设管理水平，确保实验教学在人才培养中的核心地位。青岛黄海学院在政策导向与经费投入上给予实验教学中心建设以明确倾斜，确保其持续稳健发展。

（二）实验教学中心宏观规划

中心以培养高素质应用型人才为目标，以建设省级示范中心为标准，以深化实验教学改革、提高"中心"教学与科研的综合水平为动力,以建设一支高水平的实验教学队伍为根本,以学科建设、人才培养、团队建设、平台基地、科研项目、教学成果等为重点,努力建设成为具有先进的实验基础设施,具有结构合理、实践经验丰富的实验教学队伍,具有鲜明特色体系的开放型实验教学与人才培养基地。

(三)改革思路与方案

青岛黄海学院秉持构建层级递进式实验教学体系的改革思路,旨在通过以能力培养为核心的实验教学,形成涵盖基础认知、专业训练及综合运用能力三个层次的实验教学平台。具体方案:加大实验室软硬件建设投入,确保每年不低于 2000 万的经费用于实验室的更新、改造与扩建,以拓展实验项目能力;提高实验室开放度,增加创新性和综合性实验比例,鼓励学生参与创新实践活动;建设高水平实验教学队伍,通过引进与培养相结合的方式,构建由教授领衔、主讲教师与实验技术人员共同参与的教学团队;并积极搭建校企合作平台,与行业企业深入合作,共同提升实验教学与科研水平。

二、条件保障

(一)组织管理与制度建设

青岛黄海学院完善运行管理机制,实行校、院两级管理体制,采取主任负责制,设主任 1 名、副主任 2 名。在实验资源上实行实验室人员、实验教学、实验经费、仪器设备、实验用房"五统一"管理与调配,达到资源优化、开放共享。中心出台了《实验室教学管理规定》《实验教师与管理员岗位职责》《实验室开放管理办法》及《学生实验行为准则》等详细的管理制度和工作流程,明确岗位职责、细分责任目标,确保中心各项工作的规范化、制度化运行。各实验室技术人员实行竞争上岗,建立良好的竞争机制。管理体制和运行机制的完善,保障了中心高效运行。

(二)人才队伍建设与培养

中心高度重视实验教学队伍的建设,通过实施教授"传、帮、带"制度,促进青年教师的快速成长。同时,积极从高校、企业引进优秀人才,不断优化实验教学队伍的学历组成、职称结构,提升整体教学水平与科研能力。此外,还注重教师的持续发展,鼓励和支持教师参加专业培训、学术交流等活动,不断提升其专业素养和创新能力。组织中心教师参加校内外交流培训活动;制定相应政策,采取有效措施,鼓励高水平教师投入实验教学工作。2020—2024 年引进 8 位优秀博士,培养 1 名"齐鲁首席技师"、2 名市级教学名师、1 名市"优秀青年岗位能手"、2 名西海岸新区"拔尖人才"等,制定激励和扶植政策,引导中青年教师申请教科研项目,进一步提高中心实验教学队伍的学术水平和实验教学水平。

（三）教学规范与改革

中心全面规范了实验教学程序,包括实验室安全教育、课前预习、课中指导、成绩记录、实验报告撰写及实验仪器使用等环节,确保实验教学活动有序开展。同时,加强了实验教学常规检查,制定了详尽的检查安排表,定期对教风、学风进行监督检查,并通过召开实验教学资料检查与研讨会,总结经验、发现问题、提出改进建议,以促进实验教学质量的持续提升。青岛黄海学院重视实验教学改革,设置教改专项,推动教学、科研相结合,将科研成果转化为教学内容;推动校内外实践基地相结合,将实习实训、毕业设计、创新竞赛、大创项目与工程实践相结合,推进学生实验技能与科研素质能力提升。中心自编实验讲义 14 部,毕业设计题目来自工程实践的占比为 90%。

（四）建设经费持续投入

青岛黄海学院划拨专项经费用于中心的软硬件建设,2021—2024 年投入 320 余万元,重点建设了工业机器人、船体结构、人机工程等实验实训室,共增添实验设备 887 台套,新建实验室 5 间,新增实验软件 10 余套,保障实验教学具备良好条件和教学活动的有序发展。

第三节　实验教学中心管理机制与运行模式

一、校院两级管理机制

实验教学中心以工程教育为核心,旨在通过能力培养和强化实践的手段,专注于培养高端装备与现代海洋产业领域的应用型、创新型人才。依循专业特色,实验教学中心组织架构(图 10-1)细分为数字化设计、智能制造、山东省特色实验室、科技创新工作室四大分中心,遵循"统一规划,分工负责"的原则,实行校、院两级管理体制;采取主任负责制,全面负责实验室的各项工作。

实验室工作委员会由教学工作部、财务部、人力资源部和后勤保障部组成,负责审定实验室建设规划和年度实施计划,每年至少召开一次会议。中心组建了由校内外专家构成的教学指导委员会,负责审议培养目标、实验教学体系及重大项目,确保每学期至少召开一次会议。此外,中心构建了规范化、系列化的管理制度,确保校企合作和实验教学的有效、规范运行。实行实验项目负责人机制,实验教学人员根据类别及项目分组管理,提升管理效能,保障教学质量。实验室管理员兼任安全卫生责任人,负责实验教学管理、仪器设备保养与维护,确保学校资产的安全与完整,也为中心的发展提供了有力保障。

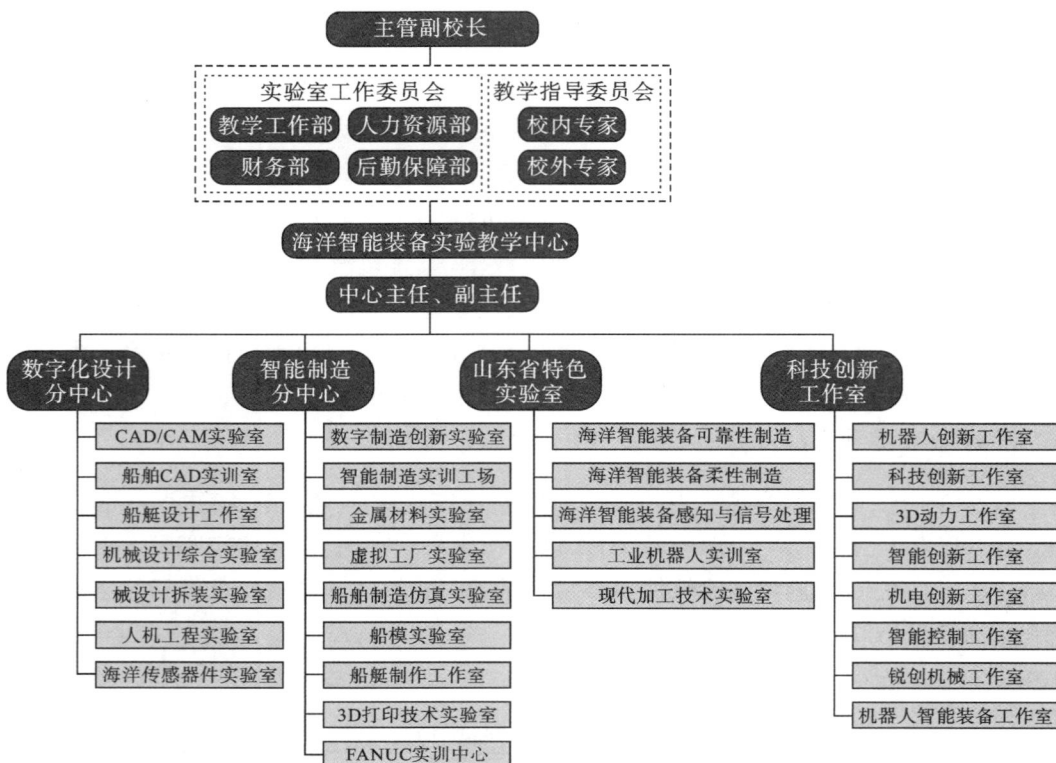

图 10-1　实验教学中心组织架构

二、融合高效运行模式

(一)高效管理模式

中心采用高效的管理模式,确保实验室资源的最大化利用。中心设有专门的管理团队,负责日常的运行调度、设备维护以及安全管理等工作。中心建立了实验室管理网络信息平台实行信息化管理,建设中心网站,学生可在线查看各项通知,学习网络教学资源。教学资源每学期更新1次。

信息化管理平台由3个相互关联的网站系统组成:一是中心网站,在学院网站基础上,根据山东省实验示范中心的建设要求进行完善,视频和基本教学资源年更新比例达18%;二是学校统一认证平台下的正方教学管理系统,依托该系统丰富的资源,中心所有的实验仪器设备、实验大纲、教学计划等教学资源都可上传至该系统,进行信息化管理和教学互动;三是学校的教学质量监测保障系统,该系统可以实施学生对实验课程的课程评价、学生对教师的评价、教师对学生的评学及满意度调查等,有效促进信息的反馈与评价。

（二）开放共享机制

为了提升实验室的利用率和效益,中心建立了开放共享机制。除了满足正常的教学需求外,中心所有实验室还面向全校师生、科研团队以及校外合作单位开放。实行预约制度,师生需提前通过实验教学管理平台进行实验预约,确保实验时间的合理安排和实验室资源的有效利用。

中心开设的实验课程全部实行网上选课、预约和互评。开放式实验教学包括实验室及实验项目向学生开放。学生可预约进入实验室,在教师的指导下选做跨学科、综合性、设计性的实验,不仅促进了资源的共享与交流,也增强了实验室的辐射力和影响力。预约系统还可实现实验预习、自测、实验准备、师生互动等。此外,学生在该系统中还可提交实验报告、查看实验成绩、对教师进行评价。

（三）深度融合机制

实验教学中心注重实践教学与科研的有机结合,力求实现两者之间的良性互动与共同促进;鼓励教师将科研成果转化为实验教学项目,丰富和优化实验教学内容。教师将自身在科研活动中取得的新知识、新技术和新方法融入实验教学中,设计具有创新性、探索性的实验项目,提升实验教学的时效性和先进性。

中心还注重引导学生通过实验活动参与科研项目,培养其科研能力和创新精神;为学生提供丰富的实验平台和资源,支持学生自主设计实验方案,开展探索性研究。在实验过程中,学生不仅能够锻炼和提升实验技能,还能够学会如何有效地发现问题、分析问题并解决问题,从而培养创新思维和团队协作能力。

中心还积极加强与校内外科研机构的合作与交流,拓宽学生的学术视野,促进实验教学与科研的深度融合。中心通过邀请科研专家来校进行学术讲座和指导,组织学生参与校外的科研项目和竞赛,加强师生与科研人员的交流与合作,推动实验教学与科研活动的有机结合,实现资源共享和优势互补。

（四）安全高效的运维保障

中心为确保实验室设备的正常运行和实验活动的顺畅进行,制定了详尽的设备维护计划,由管理人员定期对实验室设备进行细致的检查、清洁与保养,特别是针对大型、精密设备,实行专人负责制,以确保其精准运行和延长使用寿命。同时,中心建立了快速响应的维修机制,当设备出现故障或损坏时,管理人员能够迅速进行初步排查,并立即联系专业维修人员进行处理,且提供了便捷的设备故障报修系统,方便师生及时报修并实时跟踪维修进度。此外,安全始终被置于运维工作的首位。中心制定了严格的安全管理制度,涵盖了设备使用操作规程、安全防护措施及应急处理预案等多个方面,并定期为管理人员和师生开展安全教育与培训,以提升其安全意识和防范能力,确保实验室的安全运行。

第四节　实验教学中心教学体系建设

一、实验教学体系设计

(一)教学理念

海洋智能装备实验教学中心本着"学生中心、思政引领、强化实践、创新发展"的教学理念,以"新工科"为教育背景,以"中国制造 2025"、山东省"十强"优势产业为战略引领,以高素质创新型、应用型人才为培养目标,实施"全方位、全过程、全要素"校企协同育人模式,采用多元化开放与分层次递阶组合的实验教学模式,开辟具有"实效性、扩展性、创新性"的实践育人新途径,实现"校企协同、虚实结合、专创融合"的新局面,满足社会在新形势下对海洋智能装备领域人才的迫切需求。

中心围绕学生基本专业知识与技能、综合分析与设计能力、创新意识与精神的培养,通过"知识传授+能力培养+价值塑造"实施"全方位"协同实践育人,通过"专业基础+专业技能+专业综合+工程创新"的层级递进式实验实践教学体系的完善,不断扩充实践教学内容,实现基础与综合、经典与现代的有机结合,充分体现中心实践教学体系具有"实效性"的特点。

中心通过校企"平台共建、师资共培、人才共育、成果共享"打造"全过程"协同实践育人的新格局,构建"课程+项目、课堂+车间、实训+生产"构建"全要素"协同实践育人模式,将实验教学内容与科研、工程、社会应用实践密切联系,改造传统实验教学内容和实验技术方法,加强设计性、综合性、创新性实验,形成校企良性互动、校企双赢、人才培养与社会需求契合度提升的局面。

(二)层级递进实验实践教学体系

海洋智能装备实验教学中心主要面向船舶与海洋工程、机械设计制造及其自动化、智能制造工程、电气工程及其自动化、机器人工程等专业,开展实验实践教学活动,并承担课程设计、生产实习、毕业设计、本科创新、学科竞赛及相关科研工作等实践活动。坚持"面向产业、强化实践"的人才培养指导思想,提出"厚基础、强应用、分层次、重开放、促创新"的五项基本原则,以教学改革为切入点,以创新实践为要点,突出实践性教学环节,优化资源配置,促进教学与科研有机结合,构建了"基础型+技能型+综合型+工程型"层级递进实验实践教学体系(图 10-2),以提高学生学习能力、实践能力与创新能力。

中心紧跟时代发展和企业需求,依托 5 个省级平台(基地)、2 个市级平台(基地)、8 个校内科创开放实验室、4 个校级科研团队及 50 余家校外实习实训基地,建立"学期小实践,学年大实践"的实践能力培养机制,以学生实践能力和创新能力培养为主线,紧紧围绕学生的知识、能力、素质教育，全面推进课程体系和实验教学内容改革，改革实验教学方法与手段，通过基础型实验、技能型实验、综合型实验和工程创新型实验四个层级的训练，突出个性能力发挥，把基础知识和基本技能、科学思维、创新能力贯穿于实验教学的整个过程，以实验实践带动专业技能竞赛，突出教学过程的实践性及应用性。

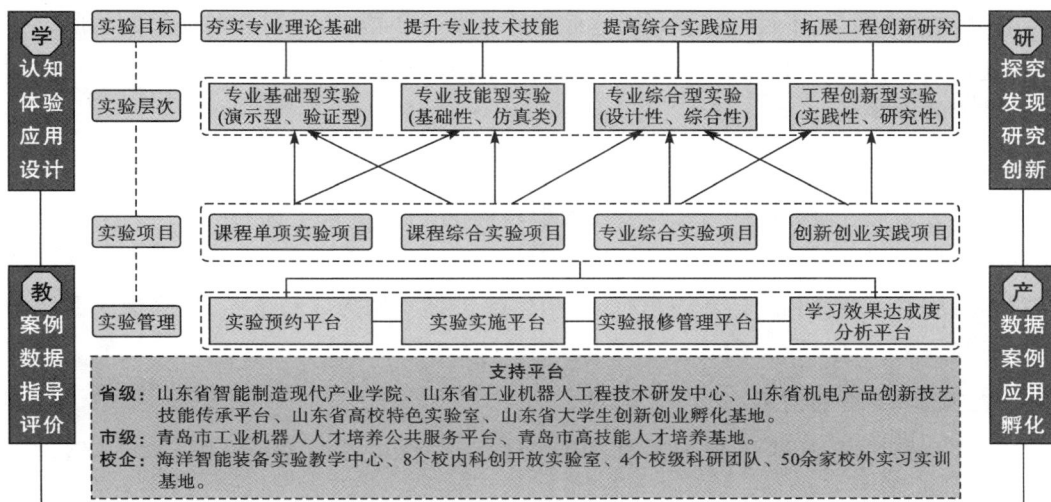

图 10-2　层级递进实验实践教学体系

二、实验教学改革创新

在实践教学体系的设计与实施过程中，中心始终注重教学方法、教学手段与教学模式的创新。中心积极引进先进的教学理念和技术手段，结合自身的实际情况，进行教学改革与创新。

(一)教学方法创新

1. 项目驱动法

项目驱动法，作为一种以实际工程项目为核心的教学方法，在层级递进实验实践教学体系中扮演着至关重要的角色。通过将实验内容与实际工程项目紧密结合，该方法不仅激发了学生的学习兴趣，还促使他们在完成项目的过程中逐步掌握所需的专业知识和技能。项目驱动法强调理论与实践的深度融合，有助于学生在实践中发现问题、解决问题，进而提升他们的实践操作能力和问题解决能力。

2. 分层次教学法

分层次教学法针对学生的专业基础和学习能力差异，在实践教学体系中得到了广泛应用。该方法将实验内容划分为不同的层次，从专业基础型实验逐步过渡到工程创新型实验，确保了学生在每个层次中都能获得明确的学习目标和要求。这种循序渐进的教学方式,有助于学生逐步深入学习和掌握专业知识,同时避免了知识难度过大导致的挫败感。

3.团队合作学习法

团队合作学习法在实践教学体系中同样占据重要地位。该方法通过鼓励学生组成小组,共同完成项目,不仅促进了学生之间的相互学习和帮助,还培养了他们的团队合作和沟通能力。在团队讨论和协作中,学生能够拓宽思路,激发创新思维,从而更好地应对复杂的实验任务。

4.研究性学习法

中心大力推广研究性学习和探究式教学,通过引导学生自主选题、设计方案、开展实验和撰写报告等过程,培养他们的独立思考能力和解决问题的能力。同时,教师在这个过程中扮演着引导者和指导者的角色,为学生提供必要的指导和帮助,以确保实践教学的质量和效果。

(二)教学手段的创新

中心充分利用现代信息技术手段,如虚拟仿真技术、在线教学平台等,丰富实践教学手段和形式。

1.数字化实验平台

数字化实验平台的建立,是教学手段创新的重要标志。该平台集成了实验预约、实验实施、仪器报修和学习效果分析等功能,为学生提供了便捷、高效的实验学习环境。同时,平台还提供了丰富的实验资源和案例,有助于学生拓宽知识视野,提高实验操作技能。数字化实验平台的运用,不仅提高了教学效率,还促进了科技与教育的深度融合。

2.虚拟仿真实验

虚拟仿真实验技术的引入,为实验教学带来了新的可能性。通过虚拟仿真实验,学生能够在计算机上模拟真实的实验环境,进行实验操作。这种方法不仅降低了实验成本,提高了实验的安全性和可重复性,还为学生提供了更多样化的实验体验。虚拟仿真实验的运用,有助于突破传统实验教学的局限,推动实验教学的现代化和多元化发展。

3.线上线下混合教学

线上线下混合教学模式的采用,是教学手段创新的又一亮点。该模式结合了线上和线下教学的优势,既保证了学生能够随时随地进行自主学习,又确保了教师能够进行面对面的指导和答疑。这种教学模式不仅提高了教学效率,还增强了学生的学习体验和互动性。通过线上线下混合教学,学生能够在更加灵活多样的学习环境中获得全面的发展。

这些创新的教学方法和手段不仅提高了实践教学的效果和质量,也激发了学生的学习兴趣和积极性。学生在这样的教学环境中,能够更加主动地参与到实践教学中来,不断提升专业素养和实践能力。

(三)教学模式创新

中心聚焦学生核心能力与素质的培养,采用归一化、工程化、个性化教育的多元化教学模式(图 10-3),从"强基""固实""创新"3 个层面循序渐进地提升学生的工程实践能力和创新能力。

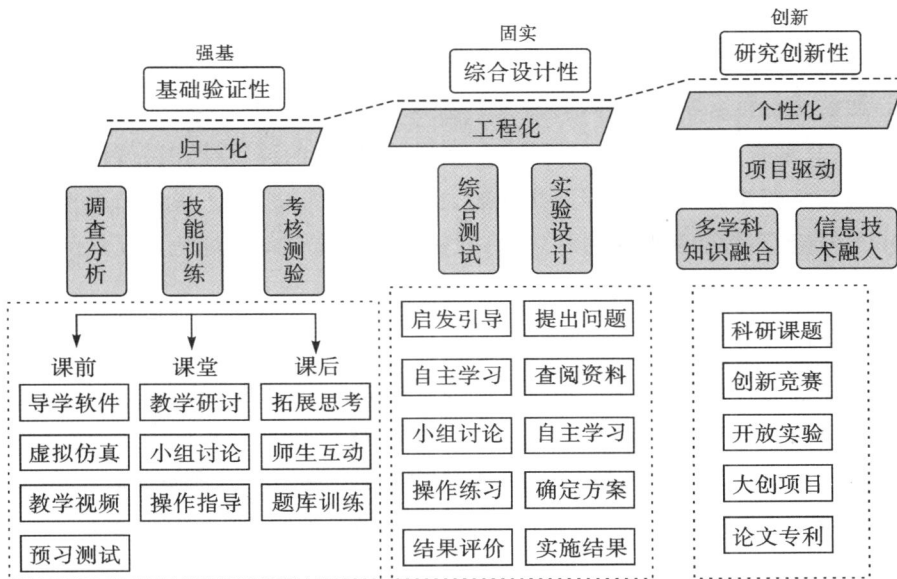

图 10-3　教学模式

"强基"阶段,专注于基础验证性教育,旨在为学生打下坚实的理论和技能基础。通过归一化处理学习内容,确保知识体系的系统性和连贯性;利用调查分析了解学生的实际情况,为教学提供精准定位;实施严格的技能训练和考核测验,确保学生真正掌握所学内容。借助导学软件、虚拟仿真、教学视频等丰富的教学资源,引导学生在课前进行有效的预习和测试,为后续学习做好充分准备。

"固实"阶段,强调综合设计性教育,注重提升学生的实践能力和综合素质。通过工程化项目、综合测试、实验设计等环节,让学生在实践中巩固知识、提升能力。课堂教学与课后拓展紧密结合,通过教学研讨、小组讨论、师生互动等多种形式,激发学生的学习热情和主动性。同时,鼓励学生进行拓展思考和题库训练,培养他们的独立思考和问题解决能力。此外,特别注重培养学生的自主学习能力,通过启发引导、小组讨论等方式,引导学生主动探索、积极学习。

"创新"阶段,注重培养学生的创新意识和创新能力。通过个性化教育满足学生的不同需求,通过项目驱动激发学生的学习兴趣和创造力。鼓励学生跨学科学习,融合多学科知识,以拓宽视野、提升综合素质。同时,将信息技术融入教学,为学生提供更加丰富、便捷的学习资源和工具。此外,积极组织学生参与科研课题、创新竞赛、开放实验和大创项目等实践活动,通过实践锻炼和团队协作,提升学生的创新思维和解决问题的能力。同时还重视学生的科研成果产出,鼓励学生撰写论文、申请专利,为学生全面发展提供有力支持。

三、实验课程改革与拓展

(一)实验课程的优化整合

中心通过优化整合实验课程,打破了传统课程的界限,将相关联的实验课程有机融合,形成了一套具有鲜明特色的实验课程体系,提升课程的连贯性和系统性,有助于学生更好地理解和掌握相关知识,增强其实践能力。同时,中心引入了虚拟仿真实验技术,为学生提供了便捷、高效的实验学习环境,有效解决了实验设备和场地不足的问题,进一步提高了实验教学的效率和质量。

(二)实验课程的全面完善

在实验课程的完善方面,中心对现有实验课程进行了全面的梳理和优化。针对过时或不再适应当前技术发展的实验内容,中心及时进行了调整和更新,确保实验课程的先进性和实用性。同时,为了增强学生的实践体验,中心增加了一系列与海洋智能装备实际应用密切相关的实验项目,如海洋环境监测、智能装备控制等,使学生能够更直观地了解所学知识在实际中的应用。

(三)实验课程的深度拓展

除了完善现有实验课程外,中心还积极拓展实验课程的广度和深度,增加了综合性实验和创新性实验的比例,鼓励学生综合运用所学知识解决实际问题,并发挥创新思维自行设计实验方案进行实践验证。开放式的实验教学模式极大地激发了学生的学习热情和创新精神。同时,中心还注重实验课程的跨学科融合,与其他学科实验教学中心合作,共同开设跨学科实验课程,培养学生的综合素养和跨领域合作能力,为学生提供了更广阔的学习视野和学习机会。

(四)评价体系的建立与完善

基于持续改进的理念,中心建立了双闭环实验教学评价体系(图10-4)。校内采用校、院、系三级联动督导方式,每学期实现督导听课全员覆盖;校外则邀请企业、毕业生等利益相关方参与评价,重点考评学生的专业技能、创新能力及工程素养等。评价体系采用了多元化的评价方式,充分考虑了实验教学的独特性和目标,除传统的笔试和实验报告评分外,还纳入了实验操作考核、团队协作能力评估及创新项目设计等评价方式,以更全面地衡量学生在实验教学中的表现,克服单一评价可能带来的片面性,提供更为立体和准确的评价视角。在评价结果的处理上，中心注重反馈与利用。教师会根据评价结果，为学生指出存在的不足，并提供具体的改进建议，从而帮助学生有效提升实验能力和锻炼创新思维。此外，中心还定期对实验教学评价体系进行审视和修订，确保其与时俱进，适应实验教学发展的新趋势和新要求。

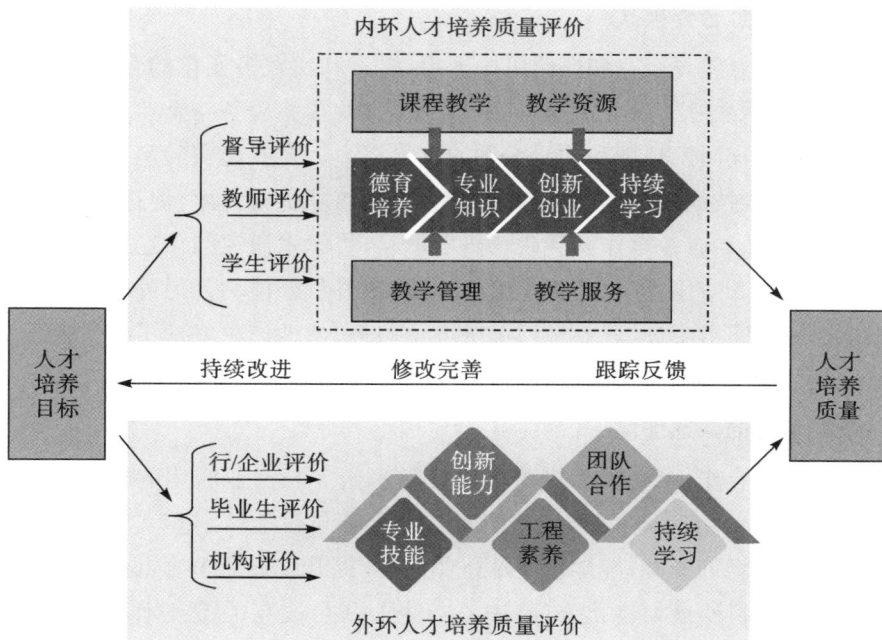

图 10-4 评价体系

四、创新实践与数字化资源引入

(一)创新实践平台的搭建

中心构建了在线实验教学平台，注重学生实践能力的全面培养。通过鼓励学生参与科研项目，将理论知识转化为实践操作。在科研项目中，学生发挥创意和才能，与导师和团队成员共同探索海洋智能装备的前沿技术，加深对专业知识的理解，培养团队协作精神和创新意识。此外，中心积极组织海洋智能装备设计大赛、实地考察等多样化的实践活动，激发学生的探索欲望和创新精神。

(二)数字化资源的深度融合

中心在探索创新实践的过程中，深度融合了数字化资源，极大地延伸了实验教学的边界，还打破了时间和空间的限制，使学生能够随时随地进行实验操作和学习。在线实验教学平台内嵌丰富的实验教学资源，通过智能化的学习管理系统，帮助学生规划学习进度、监控学习效果。学生可以自主选择实验项目进行预习和模拟操作，为实际实验操作奠定坚实基础。同时,平台提供实时的实验数据分析和反馈,使学生及时了解学习状况,有针对性地改进学习方法。

五、校企协同与产教融合

(一)多元化校企合作模式

中心积极与业界领先企业和科研机构携手,探索和实践多元化的合作模式。共建实验室是其中一项重要举措。这些实验室融合了顶尖的实验设备与企业的实际研发项目,为学生提供接触真实研发环境和项目案例的宝贵机会。在共建实验室中,学生得以深化理论知识,提升实验技能,而企业也借此平台吸引和培养优秀人才,促进技术创新和成果转化。此外,中心还与企业合作开展联合研发项目,将学术研究与市场需求紧密结合,推动科研成果的转化和应用,同时拓宽学生的视野,提升创新能力。另外,人才培养基地的建立为学生提供了实习实训、职业规划等全方位服务,使他们更好地了解行业发展趋势,规划职业生涯,同时也为企业输送了大量优秀人才。

(二)产教融合的深远影响

通过深度校企合作,中心成功搭建了连接学术研究与产业应用的桥梁,实现了人才培养与科研创新的良性互动。在人才培养上,企业参与教学计划和实验课程的设计,提供实习岗位和职业培训资源,使学生紧贴行业前沿,提升就业竞争力,同时满足企业对专业人才的需求。在科研成果转化方面,中心与企业联合攻克关键技术难题,推动技术升级,实现科研成果的商业化和产业化,为企业带来经济效益,推动行业进步。此外,产教融合还提升了中心的社会服务能力,为地方经济发展和产业结构升级贡献力量,并通过技术推广和科普教育,增强公众对海洋智能装备技术的认知,为海洋科技人才的培养奠定坚实基础。

第五节　实验教学中心特色与示范作用

一、实验教学中心特色

(一)层级递进实践教学体系

中心依托国家级和省级一流专业、省市级教学平台,构建了层级递进的实践教学体系。该体系以工程实践应用与创新能力培养为主线,采用多元化开放与分层次递阶组合的实验教学模式,实现"校企协同、虚实结合、专创融合"的新局面,满足社会对海洋智能装备领域人才的迫切需求。该体系以"学期小实践,学年大实践"为培养机制,设置了基础、综合、创新"三段交叉递进式"实验教学项目,形成了"基础型—技能型—综合型—工程型"四阶层级递进的实验实践教学框架。从简单到复杂、从基础到综合、从技能训练到工程应用,逐步引导学生从工程认知过渡到单一技能、综合技能,最终实现创新设计,实现了知识能力的进阶式培养。

(二)校企"三全"协同实践育人模式

中心实施"知识传授＋能力培养＋价值塑造"校企全方位协同育人模式;实施校企"平台共建、课程共创、师资共培、过程共管、人才共育、成果共享"全过程协同育人;实施"课程＋项目、课堂＋车间、实训＋生产、教师＋专家、应用研究＋技术创新"全要素协同育人。中心实现了本科专业 100% 的校企合作覆盖,使人才培养供给侧与产业发展需求侧精准对接,提升了人才培养与社会需求的契合度。

(三)教育、科研与实践三结合的应用型创新人才培养

中心坚持教学、科研与实践的紧密结合,通过将教师横向课题内容转化为开放性和综合性实验项目,组建了由博士、齐鲁首席技师及学生组成的联合攻关小组,开展如"生产工艺标准化设计"和"基于 ADAMS 的自动化涡流检测"等综合性实验。学生直接参与到解决复杂工程问题的过程中,显著提升了他们的实践能力和创新能力。毕业设计在实践中完成的比例达 90%,中心每年拓展 5～7 个新的实习实训基地,实现了高校与地方的互动式双赢,为培养应用型创新人才提供了有力支持。

二、实验教学中心建设成果

(一)专业建设成就显著

中心整合校内外优质教学资源,多元驱动高水平专业群建设,提升中心软硬件水平,支撑建设国家级一流专业建设点 1 个,省级一流专业建设点 2 个、特色专业 1 个、卓工培养计划项目 1 项,建设省级产业学院 1 个、特色实验室 1 个、技艺技能传承平台 1 个、工业机器人研发中心 1 个、技术与研发团队 5 个,青岛市产教融合示范专业 1 个。依托中心,青岛黄海学院智能制造学院获批国家自然科学基金项目 1 项、省自然科学基金青年基金3 项、省重点研发计划项目 2 项,中心教师团队先后获评山东省黄大年式教师团队、山东省青年人才科技创新团队和山东省科普专家工作室。中心在专业建设领域取得了显著成就。

(二)课程建设成果丰硕

中心积极开展"校企协同,虚实孪生,思专融合"的实验教学改革,推进教学改革成果持续产出。校企开展"三全"协同育人,开发仿真软件服务复杂工程实验,开展线上线下"双轨道"、理论实践"双场域"全方位思政育人。校企共建船舶建造工艺、流体力学及液气压传动等课程 16 门,开发实验讲义 14 部,开展企业课堂 48 节,开发教学案例 120 个。2021—2024 年,中心支撑建设省级一流课程 6 门、山东省课程思政示范课程 3 门,其中玩

转工业机器人、船舶建造工艺、单片机原理与应用更是被推送到学习强国全国平台重点推荐栏目,进一步扩大了课程的影响力。

(三)教学水平稳步提升

2021—2024 年,中心在教育教学方面取得了显著成绩。主持了省级教育教学课题 25 项、教育部协同育人项目 38 项,并荣获山东省高校黄大年式教师团队称号,获得了山东省教学成果奖 3 项,省级教学创新大赛二等奖 2 项、三等奖 3 项,以及省级优秀教学案例二等奖 3 项、三等奖 4 项,为提升教学质量提供了有力保障。

(四)双创培养成果斐然

中心在创新创业培养方面,构建"产学研赛"四位一体创新创业人才培养体系,促进学生实践和创新能力的提升。中心组织学生参加省级及以上学科竞赛,获奖 2503 项,其中国家级 137 项,发表论文 184 篇,获授权专利 220 项、软件著作权 51 项。大学生创新创业训练计划项目获国家级奖项 48 项、省级奖项 163 项。中心培养的毕业生创办 9 家公司,就业率 95%,专业对口率达 73.21%,用人单位整体满意度高。中心下设的科技创新工作室连续 4 年被评为山东省大学生优秀科技社团,多名学生荣获"中国大学生自强之星""山东省优秀科技社团干部""山东省自强之星""践行工匠精神先进个人""山东省大学生科技节创新之星"等荣誉称号。这些成果充分展示了中心在创新创业培养方面的卓越成效。

(五)开放式实验教学管理体系逐步完善

中心通过制定开放性实验室管理制度、建立实验室管理网络信息平台等措施,面向学生开放了多个专业实验室和科创工作室。在教师指导下,学生可选做跨学科、综合性、设计性实验,参与教师开展的科研与创新创业实践。中心逐步完善了开放式实验教学管理体系,以满足学生自主实验设计与个性发展需要。2023—2024 年,52 名学生主持山东省大学生科研项目,提升了科研实践能力。

三、实验教学中心示范效应与社会服务

(一)产学研深度融合,助力地方经济发展

中心积极与企业开展产学研合作,共同承担国家、省级和地方重大科研项目共 25 项,项目经费总额超过 3000 万元。在海洋智能装备精密制造、腐蚀防护等领域,中心与企业合作开展了 50 余项横向课题,其中 7 项技术成果成功实现转化,为区域经济发展创造了超过 1000 万元的经济效益。

(二)广泛服务领域,彰显示范引领作用

中心每年接待省内外高校参观交流达 300 余人次,连续承办 4 届山东省先进成图技术大赛,服务全省 20 余所高校;面向中国海洋大学、青岛科技大学等高校开展了 2500 余

人的大学生金工实习及技能培训,依托 FANUC 机器人实训中心,开展 14 期工业机器人高级程序员培训工作,累计培训 800 余人,为 500 余名中小学生提供免费研学服务;面向社会开展 34 期小家电"义务维修""3D 科普"等志愿服务活动,广受社会赞誉。依托志愿服务活动开展的项目获山东省"互联网＋"大赛金奖;"雷小锋"种子工程志愿服务队入选国家级重点服务团队。

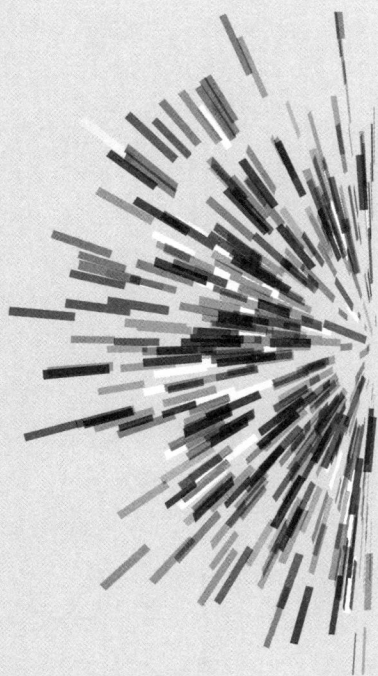

展 — 望 — 篇

第十一章　产教融合发展趋势与挑战

第一节　发展趋势预测

一、数字化转型与人工智能深度应用

(一)数字化转型

当下,数字化浪潮席卷全球。产教融合正经历着全方位、深层次的变革,数字化转型已成为不可逆转的时代趋势。从教育教学的微观层面来看,数字化技术为教育教学带来了颠覆性创新(周颖,2024)。

教育基础设施建设得到了持续的完善。全国各级各类学校积极投入互联网接入工程,互联网接入率已达到100%,学校出口带宽传输速率均在100兆比特每秒以上,为信息的快速传输和在线学习提供了坚实的基础保障。全国实现无线网覆盖的学校数量超过21万所,99.5%的中小学拥有多媒体网络教室,总数量更是超过了400万间,这些数据充分展示了教育信息化硬件设施的强大实力。多数地区和学校还建立了智慧教育平台,该平台集成了多种功能,如教学资源共享、在线学习管理、家校沟通互动等,极大地提升了教育教学的效率和管理水平。

教育资源数字化在不断丰富。各级教育部门和学校积极响应数字化建设号召,大力建设教育资源库、在线图书馆等资源系统。这些资源系统包含了丰富多样的课程资源,涵盖了各个学科领域和不同层次的学习内容,并且具备个性化学习推荐、智能答疑等先进功能,能够根据学生的学习情况和需求,为他们提供精准的学习指导和帮助。与此同时,各类教育管理软件、学习App如雨后春笋般不断涌现。这些工具为教育管理、教学实施和学习支持提供了全方位的保障,使得教育过程更加便捷、高效和智能化。例如,国家智慧教育公共服务平台整合了全国优质教育资源,为师生提供了一站式服务,无论是课程学习、作业辅导还是考试评价,都能在该平台上便捷地完成。

数字技术与教育融合在持续深化。借助人工智能、大数据、云计算等前沿技术手段,教育教学发生了深刻的变革。教学过程变得更加个性化,教师可以根据学生的实际情况制定针对性的教学方案;教学管理更加科学高效,学校的各项工作都能在数字化平台上

有序开展;学生的学习效率得到显著提升,他们能够更加自主地学习和探索知识。以DeepSeek 大模型为例,它通过优化算法,为人们提供了低成本、高性能的人工智能的应用。一些学校敏锐地抓住这一机遇,利用其构建个性化 AI 系统,实现了本地数据训练,进一步提升了教育教学质量。

人工智能技术不断发展和成熟,在教育领域的应用日益广泛且深入。通过对学生学习数据的深度挖掘与分析,教育者能够精准洞察学生的学习习惯、兴趣偏好以及知识掌握的薄弱环节,进而为学生定制高度个性化的学习路径。以智能学习平台为例,它能根据学生的答题情况实时调整后续的学习内容,提供具有针对性的辅导与练习,大大提升了学习效率。

虚拟现实(VR)与增强现实(AR)技术在职业技能培训中的应用效果尤为显著。在医学教育中,学生可借助 VR 技术,身临其境地进行手术模拟操作,精准感知手术器械的使用力度、角度以及人体组织的触感反馈,极大地缩短从理论学习到临床实践的适应周期;在建筑设计专业,AR 技术可将虚拟的建筑模型叠加到现实场景中,让学生直观感受设计方案在实际环境中的呈现效果,激发创新思维。这种沉浸式的学习体验不仅提高了学生的学习兴趣和参与度,还培养了他们的实践能力和创新能力。

此外,从产业与教育融合的宏观视角分析,数字化转型则重塑了产业与教育的互动模式。随着产业数字化进程的加速,企业对数字化人才的需求呈现出暴发式增长,且需求结构不断细化与升级。例如,在智能制造产业中,企业不仅需要掌握传统机械制造技术的人才,更需要精通工业互联网、大数据分析、人工智能算法等数字化技术的复合型人才,以实现生产线的智能化运维、生产流程的优化控制以及产品质量的精准追溯。这就促使学校在专业设置与课程体系建设上进行大刀阔斧的改革,紧密贴合产业数字化需求。

许多高校在计算机科学与技术专业中增设了“工业互联网应用”“智能制造数据分析”等课程模块;一些职业院校则新开设了“数字孪生技术应用”“智能工厂运维管理”等专业,致力于培养适应产业数字化发展的专业人才。同时,企业和学校通过共建数字化实训基地、在线学习平台等方式,打破了时空限制,实现了教育资源与产业资源的高效对接与共享。企业的实际生产数据、项目案例能够实时引入教学过程,让学生在学习过程中接触到最前沿的产业信息;学校的科研成果也能通过数字化平台迅速传递给企业,助力企业技术创新与产品升级。

(二)人工智能时代

随着科技的持续发展,人工智能已成为当下最热门的话题之一。人工智能正以其独特的优势,以令人瞩目的速度重塑全球“景观”。至 2025 年,全球 AI 市场的估值将迅猛攀升至 1906.1 亿美元,这一数据彰显出该领域发展的蓬勃生机与年复合增长率高达 36.62% 的非凡潜力。人工智能的发展犹如一场革命性的风暴,席卷着各行各业,为其转型升级注入强大动力。在产教融合领域,人工智能的应用正引发一场前所未有的变革。

传统的产教融合模式在面对快速变化的产业环境时，往往显得力不从心。人工智能凭借其强大的数据分析、智能决策等能力，为产教融合带来了新的机遇和突破，从人才需求预测到个性化学习支持，再到教学内容与方法的创新，都在深刻地改变着产教融合的格局。

1. 精准人才需求预测

传统的产教融合模式存在着明显的缺陷。在过去，对于人才需求的判断常常依赖于经验和滞后的市场数据。教育机构往往根据以往的就业情况和行业发展大致走向来设置专业和课程，但这种方式难以跟上产业快速变化的步伐。因为市场需求是动态的，新兴技术不断涌现，产业结构也在持续调整，基于过去数据的判断很容易导致人才培养与实际需求脱节。

而人工智能的出现，为解决这一问题提供了有效的途径。人工智能具备强大的数据分析能力，它就像一个超级"数据侦探"，能够对海量的产业数据、市场趋势以及技术发展动态进行实时监测与深度挖掘。例如，它可以分析行业招聘网站上的职位信息，这些信息包含了企业对人才的具体要求，如技能、学历、工作经验等；还能研究企业的发展战略规划，了解企业未来的业务拓展方向和对人才的潜在需求；还关注新兴技术的应用趋势，判断哪些技术将成为未来产业发展的关键，从而预测与之相关的人才需求。

通过对这些多源数据的综合分析，人工智能可以精准预测出不同产业在未来一段时间内对各类专业人才的数量、技能要求以及素质特点等方面的需求。这就好比给教育机构提供了一份精准的"人才需求地图"，使得教育机构能够提前调整专业设置、优化课程体系。比如，如果预测到未来几年某一新兴产业对特定技能人才的需求会大幅增长，教育机构就可以及时开设相关专业或在现有专业中增加相关课程，确保所培养的人才与市场需求高度匹配，避免人才培养的盲目性与滞后性。

2. 个性化学习支持

精准的人才需求预测为产教融合指明了方向，而在具体的人才培养过程中，每个学生都是独一无二的个体，有着独特的学习风格、知识基础和学习进度。传统的教学模式往往采用"一刀切"的方式，难以满足每个学生的个性化需求。

在人工智能化的产教融合模式下，学习平台充分利用人工智能技术，尤其是机器学习算法，为学生提供了个性化的学习支持。学习平台就像一个智能的"学习管家"，它会密切关注学生在学习过程中产生的各种行为数据，包括学习时间、答题准确率、课程完成情况等。通过对这些数据的分析，平台可以为学生构建个性化的学习画像，这个画像就像是学生学习情况的"数字名片"，清晰地展示了学生的优势和不足。

基于这个个性化的学习画像，系统能够为学生量身定制学习路径。它会根据学生的实际情况，推荐最适合他们的学习资源，比如个性化的课程内容、练习题以及学习辅助工具等。以在线编程学习平台为例，人工智能系统可以根据学生的编程水平和学习目标，自动推荐适合的编程项目和代码示例。当学生在编程过程中遇到问题时，系统能实时提供针对性的提示和解决方案,就像有一位专属的编程导师随时在身边指导一样。这种个性化的学习支持极大地提高了学生的学习效率和学习效果,有助于培养出更具专业能力和创新思维的高素质人才。

3. 教学内容更新,教学方法创新

个性化学习支持提升了学生的学习体验,而人工智能在产教融合中的作用还不止于此,它还为教学内容的更新和教学方法的创新注入了强大动力。

一方面,随着人工智能在各行业的广泛应用,产业中的新知识、新技术、新应用如雨后春笋般不断涌现。教育机构如果不能及时将这些产业前沿内容融入教学,培养出的学生就可能无法适应实际工作的需求。人工智能技术就像是一座连接产业和教育的桥梁,它能够快速捕捉到这些行业动态,并将其融入教学内容中。例如,在计算机科学专业的教学中,人工智能可以帮助教师及时引入最新的人工智能算法、应用案例等内容,让学生了解行业的最新发展趋势,使教学内容始终保持与产业前沿接轨。

另一方面,人工智能还催生了一系列新型的教学方法。智能辅导系统就像是学生的"24小时在线答疑老师",它可以随时解答学生的问题,为学生提供即时反馈和指导。虚拟仿真教学则为学生创造了一个模拟真实产业场景的学习环境,让学生在虚拟环境中进行实践操作,就像在真实的工作场景中一样,提高了学生的实践能力和解决实际问题的能力。基于人工智能的互动教学利用语音识别、自然语言处理等技术,实现了师生之间更自然、更高效的互动交流,让课堂教学变得更加生动有趣,增强了学生的学习积极性和参与度。

人工智能为产教融合带来了全方位的变革。精准的人才需求预测确保了人才培养的方向与市场需求一致,个性化学习支持满足了学生的个体差异,教学内容与方法的创新提升了教学质量和学生的学习效果。在未来,随着人工智能技术的不断发展和完善,它将在产教融合领域发挥更加重要的作用,推动产教融合向更高水平发展,培养出更多适应社会发展需求的优秀人才。

综上所述,数字化转型与人工智能的深度应用正在教育领域掀起一场深刻的变革。从基础设施的建设到教育资源的丰富,从微观层面的教学创新到宏观视角下的产业融合,再到人工智能时代的全面赋能,都彰显了这一趋势的重要性和必然性。在未来需要进一步加强对数字化转型和人工智能的研究与应用,不断探索创新教育教学模式,培养更多适应时代需求的高素质人才,为推动教育事业的高质量发展贡献力量。

4. 产教融合人工智能化的实践案例

(1)京东物流人工智能产业学院

京东物流作为国家首批产教融合型企业,积极推动产教融合、校企合作,打造了人工智能产业学院。在建设方面,京东物流围绕人工智能技术的三个核心要素——算力、算法、数据,构建了人工智能数据实践中心、人工智能大模型研究中心和人工智能产业应用

创新中心。在人工智能数据实践中心,引入数据标注平台及各类数据标注课程,并结合产业数据生产实战项目,让学生体验从标注到验收的全部作业流程,熟悉各个岗位的职责分工,培养扎实的数据处理技能。在人工智能大模型研究中心,通过一站式人工智能开发平台、大模型训练实验平台等为学生提供充足的算力和模型训练平台,同时开发完备的课程体系及教学资源,让学生深入学习各类人工智能技术。人工智能产业应用创新中心则通过一系列人工智能软件和平台,推动人工智能在电商、物流等产业实际场景中的应用和创新。这些举措,有效解决了院校教学资源不足和师资力量薄弱的难题,提高了人工智能教育水平。

(2)湖北人工智能学院

湖北人工智能学院致力于创新培养人工智能产业人才的模式,践行职普融通、产教融合的教育理念。面对人工智能技术变革快、人才需求变化剧烈的现状,学院打破以往单独培养的模式,汇聚高水平师资课程和产业资源,为湖北多所大学各专业提供人工智能课程,实现本科院校微专业、双学位的全覆盖,也为职业院校学生量身定制"1+X"人工智能岗位。在研究生和博士生培养方面,引进人工智能龙头企业的需求场景和课题,采用双导师、双课题、双考核的方式,培养既能突破本行业难题,又能突破人工智能技术难题的高层次创新人才。此外,学院还针对不同群体开展兴趣班、高级研修班等,帮助大众适应技术变革。

二、国际化发展趋势

在全球化飞速发展的大背景下,产教融合面临着新的机遇和挑战,呈现出国际化发展以及跨界融合等显著趋势(姜建明,2025)。这些趋势不仅深刻影响着教育和产业的发展模式,也对国家的经济、外交等多个层面产生着重要作用。深入了解和把握这些趋势,对于推动产教融合向更高水平发展,培养适应新时代需求的人才,促进产业升级和经济高质量增长具有至关重要的意义。

(一)适应经济全球化趋势

在经济全球化的浪潮中,企业的发展已经不再局限于国内市场,而是积极拓展国际市场。这一变化使得企业对人才的要求也发生了巨大转变,需要大量具备国际视野、跨文化交流能力和专业技能的人才。产教融合国际化正是顺应这一需求而产生的重要模式。

为满足企业国际化发展需求,产教融合国际化能让教育机构与国际企业紧密合作。通过这种合作,教育机构可以深入了解国际市场的需求,从而有针对性地培养符合企业国际化战略的人才。比如,中国企业在境外投资设厂时,面临着需要当地懂技术、懂管理人才的问题。产教融合国际化项目,就可以培养出既熟悉当地文化又掌握专业技能的人才,为企业的海外发展提供有力的人才支持,助力企业在全球竞争中取得优势。

产教融合国际化不仅能满足企业对人才的需求,还能促进国际产业合作与技术交流。它搭建起了国际产业与教育合作的桥梁,推动各国企业与教育机构在技术研发、人才培养等方面展开合作。不同国家在产业技术上各有优势,通过合作可以实现资源共享、优势互补,加速技术创新与产业升级。以新能源汽车领域为例,中国与德国企业和高校合作,共同开展技术研发和人才培养。中国在新能源汽车的市场规模和应用场景方面具有优势,而德国在汽车制造技术和工程设计方面有着深厚的底蕴。双方合作可以充分发挥各自的长处,推动新能源汽车技术的进步。

(二)提升教育质量和人才竞争力

适应经济全球化趋势为产教融合国际化奠定了基础,而在此过程中,提升教育质量和人才竞争力也是重要目标之一。

国际上一些发达国家在职业教育和高等教育方面积累了成熟的经验和先进的理念。产教融合国际化为引进这些国外优质教育资源提供了途径。引进国外的课程体系、教学方法、教材等,可以促进国内教育教学改革,提升教育质量。例如,德国的双元制教育模式,强调学生在学校和企业两个场所接受教育,将理论学习与实践操作紧密结合。通过产教融合国际化,这种模式被引入国内,能让学生更好地提高实践能力和职业素养。

在提升教育质量的同时,国际化的产教融合环境还能培养具有全球竞争力的人才。在这样的环境中,学生有机会接触不同国家的文化、技术和教育理念,这有助于培养他们的国际视野、跨文化交流能力和创新思维。这种具备全球视野和综合能力的人才在全球人才市场中更具竞争力,能更好地适应国际化就业环境。

(三)服务国家外交和国际合作大局

提升教育质量和培养具有全球竞争力的人才,不仅对教育和产业发展有益,还能在国家外交和国际合作方面发挥重要作用。

通过产教融合国际化,我国可以积极参与国际教育标准制定,加强与各国教育机构的合作。这有助于提升我国在全球教育领域的发言权和代表性,增强我国教育的国际影响力。例如在职业教育领域,我国与其他国家合作制定职业教育标准,让中国标准走向世界,提高了我国职业教育的国际地位。

在产教融合国际化过程中,学生、教师和企业人员的国际交流互动增多。这种交流互动增进了不同国家人民之间的了解和友谊,为国家间的友好合作奠定了民意基础,服务于国家外交大局。比如,"中文＋职业教育"项目在传播中华文化的同时,也促进了国际间的教育合作与友好交流,让不同国家的人们更好地相互理解和信任。

(四)推动产业升级和经济高质量发展

国家外交和国际合作大局为产教融合国际化营造了良好的外部环境。产教融合国际化培养的人才熟悉国际市场规则和不同国家的文化习俗,他们能够帮助企业更好地开拓国际市场,推动产业国际化发展。同时,教育机构与国际企业合作,还能为企业提供市场信息、技术咨询等服务,支持企业在海外投资、并购等业务,促进产业全球布局。

新质生产力以全要素生产率提升为核心标志,关键在于打造新型劳动者队伍、用好新型生产工具以及塑造适应新质生产力的生产关系。产教融合国际化以发展新质生产力为目标,能够培育新型技术技能型劳动者资源,实现教育资源与产业需求的精准对接。促进教育创新与技术创新和产业升级一体化推进,不断实现新型工业化和产业结构的优化升级。

三、跨界融合趋势

教育与产业在快速变革的时代背景影响下界限正逐渐模糊,取而代之的是一种更加广泛且深入的跨界融合现象。这种跨界融合不仅为教育带来了全新的发展契机,也为产业升级注入了强大的动力。本节将深入探讨跨界融合趋势在产教融合领域的具体表现,分析其背后的原因,并展望其未来的发展前景。

(一)学科专业跨界融合

随着新兴产业的迅速崛起,传统的单一学科教育模式已经难以满足当前产业的多元化、复杂化需求。以人工智能产业为例,这一领域的发展涉及计算机科学、数学、统计学、神经科学、心理学等多个学科领域,需要具备跨学科知识背景的复合型人才来推动。为了应对这一挑战,许多高校开始设立人工智能相关的跨学科专业。例如,人工智能与认知科学专业,通过整合计算机科学中的算法设计、数学中的数理统计方法、心理学中的认知理论等课程,构建了一个跨学科的课程体系。这种课程设置打破了传统的学科壁垒,使学生能够从多学科视角理解和应用人工智能技术。此外,高校还通过开设跨学科课程模块,鼓励学生自主选择不同学科的课程进行组合学习。如在新能源汽车产业相关专业中,设置的"新能源材料与汽车工程""智能网联汽车控制技术"等跨学科课程模块,涵盖了机械工程、电子信息、材料科学、控制科学等多个学科知识。这种培养模式使学生能够更好地适应新兴产业发展对人才知识结构的要求,从而在就业市场上更具竞争力。

(二)教育与科研跨界融合

学科专业的跨界融合不仅为高校教育带来了新的变革,也为产教融合注入了新的活力。在此基础上,教育与科研的跨界融合进一步推动了产教融合的深入发展。

产教融合不仅关注人才培养,还高度重视科研成果的转化与应用。为了打破传统的产学研分离格局,企业与院校开始共建研发中心、创新实验室等平台。在这些平台中,教师、科研人员与企业技术专家携手合作,共同开展科研项目。

以生物医药领域为例,高校科研团队与药企合作共建研发中心,实现了基础研究与应用开发的紧密衔接。高校凭借其基础研究优势,在药物作用机制、靶点发现等方面进行深入探索;而药企则利用自身产业化经验,负责药物临床试验、生产工艺优化等环节。这种合作模式不仅加速了科研成果的转化速度,还推动了产业技术的创新升级。

同时,科研过程也为学生提供了宝贵的实践锻炼机会。通过参与科研项目,学生能够深入了解产业需求,掌握科研方法与技能,培养创新能力与科研素养。例如,在一些高校与企业合作的智能制造科研项目中,学生参与智能设备的研发与调试工作,通过实际操作提升了对智能制造技术的理解与应用能力。

教育与科研的跨界融合实现了教育资源、科研资源与产业资源的高效整合与优化配置,为产教融合的深入发展提供了有力支撑。

(三)产业与社会服务跨界融合

教育与科研的跨界融合推动了产教融合的深入发展,而产业与社会服务的跨界融合则进一步拓展了产教融合的应用领域。这种跨界融合不仅有助于提升产业竞争力,还能为社会带来更加全面的服务解决方案。

产业与社会服务的跨界融合日益紧密。在养老、环保、社区服务等领域,产教融合的范畴不断拓展,不仅注重专业服务人才的培养,还应结合产业发展需求,为社会提供全方位的服务解决方案。以养老服务领域为例,院校与企业合作开展养老服务人才培训项目,根据市场需求设置老年护理、养老机构管理、老年康复保健等专业课程,培养高素质的养老服务人才。同时,双方还为社区提供养老服务咨询、设施设计等服务。院校的专业知识与企业的实践经验相结合,共同为社区设计合理的养老设施布局,开发智能化养老服务平台,提高社区养老服务质量。在环保产业,院校与企业合作开展环境监测、污染治理等项目,在培养环保专业人才的同时,为企业提供技术支持,为社会提供环境治理服务,实现产业发展与社会福祉提升的双赢。这种产业与社会服务的跨界融合,使产教融合的成果惠及更广泛的社会群体,推动了社会的可持续发展。

(四)跨界融合应用案例

不同行业凭借自身特点,积极探索学科、教育科研以及产业与社会服务等多方面的跨界融合模式,取得了一系列令人瞩目的成果。下面从医疗、环保、金融和智能制造这些典型行业的跨界融合应用案例来体验融合带来的无限可能。

1. 医疗行业

在医疗行业,产教融合的跨界融合表现得十分显著,体现在多个关键方面。

在学科上,医学与工程学的跨界结合孕育出了生物医学工程专业。高校充分整合医学院与工学院的师资与课程资源,让学生既深入学习人体解剖学、生理学等医学基础课程,了解人体的奥秘;又钻研电子电路、计算机编程等工程技术知识,掌握现代科技的力量。这种独特的课程设置,使得学生能够将医学知识与工程技术相结合,开发出先进的医疗设备。比如新型超声诊断仪,学生通过优化算法,大大提升了成像质量,从而提高了诊断的精准度,为患者的健康保驾护航。

在教育科研方面,医院与高校的合作也十分紧密。双方共建联合实验室,共同开展科研项目。以肿瘤治疗为例,高校科研团队专注于研究纳米药物载体,为药物的精准送达提供理论支持;而医院则凭借丰富的临床资源,提供大量的临床数据与病例分析。二者的紧密结合,加速了科研成果向临床治疗方案的转化,为癌症患者带来了更多的希望。

在产业与社会服务融合上,院校与企业携手合作,培养专业的医疗服务人才。他们开设医疗设备维护、医院信息化管理等课程,为医疗行业输送了大量专业人才。同时,他们还走进社区,开展健康科普讲座和义诊服务,提升了公众的健康意识和医疗服务的可及性,让更多的人受益于医疗科技的进步。

2. 环保行业

环保行业同样借助跨界融合,在解决环境问题上走出了一条创新之路。在环保行业中,环境科学与化学、生物学等多学科深度交叉。高校为此专门设置了环境生态工程专业,课程涵盖了环境化学分析、生态系统修复等丰富内容,旨在培养学生综合解决环境问题的能力。

在实际的污水处理项目中,学生充分运用所学知识,如运用化学知识分析污水成分,准确了解污染物的种类和含量;再借助生物技术培养微生物菌群,利用这些微生物降解污染物,实现污水的净化。

教育科研融合在环保行业也表现得十分突出。科研机构、高校与环保企业共建研发中心,共同攻克环保难题。以大气污染治理为例,研发中心联合各团队共同研发高效脱硫脱硝技术;高校凭借深厚的理论研究基础,为技术研发提供科学依据;企业则负责技术的中试与产业化应用,将科研成果转化为实际生产力。

在产业与社会服务融合层面,企业与院校合作开展环保监测人员培训,提升了从业人员的专业素养。同时,他们还为政府、企业提供环境评估、污染治理方案设计等服务,为地方生态环境建设贡献了重要力量。

3. 金融行业

金融行业在学科、科研、社会服务上的跨界融合也独具特色。

金融与计算机科学的融合催生了金融科技专业。高校精心设计的课程,涵盖金融学基础、区块链技术、大数据金融分析等内容,旨在培养学生运用科技手段创新金融服务的能力。学生在学习过程中,能够开发智能投顾平台(Robo-Advisor)。基于先进的算法,这个平台可以为客户提供个性化的投资组合建议,满足不同客户的需求。

除学科外,在教育科研方面,金融机构与高校联合开展课题研究。以数字货币研究为例,高校进行深入的理论探索,为数字货币的发展提供理论支撑;金融机构则凭借丰富的市场经验,提供市场数据与实践反馈。二者的合作推动了金融创新发展,让金融行业更加适应时代的需求。

金融在社会服务上的贡献也不容小觑。金融企业与院校合作培养金融理财规划师、风险管理师等专业人才。同时,他们面向社会公众开展金融知识普及活动,提升了大众的金融素养,有效防范了金融风险,维护了金融市场的稳定。

4. 智能制造行业

智能制造行业同样在多学科跨界融合的推动下，迎来了产业发展的新机遇。多学科跨界融合为产业发展注入强大动力。机械工程、电子信息工程与计算机科学深度交叉，催生出了智能制造工程专业。

高校精心构建学校的课程体系，让学生学习多学科知识。学生不仅要研习机械设计、制造工艺等传统机械工程课程，掌握机械制造的基本原理，还要学习电路原理、传感器技术等电子信息知识，了解电子设备的运行机制，更要深入学习工业互联网、人工智能算法等前沿计算机科学内容，跟上科技发展的步伐。

这种多学科知识的融合，使学生具备了胜任复杂智能制造系统设计与维护工作的能力。例如，在智能工厂的自动化生产线设计中，学生运用机械设计知识搭建生产线架构，确保生产线的稳定性和可靠性；借助电子信息工程技术实现设备间的数据传输与控制，让生产线能够高效运行；利用计算机算法优化生产流程，提高生产效率和产品质量，推动智能制造行业不断向前发展。

第二节 主要问题与挑战

产教融合是一项复杂且系统性的工程，在国内的实践中，它面临着诸多亟待解决的挑战与问题（娜茜泰，2021）。这些挑战不仅会影响产教融合的推进速度，还可能对其最终成效产生重要影响。下面从国内外的角度来正确审视目前产教融合主要面临的问题与挑战。

一、国内产教融合面临的挑战

（一）教育体系与产业需求脱节

教育体系与产业需求脱节是亟待解决的关键问题之一，这一问题主要体现在教学内容滞后和信息不对称两个方面。

1. 教学内容滞后

高校课程设置与产业发展趋势不匹配的问题，如同一把双刃剑，既阻碍了学生的成长与发展，也影响了产业的升级与创新。尤其在新兴领域，如智能制造、新能源等，教学内容与实际应用存在较大差距，导致毕业生技能不足。以智能制造行业为例，当前高校中关于机器人、自动化控制等领域的教学内容显得陈旧，与企业实际使用的先进技术和设备脱节。根据相关调研数据显示，高达 60% 的企业反映毕业生难以快速适应岗位要求。这一现状迫使企业在新员工入职后，不得不花费大量时间和成本对他们进行再培训，以确保他们能够胜任工作。

同样,在新能源汽车领域,高校对于电池管理系统、自动驾驶技术等核心课程的教学往往停留在理论层面,缺乏对实际生产工艺和技术应用的深入讲解。结果,毕业生进入企业后无法立即投入相关岗位的工作中,这不仅影响了企业的生产效率,也限制了毕业生的职业发展。这种教学内容的滞后性,无疑加剧了教育与产业之间的鸿沟,使得产教融合的目标难以实现。

2. 信息不对称

高校与企业间缺乏有效沟通机制,也是教育体系与产业需求脱节的重要原因之一。由于教育链与产业链衔接不畅,部分专业(如金融大数据、集成电路)的培养目标与产业技术需求出现了错位。在金融大数据领域,高校往往侧重于理论知识的传授,而忽视了行业最新的数据处理技术、数据分析工具以及实际业务场景的了解。这导致培养出来的学生在进入企业后,无法满足企业对大数据分析、风险评估等实际工作的要求。

集成电路专业也存在类似问题。随着产业技术的不断升级,企业亟须掌握先进芯片制造工艺、集成电路设计流程的专业人才。然而,高校的课程设置却没有及时跟上这一步伐,无法充分供给符合企业需求的高素质人才。这种信息不对称现象不仅浪费了教育资源,也造成了人才培养与产业需求的严重脱节。

(二)校企合作机制不健全

为了推动产教融合向纵深发展,建立健全的校企合作机制至关重要。然而,当前校企合作仍面临着合作深度不足、利益分配与责任不清等诸多挑战。

1. 合作深度不足

校企合作在产教融合中占据着核心地位,但当前合作机制尚不完善。从合作动力来看,企业参与校企合作的积极性有待提高。对于企业而言,参与人才培养往往需要投入大量的人力、物力和财力支持,如安排企业导师指导学生实习、提供实习场地与设备等。然而,这些投入在短时间内难以获得显著的经济效益回报,这使得部分企业对参与校企合作持谨慎态度或意愿不强。

同时,高校方面也面临着教育教学的稳定性与企业生产经营的灵活性之间的差异问题。在课程设置、教学计划调整等方面,高校难以迅速适应企业需求变化,导致校企合作在人才培养目标与教学内容上出现脱节现象。此外,多数校企合作还停留在浅层次的实习实训、订单培养等模式上,缺乏深度的合作机制。

例如,在电子信息行业的校企合作中,企业往往较少介入课程设计与教学实施环节,仅是为学生提供有限的实习岗位而已。这导致高校的教学资源与企业的实际需求难以有效对接,学生在高校所学知识和技能无法在企业中得到充分发挥和应用。而企业也难以从这类浅层次的合作中获得真正符合自身需求的人才资源。这种表面化的合作模式不仅限制了校企合作的深度和广度,也阻碍了产教融合的实质性进展。

2. 利益分配与责任不清

在校企双方合作过程中,资源分配、知识产权归属等方面的分歧也是制约合作深入推进的重要因素之一。部分企业认为投入与回报不成比例,从而降低了其参与动力。比如在一些科研合作项目中,尽管高校投入了大量的科研力量并取得了显著成果,但在成果转化后的利益分配问题上却常常引发争议。同样地,知识产权归属问题也经常成为双方争论的焦点。

如果企业感到自身的利益得不到充分保障或者投入的资源无法获得相应的回报,就会对参与校企合作持更加谨慎的态度甚至完全退出合作。这种不稳定的利益分配与责任关系不仅损害了校企合作的基础信任,还严重影响了产教融合战略的有效实施效果。因此,构建科学合理的利益分配机制和明确的责任界定已经成为当前深化校企合作亟待解决的关键任务之一。

(三)师资力量与实践能力不足

师资力量与实践能力不足成为制约产教融合发展的重要因素。这主要体现在教师实践经验匮乏和企业人员参与度低两个方面。

1. 教师实践经验匮乏

产教融合对师资队伍提出了近乎苛刻的要求,教师不仅要在理论知识的海洋里游刃有余,更要在实践经验的沙滩上留下深刻的脚印。然而,现实情况却不容乐观,目前院校师资队伍建设远远滞后,根本无法满足产教融合的迫切需求。

从教师的来源来看,大部分教师就像温室里的花朵,从高校毕业后直接进入学校任教,缺乏在企业工作的实践经验。据统计,高校教师中具有企业工作经历的比例不足10%。这就导致他们在教学过程中,如同在黑暗中摸索的行者,只能侧重于理论知识的传授,难以将实际生产案例与行业最新技术融入教学内容。高校的教学内容因此变得过于理论化,与实际产业应用严重脱节。

再看教师培训方面,虽然院校也尝试开展了一些教师企业实践培训项目,但培训质量高低不一。部分企业对教师实践培训根本不重视,只是把教师当作过客,未能为他们提供系统全面的实践培训机会。教师在企业实践过程中,往往只是走马观花地看一下,根本无法深入了解企业生产经营流程与技术创新动态。

此外,院校在教师评价与激励机制上也存在严重不足,对于教师参与产教融合工作,如指导学生实习实训、开展校企合作科研项目等,缺乏有效的激励措施。在职称评定、绩效考核等方面,对教师实践能力与产教融合成果的考核权重设得很低。这就像一盆冷水,浇灭了教师参与产教融合的热情,制约了师资队伍整体水平的提升。

2. 企业人员参与度低

除了教师自身实践经验不足之外,企业人员参与高校教学也存在不足。企业技术人才进入高校教学的激励机制缺失,这就像一扇紧闭的大门,阻碍了产教融合"双师型"队伍建设的步伐。

企业技术人才拥有丰富的实践经验和行业前沿技术知识。但由于缺乏相应的激励政策,如薪酬待遇、职称评定等方面的支持,他们参与高校教学的积极性就像泄了气的皮球,提不起来。这使得高校就像一座孤岛,难以引入企业的实际案例和最新技术,教学质量的提升也就成了空中楼阁。

例如,一些高校试图邀请企业技术骨干来校授课,但由于没有为企业人员提供合理的报酬和相应的教学保障,企业人员往往只是偶尔来校做一些讲座,无法长期、系统地参与到高校的教学过程中。高校的教学与企业的实际需求之间的鸿沟,因为企业人员的低参与度而越来越宽。

(四)政策支持与资金投入不足

除了师资方面的问题之外,政策支持与资金投入不足也成为产教融合发展道路上的绊脚石。政策执行力度不一和资金投入有限是最大的问题点。

1. 政策执行力度不一

国家与地方政府为了鼓励企业参与职业教育,促进产教深度融合,出台了一系列支持产教融合的政策文件,如《职业教育产教融合赋能提升行动实施方案(2023—2025 年)》等。这些政策就像灯塔,为产教融合指明了方向。然而,在实际执行过程中,政策落实不到位的问题较为突出,影响了政策预期效果。

部分政策缺乏具体的实施细则与操作指南,让企业和学校在政策理解与执行上陷入了困境,导致执行效果参差不齐。例如,对于产教融合型企业的认定标准与奖励措施,虽然政策文件中有相关规定,但在具体认定过程中,对企业的行业类别、参与产教融合的程度与方式等指标缺乏明确量化标准,认定工作就像在迷雾中行走,存在主观性与不确定性,这大大影响了企业申报的积极性。

不同地区在政策落实过程中,由于对政策的理解和重视程度不同,采取的措施和取得的效果也存在较大差异。一些地区就像充满活力的骏马,能够积极制定具体的实施办法,加大对产教融合的支持力度,推动校企合作深入开展;而另一些地区则像慵懒的蜗牛,对政策落实不够重视,缺乏有效的政策引导和监管机制,使得政策无法真正落地生根。

例如,在职业教育产教融合方面,部分地区没有建立起完善的校企合作激励机制,对参与合作的企业没有给予足够的税收优惠、财政补贴等支持,导致企业参与产教融合的积极性不高。

另外,政策执行过程中的监督与评估机制不健全。政策落实情况缺乏有效的跟踪监督,就像没有眼睛的巡逻兵,无法及时发现政策执行过程中存在的问题并加以解决。同时,政策实施效果的评估也不够科学全面,往往只注重短期的量化指标,如参与产教融合的企业数量、项目数量等,而忽视了对产教融合质量、人才培养效果等长期效益的评估。

此外,不同部门之间在政策执行过程中缺乏协调配合,存在政策"打架"现象。比如教育部门与财政部门在职业教育经费投入政策上存在不一致,这就像两个拔河的队伍方向不一致,导致学校在经费使用与管理上面临困境,影响产教融合工作的顺利推进。

2. 资金投入有限

在产教融合的推进过程中,资金投入是其重要的支撑要素。然而,当前我国产教融合的资金投入水平相对较低,仅占教育经费的5%,与发达国家相比存在较大差距。在部分地区,产教融合专项资金的使用效率未能达到理想状态,导致资金未能充分发挥其应有的效益,难以有效支持实训基地建设和技术创新项目的开展。

由于资金投入不足,许多高校在实训基地建设方面面临困境,难以配备先进的实践教学设备和设施,实践教学条件相对落后,无法充分满足学生实践能力培养的需求。与此同时,企业在参与产教融合的过程中,也面临着资金短缺的问题。这限制了企业在技术研发和人才培养方面的投入力度,进而影响了产教融合的深度与广度。

例如,一些地区的实训基地建设资金被挪用或浪费,导致实训设备陈旧、落后,就像一堆废铁,无法为学生提供真实的企业生产环境和实践操作机会。在技术创新项目方面,由于资金短缺,高校与企业之间的合作往往只能停留在一些低层次的项目上,无法开展具有前瞻性和创新性的研究,产教融合的深度和广度受到了极大的限制。

(五)市场化与实体化进程缓慢

产教融合在市场化与实体化进程中面临一些阻碍,主要体现在自我发展能力弱和创新活力不足两个方面。

1. 自我发展能力弱

在产教融合的实践中,部分联合体的自我发展能力较为薄弱。联合体是由职业院校、企业、行业协会等多方主体共同组建的产教融合合作组织,旨在通过资源共享、优势互补,推动教育与产业的深度融合,促进人才培养与产业需求的有效对接。然而,部分联合体在发展过程中表现出对政府补贴的过度依赖,自身市场化运营能力不足,尚未形成可持续的盈利模式。

以湖南省部分产教融合联合体为例,其在资源配置方面存在效率低下的问题,未能充分发挥各参与主体的优势,导致资源未能得到合理利用。这些问题使得联合体在激烈的市场竞争中缺乏优势,难以形成有效的市场竞争力。

这些联合体未能充分认识到自身蕴含的市场潜力,未能将产教融合的成果有效转化为经济效益。例如,在开展培训业务时,联合体未能精准把握市场需求,未能根据市场实际情况制定合理的培训课程和价格体系,导致培训内容与市场需求脱节,培训效果不佳,市场认可度较低。这种状况使得联合体难以实现自负盈亏,只能依靠政府的财政补贴来维持运营,从而在一定程度上制约了产教融合的市场化进程。

2. 创新活力不足

除自我发展能力问题外,创新活力不足也是产教融合市场化与实体化进程缓慢的重要原因。当前的激励机制就像一个不健全的发动机,无法为创新提供足够的动力,导致科技成果转化率低。虽然有创新创业大赛等举措试图激发创新活力,但知识产权保护与利益分配机制的缺失,就像给创新戴上了枷锁,抑制了企业和高校的创新动力。

在高校与企业的合作过程中,知识产权归属和利益分配机制的不明确,成为制约科技成果转化的重要因素。由于缺乏清晰的规则和协议,双方在科技成果转化环节容易产生纠纷,进而影响合作的积极性和效率。例如,部分高校的科研成果在转化过程中,由于未能与企业在知识产权和利益分配方面达成一致,导致企业缺乏信心,不敢投入资金和资源进行产业化推广。这种状况使得许多科技成果停留在实验室阶段,无法有效进入市场,实现其潜在的经济和社会价值,从而对产教融合的创新发展产生了严重的阻碍作用。

(六)区域发展不均衡

区域发展不均衡主要体现在资源分配差异上,这使得不同地区的产教融合呈现出截然不同的发展态势。

我国不同地区在产教融合发展上,就像赛跑的选手处于不同的起跑线上。东部地区凭借其强大的经济优势,如同插上了翅膀,积极推动产教融合国际化合作,比如参与"一带一路"项目。在与国际企业的合作中,东部地区能够吸收先进的技术和管理经验,从而不断提升自身的产业水平和人才培养质量。

而中西部地区则像在崎岖道路上艰难前行的行者,受限于产业基础薄弱,产教融合多依赖外部资源输入,本地化能力严重不足。例如,在一些新兴产业领域,中西部地区的高校和企业由于缺乏资金、技术和人才等方面的支持,难以开展自主研发和创新。它们只能依靠承接东部地区的产业转移来发展,这种被动的发展模式使得它们在产教融合过程中缺乏主动性。同时,中西部地区也缺乏与国际企业合作的机会,无法及时获取国际上先进的技术和教育资源,导致产教融合的发展水平远远落后于东部地区,区域之间的差距越来越大。

这些因素相互影响,严重制约了产教融合的深入推进和高质量发展,需要政府、高校、企业等各方协同合作,采取针对性的措施加以解决,以实现教育与产业的深度融合和共同进步。

二、国际化产教融合面临的挑战

我国对产教融合和国际化人才培养给予高度重视,并出台了一系列政策文件,推动高等教育内涵式发展,实现高等教育与产业深度融合。我国应用型高校积极响应国家关于深化产教融合、推进高等教育供给侧结构性改革的号召,通过与企业的合作,实现了教育资源与产业需求的有效对接。在国际化人才培养方面,应用型高校采取了多种措施和路径,如通过海外办学、与国际知名企业合作、加强师资队伍建设、修订教学计划,提高国际化人才培养水平。尽管如此,我国在推进国际化产教融合共同体的进程中,仍面临诸多挑战。

1. 政策法规不协调

在国家层面,虽然出台了众多鼓励产教融合的政策,但部分政策在地方落实过程中存在细则不明、配套措施缺失的情况。不同部门间政策协同性不足,如教育部门、产业主管部门、财政部门等在产教融合项目的审批、资金支持、监管等环节,缺乏统一协调机制,导致应用型高校在开展国际化产教融合项目时,面临多头管理或管理空白的困境。例如,在企业参与职业教育的税收优惠政策上,具体的优惠幅度、申请流程在不同地区差异较大,影响企业积极性。

2. 资源整合不高效

应用型高校在整合国际国内产业资源、教育资源方面能力有限。校内不同学科专业之间资源分散,难以形成合力对接产业需求。与国际企业合作时,由于信息不对称、文化差异等因素,应用型高校在共建实习实训基地、联合开展科研项目等方面,资源投入产出比不高。如部分高校与国外企业共建的实验室,因设备维护、技术更新、人员交流等方面的问题,未能充分发挥其应有的教学与科研功能。

3. 国际化能力不足

教师队伍国际化水平有待提升,多数应用型高校教师缺乏海外企业工作经历、国际前沿科研合作经验,在教学中难以将国际产业最新技术与实践融入课程。部分高校国际化办学经验不足,在国际教育市场推广、国际学生招生与管理、国际教育质量评估等方面存在短板。以国际学生培养为例,部分高校课程设置未充分考虑国际学生特点,缺乏国际化课程体系与教学方法,导致国际学生对课程的满意度不高。

国际化产教融合面临着多维度的挑战,需要从多个方面进行系统性突破。首先,在政策层面,应进一步完善相关政策法规,为国际化产教融合提供更加明确的指导和支持。其次,在机制创新方面,应积极探索适应国际化需求的产教融合模式,优化校企合作机制,提升合作的深度与广度。再次,资源整合也是关键环节,通过整合国内外优质教育资源、产业资源和科技资源,为产教融合提供坚实的物质基础。同时,技术赋能是推动国际化产教融合的重要手段,应充分利用现代信息技术,提升教育与产业的融合效率和质量。

在具体实践路径上,可以借鉴德国"双元制"职业教育模式的成功经验,强化校企协同育人机制。通过共建实验室、产业学院等方式,提升学生的实践能力,使其更好地适应国际产业需求。同时,应加强国际合作与交流,推动职业教育"走出去",即"职教出海"。所谓"职教出海",是指将本国优质的职业教育资源、教育模式和人才培养标准推向国际市场,通过与海外院校、企业开展合作办学、技术培训、标准输出等方式,服务全球产业链需求,提升本国职业教育的国际影响力和竞争力。

在推进国际化产教融合的过程中,还需注意平衡技术应用与教育本质的关系。虽然人工智能等现代技术为教育提供了强大的工具支持,但应避免过度依赖技术工具而忽视教育中的人文关怀。教育的本质是培养全面发展的人,因此在利用技术提升教育效率的同时,应注重培养学生的人文素养和社会责任感,确保技术应用服务于教育的根本目标。

第三节　推进产教融合高质量发展的对策建议

产教融合对于推动产业升级、提高教育质量具有重要意义是毋庸置疑的。但要实现产教融合的高质量发展,仍面临诸多挑战,需要从多个方面采取切实有效的对策。

一、完善校企合作机制

政府在推动产教融合中扮演着至关重要的角色。为了提高企业参与校企合作的积极性,政府应出台一系列激励政策进一步强化合作的动力。比如,加大税收减免力度,对于积极参与产教融合的企业,依据其投入的人力、物力成本给予相应的税收优惠,让企业在参与校企合作过程中切实减轻负担,感受到政府的鼓励与支持。同时,设立专项补贴资金,对在人才培养、课程开发、实习实训基地建设等方面表现突出的企业给予资金奖励,激发企业在产教融合中的创新活力。

高校应主动作为,进一步加强与企业的沟通交流。高校通过深入企业调研,了解企业的人才需求和行业发展动态,及时根据企业反馈调整专业设置、课程体系与教学内容。这样的精准对接能够提高人才培养的针对性与实用性,使企业切实认识到参与校企合作能够为其带来优质的人才红利以及技术创新支持,从而进一步增强合作动力。

与此同时,企业也应积极采取相应举措,推动校企合作的深化与多元化。企业可以主动参与高校的人才培养方案制订,结合自身行业经验和实际需求,为高校提供专业建议,协助完善课程设置和教学大纲。此外,企业可以开放自身的技术研发平台和生产实践基地,为学生提供实习实训机会,让学生在真实的工作环境中积累实践经验,提升职业技能。企业还可以与高校联合开展科研项目,共同攻克行业技术难题,推动技术创新与成果转化,实现产学研的深度融合。当企业和高校都有了更强的合作意愿后,创新合作模式就成为推动产教融合向纵深发展的关键。

在教学过程中,高校可以采用现代学徒制、项目式教学等先进的教学方式,让学生在真实的企业项目中进行学习实践,实现教学过程与生产过程的深度对接,使学生更好地掌握实际工作技能,提高就业竞争力。此外,校企双方还可通过共建产业学院、研发中心等实体化合作平台,整合双方资源,开展人才培养、技术研发、成果转化等全方位合作,形成利益共享、风险共担的紧密合作共同体,促进产教融合的可持续发展。有了良好的合作动力和创新的合作模式,政府还需要健全的保障机制来确保合作能够顺利、稳定地进行。

完善的校企合作协议与相关法律法规是保障校企合作顺利进行的基石。应明确校企双方在合作过程中的权利义务、合作内容、利益分配、风险承担等事项，为校企合作提供坚实的法律保障。建立校企合作监督评估机制，定期对合作项目的进展情况、人才培养质量、经济效益等方面进行全面评估考核，及时发现问题并加以整改，确保校企合作始终朝着正确的方向前进。

同时，搭建校企合作信息服务平台至关重要。该平台能够为校企双方提供信息发布、项目对接、成果展示等服务，促进校企合作的高效开展。此外，引入第三方机构参与校企合作，如行业协会、教育评估机构等，发挥其在协调沟通、监督评估等方面的作用，能够保障校企合作的公平公正与可持续发展，营造良好的校企合作生态环境。完善的校企合作机制为产教融合的发展奠定了坚实基础，但要确保相关政策能够真正落地见效，还需要加强政策落实与监管。

二、加强政策落实与监管

政府相关部门在推动产教融合过程中，应根据国家产教融合政策文件，紧密结合本地区实际情况，精心制定详细的实施细则与操作指南。在产教融合型企业认定、项目申报、资金支持等关键环节，必须明确具体的认定标准、申报流程、资金使用范围与管理办法等，使政策具有更强的可操作性。

例如，在产教融合型企业认定标准中，要进一步细化企业参与产教融合的方式与程度要求。比如，明确规定企业每年接收学生实习的人数、为学校提供兼职教师的数量、与学校开展技术研发合作项目的数量等量化指标，以此确保认定工作的科学性与公正性，让真正符合要求的企业能够享受到政策带来的红利。

政策实施细则明确后，如何监督政策的落实情况以及评估其实施效果就成了关键。加强对产教融合政策落实情况的监督检查是政策有效执行的关键。应建立定期检查与不定期抽查相结合的监督机制，成立专门的政策执行监督小组，深入企业、学校等基层单位，全面了解政策执行过程中存在的问题与困难，并及时反馈给相关部门加以解决，确保政策的落地生根。

同时，要完善政策实施效果评估体系，制定科学合理的评估指标。不仅要关注参与产教融合的企业数量、项目数量等数量指标，更要注重人才培养质量、企业技术创新能力提升、产业发展贡献等质量效益指标的评估。通过第三方评估机构开展独立评估，确保评估结果的客观公正，并将评估结果作为政策调整与优化的重要依据，形成政策执行的闭环管理，不断提升政策的实施效果。政策落实和监督过程往往会涉及多个部门，因此加强部门协同配合至关重要。所以应当建立教育、财政、发改、工信等多部门协同推进产教融合的工作机制，定期召开部门联席会议，加强部门之间的沟通协调，共同解决政策执行过程中存在的部门间政策冲突、职责不清等问题。各部门要明确分工，密切配合，形成强大的工作合力，从而达到加强各部门协同配合的效果。

例如,教育部门负责统筹规划职业教育发展,指导学校开展产教融合工作;财政部门负责积极落实产教融合相关经费投入,并制定科学合理的经费管理办法;发改部门要将产教融合纳入经济社会发展规划,大力支持产教融合项目建设;工信部门要积极引导企业参与产教融合,推动产业与教育的深度对接合作。各部门协同配合,确保产教融合政策的有效落实与各项工作的顺利推进。有了完善的政策落实与监管体系,还需要一支高素质的师资队伍来保障产教融合的教学质量,所以加强师资队伍建设至关重要。

三、加强师资队伍建设

为了充实学校的师资力量,拓宽教师招聘渠道势在必行。高校要积极招聘具有丰富企业工作经验的技术人才与管理人才担任专业教师。对于引进的企业人才,可采取灵活的人事管理制度,如聘任制、合同制等,妥善解决他们的编制、职称评定等后顾之忧,让他们能够安心投身于教育教学工作。

同时,加强与企业的合作,通过兼职教师聘用、教师互派等多种方式,邀请企业技术骨干、能工巧匠到高校兼职授课,充实高校的师资队伍。例如,高校与企业签订教师互派协议,定期选派高校教师到企业挂职锻炼,让教师深入了解企业的实际生产情况和前沿技术;同时邀请企业技术人员到高校进行短期授课或开展专题讲座,将企业的最新技术和实践经验传授给学生,实现高校教师与企业技术人才的双向流动,优化师资队伍结构。当师资来源结构得到优化后,如何提升教师的实践能力就成了师资队伍建设的重点。

建立健全教师到企业实践培训制度是提升教师实践能力的保障。制度要明确教师到企业实践的时间要求、培训内容与考核标准。高校要与优质企业建立长期稳定的合作关系,为教师提供充足的企业实践机会。在培训内容上,校企双方要紧密结合企业生产实际与行业最新技术发展,制定个性化的培训方案,使教师能够深入了解企业生产经营流程、熟练掌握新技术新工艺。同时,加强对教师企业实践培训的过程管理与考核评价,通过实习报告、企业评价、实践成果展示等方式对教师实践培训效果进行严格考核,确保培训质量。此外,教师要积极参与企业技术研发、项目管理等工作,在实践中不断提升自身的实践能力与创新能力。有了高素质的教师和较强的实践能力,教师参与产教融合的积极性还需要完善的评价与激励机制来充分调动。

改革教师评价体系是激发教师参与产教融合积极性的关键。建立以师德师风为核心,以教学能力、实践能力、产教融合成果为主要内容的教师评价指标体系。在职称评定、绩效考核、评优评先等方面,加大对教师实践能力与产教融合成果的考核权重,对在产教融合工作中表现突出的教师给予优先晋升、奖励等激励措施。例如,设立产教融合专项奖励基金,对指导学生在技能竞赛中获奖、与企业合作取得重大科研成果转化、积极参与企业技术服务等的教师给予表彰和物质奖励。同时,鼓励教师积极参与产教融合项目申报、课程开发、教材编写等工作,并将其纳入教师工作量考核范围,充分调动教师参与产教融合的积极性与主动性,促进师资队伍整体水平的显著提升。

四、国际化产教融合实践

随着经济全球化的深入发展,产教融合的国际化趋势日益显著,这对高等教育的人才培养提出了新的挑战与要求。构建高校国际化产教融合共同体,成为应对这一挑战、培养具有国际竞争力的高素质人才的重要途径。下面将从优化资源配置、专业教育体系创新、教育治理体系创新、强化顶层设计、完善体制机制以及构建质量保障体系等方面,来探讨高校国际化产教融合共同体的实践探索。

(一)优化资源配置方向

高校需紧跟国际产业发展趋势,分析国际企业在中国的业务布局情况来灵活调整专业设置与课程内容,以满足国际市场对专业人才的需求。同时,加强不同区域间教育资源的合作与共享,构建区域协同发展的国际化人才培养体系。东部地区高校可充分利用其地理与经济优势,通过线上课程、远程实训等方式,向中西部地区输送国际化教育资源,促进教育资源的均衡配置与高效利用。同时,可加强不同区域间教育资源的合作与共享,形成优势互补的格局。

(二)专业教育体系创新

在优化资源配置的基础上,高校还需进一步创新专业教育体系,以更好地适应国际化的需求。为了培养具有国际视野的人才,国内高校与国外高校、国际企业等合作共建的国际产业学院会引入国外合作高校先进课程体系,结合国内产业需求进行本土化改造。例如,在新能源专业,融合德国应用技术大学相关课程,开设新能源系统集成与优化、国际新能源政策与市场等课程,实现课程内容与国际产业标准对接。同时,注重跨学科课程建设,打破专业壁垒,培养学生综合素养,如开设智能制造与工业互联网跨学科课程,课程内容涵盖机械工程、计算机科学、自动化控制等多学科知识。

除了要在课程设置上创新外,实践资源的拓展同样非常重要,它可以为学生提供理论知识转化为实践能力的平台。所以,高校应当积极与国外企业、院校合作,建立海外实训基地,为学生提供真实的国际工作环境。例如,高校与共建"一带一路"国家的企业合作,让学生在实践中锻炼跨文化工作能力。实施"海外实习计划",选派学生到国外合作企业实习,参与国际项目研发与生产,这不仅能提升学生的实践能力,还能增强他们的国际竞争力。此外,在创新专业教育体系的同时,教育治理体系的改革也势在必行。

(三)教育治理体系改革

首先,需要把主体的多样性纳入考虑的范畴。为了提升国际化产教融合的效果,需成立由政府部门、行业协会、国内外高校、企业代表组成的理事会,作为最高决策机构,负责战略规划与重大事项决策。同时,建立校企联合工作委员会,负责具体事务的协调与执行。这种多元主体协同治理的模式,有助于确保产教融合项目的顺利实施与高效运行。

其次,构建质量保障体系。如果把教育治理体系比作一辆行驶的汽车,那么质量保障体系就是汽车的"方向盘＋刹车系统＋仪表盘"。如果没有质量保障体系,汽车可能跑偏(教育目标产生偏离)、失控(管理混乱)甚至翻车(教育质量严重滑坡),导致乘客(学生和社会)的安全(教育成效)无法保障。因此,高校要借鉴国际先进教育质量标准,结合学院实际情况,建立全方位的质量保障体系,这包括教学过程监控、学生学习效果评价、教师教学质量评估等多个方面;引入第三方评价机构,定期对教学质量与人才培养成效进行评估,并根据评估结果及时调整教学策略与课程设置。这种动态调整机制有助于持续提高教育质量与国际竞争力。

(四)强化顶层设计

在高校国际化产教融合的进程中,国家层面的统筹规划起着至关重要的作用。如果缺乏国家层面的有力引导和协调,国际合作往往容易出现表面化、短期化,就像"昙花一现",难以形成持续稳定的发展态势。所以,国家需要从完善法律法规和加强政策统筹协调这两个关键方面入手,为国际化产教融合奠定坚实的基础。

国家要完善产教融合的法律法规,明确企业、高校、政府等各主体在国际化产教融合中的权利与义务。这就好比一场比赛,只有明确了各参赛方的规则和权限,比赛才能公平、有序地进行。有了完善的法律保障,各方在合作过程中才能有章可循,减少不必要的纠纷和矛盾,从而为合作的顺利开展创造良好的环境。

同时,加强政策统筹协调也十分必要。国家应设立专门的产教融合协调机构,这个机构就像是一个指挥中心,统一规划、指导全国国际化产教融合工作。它可以整合各方资源,避免出现各自为政、重复建设等问题,提高资源的利用效率。

地方政府在这个过程中也扮演着重要的角色。地方政府需要结合本区域的产业特色与发展规划,制定出符合本地实际情况的政策。比如沿海制造业发达地区,制造业是其优势产业,地方政府就可以制定鼓励高校与国外先进制造企业合作的政策。这些政策能够推动智能制造领域国际化产教融合项目落地,引导应用型高校与本地优势产业对接国际资源,开展深度合作。

1. 建立资源共享机制

资源共享是实现高校国际化产教融合的重要途径。要搭建国际化产教融合资源共享平台。这个平台就像是一个巨大的资源宝库,整合国内外高校、企业、科研机构的教育资源、科研成果、人才信息等。通过这个平台,各方可以实现资源的互通有无,避免资源的浪费和闲置。

高校与企业还可以共建共管实习实训基地、研发中心等。在这个过程中,建立资源投入与收益共享机制至关重要。例如,高校可以以场地、设备等资源入股,企业则投入技术、资金与管理经验,双方共同开展科研项目。当项目取得成果并转化为实际收益后,按照事先约定的股份进行分配。这样的机制能够充分调动高校和企业的积极性,提高资源的利用效率,实现双方的互利共赢。

2. 创新合作激励机制

为了让企业更积极地参与国际化产教融合，需要创新合作激励机制。可以通过税收减免、财政补贴、项目奖励等方式，给予企业实实在在的好处。对于参与深度合作的企业，给予税收优惠政策是一种有效的激励方式。比如，减免其用于教育教学的设备采购、人员培训等费用的相关税费，以降低企业的成本，提高企业的经济效益。同时，设立产教融合专项基金，对那些成效显著的校企合作项目给予资金支持。例如，对培养出大量符合企业需求的国际化人才的高校与企业合作项目，给予专项奖励资金。这种激励机制能够激发企业参与国际化产教融合的热情，促进更多优质项目的开展。

强化顶层设计为高校国际化产教融合共同体的发展提供了宏观层面的指导和保障，而要确保产教融合的质量和效果，还需要构建一套完善的质量保障体系。

（五）构建质量保障体系

构建质量保障体系是高校国际化产教融合共同体持续健康发展的关键。一个完善的质量保障体系能够确保人才培养质量、科研创新成果、社会服务成效等多方面达到预期目标。

首先，要建立国际化产教融合质量评价标准。这个标准需要从多个维度进行考量，包括人才培养质量、科研创新成果、社会服务成效、国际交流合作水平等。只有全面、综合地评价，才能准确反映产教融合项目的实际质量。

其次，加强过程性评价也非常重要。运用信息化手段对教学过程、企业实践过程进行实时监控，就像给产教融合项目安装了一个"监控器"，能够及时发现问题并进行调整。通过实时监控，可以了解学生的学习情况、教师的教学效果以及企业实践的进展情况，为质量提升提供有力的数据支持。

此外，引入国际权威认证机构对应用型高校国际化产教融合项目进行认证也是提升项目国际认可度的重要举措。例如，高校的国际产业学院可申请国际工程教育认证（如ABET认证）。这些国际权威认证机构具有严格的认证标准和流程。通过认证可以确保人才培养质量与国际接轨，提高项目在国际上的知名度和影响力。

在经济全球化和产业升级步伐持续加快的大背景下，应用型高校构建国际化产教融合是适应时代需求的必然选择。通过采取优化资源配置、教育体系创新、强化顶层设计、构建质量保障体系等举措，应用型高校将提升国际化产教融合发展水平。这不仅能为培养具有国际视野和竞争力的高素质应用型人才贡献力量，还能更好地服务于国家经济社会发展与国际竞争，在全球教育和产业竞争中占据一席之地。

第十二章　产教融合未来展望

第一节　产教融合对教育、产业、社会发展的深远影响

产教融合正在成为驱动社会进步的关键动力。其通过搭建教育体系、产业领域与社会发展的协同桥梁，引发了系统性变革。产教融合重构传统教育形态，助推产业转型突破。接下来从教育革新、产业升级、社会演进三个方面详细剖析产教融合的广泛影响。

一、教育体系重构：从封闭到开放

产教融合已成为教育领域变革与产业升级的关键驱动力。传统的教育体系往往是相对封闭的，学校与产业之间存在着明显的壁垒，教育内容与实际产业需求脱节。而产教融合打破了这种壁垒，构建起一种相互促进、协同发展的新型关系。通过产教融合，教育体系能够更精准地对接产业需求，产业资源也得以深度融入教育教学过程。这不仅对学生的职业发展产生直接作用，还在宏观层面重塑教育生态，推动教育朝着更具实用性、创新性与适应性的方向迈进。深入剖析产教融合对教育的影响，对于优化教育资源配置、提升人才培养质量以及促进经济社会可持续发展具有重大意义。

产教融合对教育的影响是多方面的。

（一）提升人才培养质量

1. 实践能力培养

在传统教育模式下，学生实践能力的培养存在明显短板。相关调查数据显示，约60％的高校毕业生在初次就业时，感觉自身实践技能与企业岗位需求存在较大差距，难以迅速适应工作环境。这就好比一个人只在书本上学习了游泳的理论知识，却从未下过水，真正到了水里自然会手忙脚乱。而产教融合为改变这一现状提供了有效途径。以某职业院校的机械制造专业为例，该专业与当地多家机械制造企业开展深度合作，共同制定人才培养方案，企业为学生提供大量实习岗位。在合作培养的毕业生中，90％以上能够在毕业后迅速适应企业工作，熟练掌握各类先进机械设备的操作与维护技能，实践能力得到显著提升。通过在企业真实生产环境中的实习与锻炼，学生能够将课堂所学理论知识与实际操作紧密结合，极大地提高了动手能力与解决实际问题的能力。

2. 就业竞争力增强

产教融合对学生就业竞争力的提升效果显著。从就业数据来看，参与产教融合项目的学生在就业市场上更具优势。在某地区的高校就业统计中，参与校企合作项目的毕业生平均初次就业率比未参与的学生高出 15 个百分点，平均薪资水平也高出 20％左右。这是因为产教融合使学生提前了解企业工作流程与行业规范，掌握了企业所需的前沿技术与专业技能，同时在实习过程中积累了丰富的职场经验，与企业建立了良好联系，增加了就业机会。又如东北石油大学计算机与信息技术学院邀请东方瑞通（北京）、华清远见（沈阳）、华育兴业（哈尔滨）三家公司，为计算机科学与技术、物联网工程、数据科学与大数据专业 380 余名学生开展企业项目综合实训，让学生掌握企业开发项目技能，提升动手能力。这些学生毕业后，凭借实训积累的经验与技能，深受企业青睐，许多在毕业前便收获多家企业的录用通知，如同在进入职场"正式比赛"前，已通过产教融合项目完成充分"热身"，自然更具竞争优势。

3. 创新能力激发

产教融合为学生创新能力的培养创造了有利条件。企业在生产经营过程中面临着各种实际问题与创新需求，学生参与到企业项目中，能够接触到行业前沿技术与创新理念，激发创新思维。在一些产教融合项目中，学生与企业研发人员共同开展技术创新研究，参与新产品的设计与开发。例如，某高校与一家新能源企业合作，学生在参与企业新能源电池研发项目过程中，提出了多项创新性的设计方案，部分方案已应用于企业实际生产，有效提升了产品性能。据不完全统计，参与产教融合创新项目的学生，其创新成果产出数量比未参与的学生高出 30％以上，创新能力得到极大激发。这就像是给学生打开了一扇通往创新世界的大门，让他们在实践中不断探索和创造。产教融合不仅提升了人才培养质量，还对教育资源配置产生了积极的优化作用。

（二）优化教育资源配置

1. 师资队伍建设

产教融合促进了教育师资队伍结构的优化。传统教育师资队伍中，大部分教师缺乏企业实践经验，导致教学内容与实际产业需求脱节。就好比一个从未上过战场的将军在给士兵们传授作战经验，难免会纸上谈兵。通过产教融合，学校积极引进企业技术骨干与行业专家担任兼职教师，充实师资力量。同时，鼓励校内教师到企业挂职锻炼，提升实践教学能力。以厦门华夏学院为例，在推进产教融合后，学校从企业聘请了 20 余名具有丰富实践经验的技术专家作为兼职教师，兼职教师占专业课教师总数的 15％。校内教师中有超过 40％的人到企业进行过挂职锻炼，教师的实践教学能力得到显著提升，能够更好地将企业实际案例融入课堂教学，提高教学质量。这样一来，教师就像是既有理论知识又有实战经验的"双料将军"，能够更好地教导学生。

2.实践教学资源整合

产教融合推动了实践教学资源的整合与优化。学校与企业共建实习实训基地,企业为学校提供先进的生产设备、技术工艺与真实的项目案例,弥补了学校实践教学资源的不足。例如,山东交通职业学院与一家汽车制造企业合作共建了汽车实训基地,企业投入了价值数千万元的先进汽车生产设备,并派遣技术人员指导学生实训。学生在实训基地能够接触到与企业生产一线相同的设备与工艺流程,进行真实项目的操作训练,有效提高了实践教学效果。据统计,参与共建实训基地的学校,学生实践课程满意度平均提高了25%以上,实践教学质量得到明显提升。这就好比学生有了一个"全真模拟战场",能够更好地锻炼自己的实践能力。

3.教育资金投入多元化

产教融合拓宽了教育资金的投入渠道。除了政府财政拨款外,企业通过多种方式参与教育投入,如设立奖学金、捐赠设备、投资建设实训基地等。在浙江省宁波市的产教融合项目中,企业对职业教育的资金投入逐年增加,从2015年的500万元增长到2020年的2000万元,增长了3倍。这些资金的投入改善了学校的办学条件,为教学科研、师资培训、学生实践等提供了有力的资金支持,促进了教育事业的发展。同时,企业的资金投入也增强了企业与学校之间的合作紧密度,形成了互利共赢的局面。这就像是为教育事业注入了一股新的活力,让教育能够更好地发展。正因为产教融合对教育资源配置的优化,进一步促使教育体系结构发生了调整。

(三)调整教育体系结构

1.专业设置与产业需求对接

传统教育体系中,专业设置往往与产业需求存在一定程度的脱节。据统计,约30%的高校专业设置未能及时跟上产业结构调整的步伐,导致相关专业毕业生就业困难。这就好比生产的产品不符合市场需求,自然会滞销。而产教融合促使学校根据产业发展动态与企业需求,及时调整和优化专业设置。以新兴的人工智能产业为例,随着人工智能技术在各行业的广泛应用,许多高校迅速开设了人工智能相关专业,并与企业合作制定专业课程体系,确保专业教学内容与产业实际需求紧密结合。新疆巴音郭楞职业技术学院通过产教融合,2018—2023年新增了10余个与新兴产业相关的专业,专业结构得到有效优化,毕业生对口就业率显著提高。这样一来,学校培养出来的学生就像是符合市场需求的"畅销产品",更容易找到合适的工作。

2.职业教育与普通教育融通

产教融合推动了职业教育与普通教育之间的融通发展。在传统教育模式下,职业教育与普通教育相互独立,学生发展路径单一。通过产教融合,职业院校与普通高校之间加强了交流与合作,实现了课程互选、学分互认、资源共享。例如,一些普通高校开设了职业技能培训课程,学生可以选修相关课程获得职业技能证书;职业院校也与普通高校合作开展专升本教育,为学生提供继续深造的机会。这种融通发展拓宽了学生的发展路径,满足了不同学生的学习需求,促进了教育体系的多元化发展。这就好比为学生提供了多条不同的道路,让他们可以根据自己的兴趣和能力选择适合自己的发展方向。

3.终身教育体系构建

产教融合有助于构建终身教育体系。随着产业技术的快速更新换代,劳动者需要不断学习新技能以适应职业发展需求。企业与学校合作开展在职人员培训、继续教育等项目,为劳动者提供了持续学习的平台。例如,特斯拉(上海)有限公司与上海电力大学合作,为企业员工开展技术技能提升培训,员工可以利用业余时间参加线上线下课程学习,获得相应的学历或技能证书。据统计,参与企业与学校合作培训项目的员工,职业晋升速度比未参与的员工平均快1.5年。产教融合促进了教育资源向社会开放,打破了学校教育的时间与空间限制,推动了终身教育体系的构建,使学习成为人们贯穿一生的行为。这就像是为劳动者提供了一个"终身加油站",让他们在职业生涯中能够不断补充能量,适应不断变化的市场需求。

产教融合对教育体系的重构,从人才培养质量的提升、教育资源配置的优化到教育体系结构的调整,都产生了深远的影响。它为教育的发展带来了新的机遇和挑战,也为产业的升级和社会的进步奠定了坚实的基础。在未来的发展中,产教融合有望继续发挥重要作用,推动教育、产业和社会的协同发展。

二、产业升级加速:人才驱动创新

在全球经济格局加速调整、科技革命与产业变革深度融合的时代背景下,产教融合正以前所未有的力度重塑着产业生态,成为产业可持续发展的核心动力。它打破了教育与产业之间的传统界限,构建起一个人才培养、技术创新与产业发展相互促进的良性循环体系,为产业源源不断地输送高素质人才,并在推动技术创新、优化产业结构以及提升产业竞争力等方面发挥着不可替代的作用。深入探讨产教融合对产业的影响,对于产业界把握发展机遇,制定科学战略,实现高质量、跨越式发展具有极其重要的现实意义。通过产教融合,产业界能够不断吸收高校的创新理念与科研成果,突破行业发展瓶颈,实现产业结构优化升级,推动产业链向高端化、智能化、绿色化迈进。

(一)优化人才供给结构,满足产业多元需求

1.精准匹配岗位技能需求

在传统模式下,教育体系培养的人才与产业实际岗位需求存在明显错位。2022年,教育部职教所课题组研制的《行业人才需求与职业院校专业设置指导报告》显示,多数行业存在严重的人才供需失衡。约62%的企业认为应届毕业生缺乏岗位所需的专业技能,难以直接胜任工作。然而,产教融合有效扭转了这一局面。例如,在汽车制造业中,随着

智能化、电动化的发展,行业对掌握先进电控技术、智能网联技术的人才需求大增。企业通过与职业院校、高校合作,参与人才培养方案制订,将最新技术与实践案例融入课程体系。例如,某知名汽车制造企业与当地职业院校共建"新能源汽车订单班",按照企业岗位标准开展教学与实训。毕业生进入企业后,能够迅速上手工作,岗位适应期从传统模式下的 3～6 个月缩短至 1 个月以内,极大提高了企业人才招聘与培养的效率。

2. 培养复合型创新人才

产业的跨界融合发展,对具备跨学科知识与创新能力的复合型人才的需求日益迫切。产教融合为这类人才的培养提供了肥沃土壤。企业在生产实践中面临的复杂问题,促使学生和教师突破学科界限,整合多领域知识进行创新解决。以人工智能与医疗行业的融合为例,高校与相关企业联合开展项目研发与人才培养。学生不仅学习计算机科学、算法设计等人工智能专业知识,还深入了解医学影像识别、疾病诊断等医疗领域知识。据不完全统计,参与此类产教融合项目的学生,毕业后在相关新兴交叉领域的就业率比未参与学生高出 40％以上,且在工作中能够提出创新性解决方案的比例也大幅提升,有力推动了产业的创新发展。

(二)加速技术创新与成果转化

1. 产学研协同攻克技术难题

企业在产业一线面临着诸多技术瓶颈,而高校和科研机构拥有丰富的科研资源与创新人才。产教融合搭建起产学研协同创新平台,整合各方优势,共同攻克技术难题。以半导体产业为例,芯片制造工艺的提升面临着极高的技术门槛。高校的科研团队在基础研究方面具有深厚积累,企业则对市场需求和生产工艺有精准把握。双方通过共建联合研发中心,紧密合作。如清华大学与中芯国际集成电路制造有限公司(以下简称中芯国际)等企业合作,在极紫外光刻(EUV)技术等关键领域开展联合攻关,取得了一系列突破性成果,部分技术成果已应用于企业生产,提升了我国半导体产业的整体技术水平。

2. 促进科技成果高效转化

长期以来,科技成果转化率低一直是制约产业创新发展的难题。产教融合打破了科研与产业应用之间的隔阂,加速了科技成果从实验室到市场的转化进程。据中国科技成果管理研究会发布的数据,在产教融合模式下,科技成果转化率平均可达 30％～40％,相比传统模式提高了 15～20 个百分点。例如,某高校研发的新型环保材料技术,通过与相关企业合作成立产业化公司,将科研成果迅速转化为产品推向市场。企业利用自身的生产、营销渠道,实现了技术的快速产业化,在短短两年内,产品市场占有率达到 10％,创造了显著的经济效益,也推动了环保材料产业的升级发展。

(三)推动产业结构优化升级

1. 助力传统产业数字化转型

在数字化浪潮下,传统产业面临着转型升级的紧迫任务。产教融合为传统产业引入先进的数字化技术与理念,促进其生产方式、管理模式的变革。以纺织业为例,传统纺织企业生产效率低、产品同质化严重。传统企业通过与高校、科技企业合作,引入大数据、人工智能技术,实现生产过程的智能化管控、产品的个性化定制。据相关统计数据,实施产教融合项目后的纺织企业,生产效率平均提升 25% 以上,产品附加值提高 30% 左右,有效增强了传统产业在市场中的竞争力,推动其向数字化、智能化方向转型升级。

2. 培育新兴产业发展动能

新兴产业的崛起是产业结构优化的重要标志,而产教融合为新兴产业培育提供了关键支撑。在 5G 通信、新能源、生物医药等新兴产业领域,高校与企业紧密合作,开展前沿技术研究与人才培养。例如,在新能源汽车产业,高校为企业输送大量掌握电池技术、电机控制技术等专业人才,企业则为高校提供实践平台与应用场景。随着产教融合的深入推进,新能源汽车产业规模迅速扩大。据中国汽车工业协会数据,2023 年我国新能源汽车产量为 958.7 万辆,销量达到 949.5 万辆,同比分别增长 35.8% 和 37.9%,成为推动我国产业结构优化升级的重要力量。

(四)提升产业整体竞争力

1. 降低企业人才培养与研发成本

产教融合模式下,企业通过与教育机构合作,降低了人才培养与研发成本。在人才培养方面,企业参与学校教学过程,使学生在学习阶段就熟悉企业业务,减少了企业内部培训成本。在研发方面,产学研协同创新避免了企业独自研发的高投入与高风险。以华为为例,其与多所高校建立长期合作关系,共同开展 5G 通信技术、人工智能等领域的研发。通过合作,华为在研发投入上节省了 20%~30%,同时借助高校人才资源,缩短了研发周期,提高了研发效率,增强了企业在全球市场的竞争力。

2. 增强产业国际话语权

在全球化竞争中,产教融合有助于提升国家产业的国际话语权。通过培养具有国际竞争力的人才、开展前沿技术创新,我国产业在国际分工中占据更有利地位。以高铁产业为例,我国高校与企业深度合作,在高铁技术研发、人才培养方面取得显著成就。我国高铁技术标准成为国际标准的重要组成部分,在全球高铁市场中占据主导地位。截至2023 年年底,中国高铁运营里程超过 4.5 万千米,占全球高铁运营里程的 70% 以上,有力提升了我国在轨道交通产业的国际话语权与影响力。

产教融合已成为产业发展不可或缺的关键要素,从人才供给、技术创新、产业结构调整到竞争力提升,全方位重塑着产业发展格局。它为产业注入源源不断的创新活力,推动产业在全球竞争中实现高质量、可持续发展。在未来,随着科技的飞速发展与产业变革的加速推进,产教融合的深度与广度将进一步拓展,其对产业的积极影响将更加凸显。政府、企业、教育机构等各方应持续深化产教融合机制,加大资源投入,充分发挥产教融合的巨大潜能,共同推动产业迈向更高发展水平,在全球产业竞争中赢得主动。

三、社会效益提升:促进公平与可持续发展

目前的产教融合已从单纯的教育与产业合作模式,演变为推动社会全面进步的重要引擎。它跨越了教育与产业的传统界限,形成了一种相互促进、协同共生的动态关系。对于社会发展而言,产教融合能有效缓解就业结构性矛盾,减少人才供需错配现象。培养出的人才精准匹配产业需求,使得劳动力市场实现更高效的资源配置,促进社会充分就业。而且,产教融合带动区域经济发展,如高校与企业的深度合作能够吸引更多相关产业聚集,形成产业集群效应,创造更多就业岗位与经济效益,缩小地区间经济发展差距。通过产教融合,教育体系能够精准对接产业需求,将知识高效转化为生产力;产业资源也得以深度融入教育教学,提升人才培养质量。这一融合模式不仅对经济增长、就业格局产生直接作用,还在科技创新、社会结构优化等层面产生深远影响,为社会可持续发展注入强大动力。深入剖析产教融合对社会发展的影响,对于把握社会发展趋势、制定科学政策、实现社会高质量发展具有重要意义。

(一)推动经济增长与产业升级

1. 促进产业创新与技术进步

在科技飞速发展的当下,产业创新和技术进步成为推动经济增长的核心要素。产教融合为产业创新搭建了高效平台,促使教育机构的科研成果快速向现实生产力转化。例如,在人工智能领域,高校凭借深厚的学术研究积累,在算法优化、机器学习模型等基础研究方面成果丰硕。企业则具备敏锐的市场洞察力和强大的产业化能力。通过校企联合研发中心等合作形式,双方优势互补。以某高校与一家人工智能企业合作项目为例,校企共同研发的智能图像识别技术,广泛应用于安防监控、工业检测等领域,大幅提高了相关产业的生产效率和产品质量。据不完全统计,参与产教融合创新项目的企业,新产品研发周期平均缩短 20%～30%,创新成果转化率比未参与企业高出 15～20 个百分点,有力推动了产业技术革新,提升了产业附加值,促进了经济增长。

2. 助力产业结构优化调整

随着全球经济格局的深刻变革,产业结构优化调整迫在眉睫。产教融合能够依据市场需求和产业发展趋势,引导教育资源合理配置,推动传统产业转型升级,培育新兴产业。以传统制造业为例,在产教融合模式下,高校和科研机构为企业提供先进的智能制造技术、数字化管理理念等,助力企业实现生产过程的智能化、自动化改造。如某地区通过推动制造业企业与职业院校、高校合作,开展智能化改造项目,使当地传统制造业的劳

动生产率平均提升 35％以上,产品不良率降低 20％左右,实现了向高端制造业的转型升级。同时,在新兴产业培育方面,产教融合发挥着关键作用。例如,在新能源、生物医药等新兴领域,教育机构提前布局相关专业,为产业发展储备大量专业人才,企业则为人才培养提供实践平台和项目支持,促进新兴产业快速发展壮大。据统计,在产教融合深度推进的地区,新兴产业在 GDP 中的占比平均每年提高 2～3 个百分点,使产业结构得到有效优化。

3. 优化就业结构与质量

(1)提升劳动力市场供需匹配度

传统教育体系下,毕业生就业难与企业招工难的结构性矛盾突出。产教融合打破了这一困局,通过企业深度参与人才培养过程,使教育内容紧密贴合企业实际需求。以宁夏工商职业技术学院为例,面对市场变化,学院结合产业需求,停招了市场需求不高的汽车营销与服务等 6 个专业,同时新申报了新能源汽车技术、智能网联汽车技术等 4 个专业。2022 年该校就业率达到 96.36％,实现连续 3 年稳步提升。据相关调查,参与产教融合项目的毕业生,岗位匹配度比未参与学生高出 30％以上,能够迅速适应企业工作环境,减少企业培训成本,提高了劳动力市场的供需匹配效率,促进了就业市场的稳定与高效运行。

(2)促进高质量就业与职业发展

产教融合不仅解决了就业数量问题,更在提升就业质量、促进劳动者职业发展方面成效显著。参与产教融合项目的学生,在校期间通过企业实习、项目实践等方式,积累了丰富的实践经验和职业技能,在就业市场上更具竞争力,薪资水平也更高。例如,在某地区高校就业统计中,参与校企合作项目的毕业生平均薪资比未参与学生高出 20％左右。而且,在职业发展过程中,由于他们对行业发展趋势和企业需求有更深入了解,职业晋升速度更快。据统计,参与企业与学校合作培训项目的员工,职业晋升速度比未参与员工平均快 1.5 年。可见,产教融合为劳动者的职业发展提供了更广阔空间,提升了社会整体就业质量。

4. 推动科技创新与成果转化

(1)产学研协同创新,增强创新活力

科技创新是社会发展的重要驱动力,产教融合促进了产学研深度协同创新。高校和科研机构拥有前沿的科研知识和创新人才,企业则具备将科研成果转化为实际产品和服务的能力与资源。各方通过共建联合实验室、研发中心等合作平台,实现优势互补,激发创新活力。以新能源汽车产业为例,动力电池能量密度提升、续航里程增加及充电效率提高是行业面临的关键技术难题,高校科研团队在材料科学、电化学等基础研究领域优势突出,企业对市场需求和产业化应用有着精准把握。例如,上海交通大学与宁德时代新能源科技股份有限公司合作,在固态电池电解质材料研发等关键领域开展联合攻关,

成功研发出新型高稳定性电解质材料,显著提升了电池的安全性和能量密度,相关技术已应用于企业新一代动力电池产品,推动了我国新能源汽车产业的技术升级,提升了市场竞争力。

(2)加速科技成果转化,实现经济价值

长期以来,科技成果转化效能偏低,使得科技创新对经济社会发展的支撑作用未能充分释放。而产教融合的深入推进,为科研成果从实验室走向产业应用构建了快速通道,有效加速了转化进程。高校与企业携手合作,让科研成果得以依托产业资源快速实现产业化落地。比如,某高校的材料研发团队与环保企业携手组建产业化公司,借助企业成熟的生产体系与市场渠道,将研发的新型环保材料技术快速转化为系列产品并投向市场,仅用两年时间就占据了10%的市场份额,创造了可观的经济效益。这种深度协同的模式,不仅打破了科研与产业之间的壁垒,更在合作过程中培养了一批既懂技术又通市场的复合型人才,为产业升级提供了持续的智力支持。越来越多的高校实验室的创新成果通过产教融合机制注入产业链,不仅带动了相关行业的技术革新,更在全社会形成了"创新—转化—收益—再创新"的良性循环,让科技创新真正成为驱动经济社会高质量发展的核心引擎。

(二)缩小区域间教育与产业差距

我国不同区域之间在教育资源和产业发展水平上存在较大差距。产教融合通过产业转移、教育资源共享等方式,促进区域间协同发展。发达地区的高校和企业可以将先进的教育理念、技术和管理经验向欠发达地区输出。例如,东部沿海地区的高校与中西部地区的职业院校开展合作办学,共享优质课程资源,帮助中西部地区提升教育质量。同时,企业在产业转移过程中,与当地院校合作培养适配人才,带动当地产业发展。通过产教融合项目,中西部地区的职业院校毕业生就业率显著提高,产业发展水平逐步提升,缩小了区域间教育与产业发展差距,促进了区域均衡发展。

(三)提供多元化教育与职业发展路径

传统教育体系下,学生的教育和职业发展路径相对单一。产教融合推动了职业教育与普通教育融通发展,为学生提供了多元化选择。职业院校与普通高校之间实现课程互选、学分互认、资源共享。普通高校学生可以选修职业技能培训课程,获得职业技能证书,增强就业竞争力;职业院校学生也有机会通过专升本等途径继续深造。此外,企业与学校合作开展在职人员培训、继续教育等项目,为劳动者提供了持续学习和职业转换的机会。这种多元化的教育与职业发展路径,满足了不同人群的学习和发展需求,促进了社会公平,使每个人都能在社会发展中找到适合自己的发展道路。

产教融合宛如一股强大的革新力量,在教育、产业和社会领域留下了不可磨灭的深刻印记。在教育层面,它打破了传统教育与实际应用脱节的壁垒,精准对接产业需求优化人才培养方案,培育出大批既具备扎实理论知识又拥有丰富实践技能的复合型人才,推动教育体系向更加实用化、多元化、创新化的方向发展。于产业而言,产教融合加速了产业升级的步伐,优化了人才供给结构,攻克了技术难题,促进了科技成果转化,推动产业结构优化,降低了企业成本,提升了产业整体竞争力,助力产业在全球经济浪潮中稳健前行。从社会角度来看,产教融合促进了社会资源的高效配置,提高了劳动生产率,推动了科技创新与社会进步,为社会创造了更多的就业机会和经济效益,促进了社会的和谐稳定与繁荣。

第二节　产教融合动力分析

产教融合并非偶然出现,其背后有着坚实的理论基础和强大的动力支撑。深入探究产教融合的动力来源,对于理解其运行机制、促进其良性发展具有至关重要的意义。

一、动力分析理论基础

理论基础是产教融合这艘巨轮的强劲引擎,其又可从不同维度进行分析。

(一)利益相关者理论视角

利益相关者理论是理解产教融合动力机制的重要基石。该理论认为,企业的经营决策不能仅仅关注股东的利益,而需要综合考虑所有利益相关者的利益诉求。在产教融合这个复杂的场景中,政府、高校、企业和学生构成了关键的利益相关者群体,他们相互依存、相互影响,共同推动着产教融合的发展。这种互动关系就像一个精密的生态系统,每个主体都在其中扮演着独特的角色,发挥着不可或缺的作用。

产教融合中的 4 个主体,各自有着明确的目标和行动方向,它们之间的互动形成了产教融合的强大动力。

政府在产教融合中扮演着引导者和推动者的角色。政府通过制定政策法规,对资源进行合理配置,为高校和企业的合作创造良好的制度环境和政策支持。例如,政府会出台鼓励企业参与高校人才培养的税收优惠政策,让企业在与高校合作过程中能够获得实际的经济利益,从而提高企业参与的积极性。此外,政府还会设立专项基金,推动产学研合作项目的开展。政府之所以如此积极地推动产教融合,是因为其有着明确的利益诉求。政府希望通过产教融合实现区域经济的发展,提升国家的整体竞争力,促进社会的公平与稳定。政府通过政策引导,推动产业结构的优化升级,创造更多的就业岗位,进而提升整体社会福利水平。

高校作为知识创造与人才培养的核心场所,在产教融合中承担着重要使命。高校会根据政府的政策导向和企业的实际需求,对学科专业设置进行调整。不再是闭门造车式的人才培养,而是紧密结合市场需求,开展科学研究。高校的目标是为企业输送高素质的人才,同时将科研成果转化为实际的生产力。高校这样做也是为了自身的发展。一方面可以提高学校的学术声誉与综合排名,吸引更多优秀的学生和教师;另一方面,培养出适应社会需求的优秀人才,推动科研成果转化,能够彰显学校的科研实力。高校希望通过产教融合获取更多的资源,用于学科建设、师资队伍培养以及科研创新等方面。

企业在产教融合中也有着不可替代的作用。企业能够提供实践平台与市场需求信息。企业通过与高校合作,积极参与人才培养,向高校提出明确的人才技能要求。这样做的目的是获取具有专业技能和创新能力的人才,提升企业的技术创新水平,降低生产成本,增加市场份额,最终实现利润最大化。此外,企业还希望利用高校的科研成果提升自身的创新能力和竞争力,借助高校的科研力量解决企业生产经营中的技术难题。比如,一些高新技术企业与高校合作开展研发项目,将高校的科研成果应用到实际生产中,不仅提高了产品质量,还开拓了新的市场。

学生既是教育的对象,也是未来劳动力市场的主体。学生在产教融合中有着自己的思考和行动。他们会根据自身的兴趣、职业规划以及市场需求来选择专业和参与实践活动。通过高校的系统教育和企业的实习锻炼,学生能够提升自身的能力。学生期望在产教融合中获得优质的教育资源,提升个人的知识与技能水平,为未来的职业发展打下良好的基础,实现个人价值与职业理想。而且,学生在学习过程中获得实践机会,能够大大提高他们的就业竞争力,让他们在未来的职场中脱颖而出。

以上从利益相关者理论视角清晰地展示了政府、高校、企业和学生之间的互动关系和利益诉求。这种多主体的互动模型是产教融合发展的内在动力源泉。

(二)推拉理论视角

引入推拉理论和生态系统理论,深入探究政策推力与市场拉力的协同作用,以及教育链、人才链与产业链的耦合机制,可更全面地理解产教融合背后的动力源泉。

推拉理论原本常用于解释人口迁移等现象。该理论认为,在社会经济活动中,存在着促使人们行动的推力因素和吸引人们行动的拉力因素。在产教融合的动力分析中,政策和市场分别扮演着推动和拉动相关主体行为的关键角色。政策就像是一股强大的推力,推动着高校和企业朝着产教融合的方向前进;而市场则如同一个巨大的磁石,以其强大的吸引力拉动着各方参与到产教融合的实践中来。这两者相互配合、协同作用,共同为产教融合的发展提供强大的动力。

首先是政府的推力。政府在产教融合中发挥着至关重要的引导作用,通过政策制定与资源分配等方式,为产教融合提供了有力的推动。政府会制定一系列的政策,涵盖产业扶持政策、教育改革政策等多个方面。比如,针对新兴产业,政府会制定详细的发展规划,明确产业发展的目标和方向。同时,为了鼓励高校培养适应新兴产业需求的人才,政府会给予资金支持,引导高校调整专业布局。以人工智能产业为例,政府出台相关政策鼓励高校开设人工智能专业,并为专业建设提供资金保障。这使得高校能够加大对人工智能相关领域的人才培养力度,为产业发展储备大量专业人才。政府还会通过财政拨款、项目资助等方式,引导高校和企业开展合作。设立产学研合作专项基金就是一个很好的例子。政府对积极参与合作的高校和企业给予资金奖励,这种激励机制极大地激发了双方合作的积极性。高校和企业为了获得资金支持,会更加主动地探索合作模式,开展科研项目合作和人才培养合作,从而推动产教融合的深入发展。

其次是市场的拉力。市场的需求和经济利益也是推动产教融合的重要力量。一方面是在市场驱动的情况下,企业当面临激烈的市场竞争,为了提高自身的竞争力,必须不断进行技术创新和提升人才素质。因此,企业对创新技术和高素质人才有强烈的需求。例如,随着人工智能技术的兴起,企业对人工智能专业人才的需求更是大幅增加。这种市场需求促使企业主动与高校合作,寻求技术创新和人才支持。企业会与高校建立合作关系,共同开展科研项目,培养符合企业需求的专业人才。高校也会根据市场需求,加快相关专业的建设和人才培养,以满足企业的用人需求。

最后是经济利益的吸引。企业与高校合作可以带来显著的经济效益。通过转化高校的科研成果,企业可以实现产品升级、开拓新市场,从而增加市场份额和利润。这种经济利益的诱惑吸引企业加大对产学研合作的投入。同时,高校也更加关注科研成果的市场转化,希望通过与企业的合作将科研成果转化为实际生产力,实现科研价值和经济价值的双赢。例如,一些高校的科研团队研发出了新型材料技术,企业与高校合作将该技术应用到产品生产中,实现了产品的升级换代,开拓了新的市场,为企业带来了丰厚的利润。

政策推力和市场拉力相互配合,共同推动着产教融合的发展。政策为产教融合提供了方向和保障,市场则为其提供了动力和需求。两者的协同作用使得产教融合能够不断深入推进。然而从更宏观的角度来看,产教融合还涉及教育链、人才链与产业链之间的关系,这就需要引入生态系统理论来进一步分析。

生态系统理论强调系统内各要素之间相互联系、相互作用,形成一个有机整体。在教育与产业发展的大背景下,教育链、人才链和产业链构成了一个复杂的生态系统。它们之间通过耦合机制实现协同发展,就像生态系统中的各个生物群落一样,相互依存、相互促进。这种耦合机制是产教融合得以持续发展的重要保障。

教育链是人才培养的基础环节,包括从小学到大学的各级各类教育机构,为人才的成长提供了全方位的支持。基础教育为学生打下了坚实的知识基础和综合素质基础,而高等教育则是培养专业人才的关键阶段。高校通过学科建设、课程设置等方式,培养不同层次和专业的人才。例如,高校会根据市场需求和学科发展趋势,不断调整专业设置,开设新兴专业,以培养适应社会发展需要的专业人才。

人才链是连接教育链和产业链的桥梁,它涉及人才的培养、流动和能力提升等多个环节。教育链培养的人才进入人才链后,会在不同行业、企业以及地区之间流动。高校培养的毕业生会根据个人的职业规划和市场需求,选择就业岗位,实现人才从教育领域向产业领域的流动。这种人才流动有助于优化人才资源的配置,使人才能够在最适合的岗位上发挥最大的作用。人才进入企业后,会通过实践锻炼和培训不断提升自身能力。同时,企业会将人才需求反馈给高校,促使高校优化人才培养模式。这种人才培养与能力提升的良性循环,使得人才能够更好地适应产业发展的需求。例如,企业会为新入职的员工提供岗位培训,帮助他们提升专业技能。同时,企业会将对人才能力的要求反馈给高校,高校会根据这些反馈调整课程设置和教学方法,培养出更符合企业需求的人才。

企业作为产业链的主体,通过生产经营活动创造价值。随着市场需求的变化和技术的创新,产业链不断发展升级。这种发展升级对人才和技术提出了新的要求,促使企业更加注重与高校的合作,以获取所需的人才和技术支持。产业链的发展为教育链提供了实践平台和资金支持。企业会为高校提供实习基地,让学生能够在实践中学习和成长。同时,企业还会设立奖学金,激励学生努力学习。而教育链培养的人才和提供的科研成果则为产业链的创新发展注入了动力。通过这种互动,产业链与教育链实现了深度融合,共同推动了产业的发展和教育的进步。

产教融合的动力机制是一个复杂的系统,涉及利益相关者理论、推拉理论和生态系统理论等多个方面。这些理论从不同的角度揭示了产教融合的动力来源和运行机制。在实际应用中需要综合考虑这些因素,充分发挥各方面的作用,以推动产教融合不断向纵深发展。接下来进一步探讨如何根据这些动力机制,制定有效的策略和措施,促进产教融合的实践落地。

(三)激励理论视角

激励理论作为管理学中的核心理论之一,主要研究如何激发个体的行为动机,促使个体产生一股内在的动力,进而朝着所期望的目标前进。在实际应用场景中,管理者或政策制定者可以将激励因素大致划分为物质激励和精神激励两大类。通过满足个体在不同层次上的需求,例如生理需求、安全需求、社会需求、尊重需求以及自我实现需求等,管理者或政策制定者能够有效地激发个体的积极性与主动性。这一理论不仅适用于企业管理领域,还广泛应用于政府政策制定、教育改革等多个领域。政策制定者和教育工作者旨在利用该理论合理设计激励机制,促进个体或组织目标的实现。

1. 政府应用

政府可以通过制定一系列产业扶持政策来激励企业创新与发展。例如,对于新兴产业,政府给予税收减免、财政补贴等优惠政策,以此鼓励企业加大在相关领域的投资与创新力度,进而推动整个产业结构的优化升级。同时,政府还可以对积极参与教育事业、与高校开展深度合作的企业,给予优先审批项目、提供土地资源等政策优惠,以此激励企业参与人才培养,促进教育与产业的深度融合。

除了物质层面的支持外,政府还可以通过公开表彰的方式,对在区域经济发展、科技创新、社会公益等方面做出突出贡献的高校、企业和个人进行表彰,并授予相应的荣誉称号,如"科技创新先进企业""优秀教育工作者"等。这种荣誉上的肯定不仅满足了受表彰者的精神层面需求,还能显著提升其社会声誉和影响力,从而激发更多主体积极行动起来。

2. 高校应用

高校为了激发教师的教学与科研热情,通常会制定多元化的激励机制。在薪酬方面,设立绩效工资制度,根据教师的教学质量、科研成果等因素给予相应的奖励;在职业发展方面,则为教师提供学术交流、进修培训、职称晋升等机会。比如,对于在教学改革中取得显著成效的教师,高校可以给予教学成果奖,并在职称评审中予以倾斜,以此激励教师不断提升教学科研水平。

除教师外,学生作为高校的另一主要群体,应当同样注重对他们的激励。一方面,通过设立奖学金、助学金制度,对学习成绩优秀、综合素质突出的学生给予物质奖励;另一方面,对在学科竞赛、创新创业等活动中表现优异的学生进行表彰,并颁发荣誉证书。这些措施旨在激发学生努力学习、提升自身能力。

3. 企业应用

激励政策在企业的应用主要体现在员工和合作伙伴上。首先,企业为了吸引和留住人才,往往会为员工提供具有竞争力的薪酬待遇、绩效奖金、股权激励等物质激励手段。同时,企业还注重员工的职业发展规划,为员工提供明确的晋升渠道和丰富的培训机会。例如,一些互联网企业为了吸引高端技术人才,会给予员工股票期权,让员工分享企业发展的成果,从而激发员工的创新活力和工作积极性。其次,企业在与高校、科研机构的合作过程中,会对合作效果良好的高校或科研团队给予额外奖励,如增加合作经费、优先开展后续合作项目等。这种激励方式有助于巩固合作关系,持续获得优质的科研成果和技术支持。

探讨了激励理论在政府、高校、企业等不同主体动力分析中的具体应用后,需要进一步关注激励理论应用过程中必须重视的一些要点。这些要点就像是激励机制运行的"校准器",能够确保激励措施发挥出最大的效能。

4. 激励理论应用注意事项

(1)激励的针对性:因人而异,因时而异

不同的主体在不同的发展阶段,其需求有着天壤之别。就像不同的植物在不同的生长阶段需要不同的养分一样,激励措施也应根据具体需求来制定。

对于初创企业而言,它们就像刚刚破土而出的幼苗,最需要充足的养分来扎根生长。此时,资金支持和政策优惠可能就是关键的激励因素。资金可以帮助企业购买设备、招聘员工、开展研发等,而政策优惠则能降低企业的运营成本,让企业在竞争激烈的市场中获得喘息和发展的机会。

而成熟企业则如同枝繁叶茂的大树,它们已经具备了一定的实力和市场地位,更注重自身形象和社会影响力的提升。因此,品牌建设和社会声誉的提升对它们来说可能更具激励作用。一个良好的品牌形象和社会声誉能够吸引更多的客户、合作伙伴和优秀人才,为企业的长期发展奠定坚实的基础。

(2)激励的适度性:把握分寸,恰到好处

在激励机制设计与实施过程中,把握适度性原则至关重要。激励强度的设置需保持在合理区间,过度激励与激励不足均难以实现预期目标。从资源配置视角来看,企业或政府若实施过度激励,可能会投入大量资金、政策优惠等资源,但由于超出实际需求,无法形成与之匹配的产出效益,进而造成资源浪费。同时,过度激励易使受激励主体形成路径依赖,一旦激励措施减少或停止,受激励主体因缺乏内在驱动机制,其参与积极性和行为动力将出现显著下滑。

此外,过度激励还可能引发一系列负面效应。对于企业而言,若在员工激励中投入过高的物质奖励成本,可能挤压研发、生产等核心业务的资源分配,影响企业长期竞争力;对于政府主导的激励政策,过度的财政补贴或税收减免可能扭曲市场竞争机制,造成企业对政策红利的过度追逐,而非专注于自身能力提升。从心理层面分析,受激励主体长期依赖外部高强度激励,其自主创新意识和内在工作动力会逐渐弱化,难以形成可持续的发展动能。

相反,激励不足则无法有效激发主体的动力。主体可能会觉得自己的努力得不到应有的回报,从而失去积极性和主动性。以政府设立科研项目资助金额为例,政府需要综合考虑项目的难度、市场需求等因素,确定一个合理的资助额度。如果资助额度过高,可能会导致一些科研团队为了获取资金而盲目申报项目;如果资助额度过低,又会使一些有潜力的科研项目因缺乏资金而无法开展。

(3)激励的持续性:长效机制,持续动力

激励不能只是一时的"兴奋剂",而应形成一个长效机制,为主体提供持续的动力。就像长跑运动员需要持续的能量补给才能跑完全程一样,主体也需要持续的激励才能保持长期的积极性和创造力。

以高校对教师的激励政策为例,高校应该保持激励政策的相对稳定,让教师能够明确自己的努力方向和目标。同时,高校还应根据实际情况不断优化调整激励政策,以适应教育教学和科研发展的需要。只有这样,才能确保教师持续保持工作热情,不断提升教学科研水平。

(4)激励的公平性:公平公正,激发动力

公平公正是激励机制的基石。如果激励过程和结果不公平,就会像一颗"毒瘤",严重挫伤主体的积极性。在一个不公平的环境中,主体会觉得自己的努力没有得到公正的评价和回报,从而产生不满和抱怨情绪,甚至会放弃努力。

企业在绩效考核和奖金分配过程中,要制定明确、透明的标准,让员工能够清楚地知道自己的工作表现如何被评价,以及自己能够获得多少奖励。这样,员工才会感受到公平,从而激发他们的工作积极性和创造力。同时,公平的激励机制也有助于营造良好的企业氛围,增强员工的归属感和忠诚度。

综上所述,在应用激励理论时必须充分考虑激励的针对性、适度性、持续性和公平性,这样才能构建一个科学、合理、有效的激励机制,激发不同主体的积极性和主动性,推动产教融合事业的蓬勃发展。

二、动力维度分析

上文中深入讨论了产教融合动力分析的理论基础。在实际运行中,哪些驱动力能够真正促使产教融合从理念转化为现实,并持续蓬勃发展是值得思考的问题。接下来从五个不同维度来系统阐释产教融合的内在驱动力。

(一)政策推动

政策犹如一座灯塔,在茫茫大海中为产教融合指明前行的方向。从国家战略层面来看,众多有关产教融合政策的出台绝非偶然,而是彰显了国家对产教融合的高度重视。国务院印发的相关文件就像是一声响亮的号角,明确提出要深化产教融合,让教育链、人才链与产业链、创新链紧密相连、有机衔接。这一宏观指引为产教融合的发展绘制了一幅宏伟的蓝图,让所有参与者都能清晰地看到产教融合未来的发展方向。

各地政府积极响应国家号召,纷纷制定一系列因地制宜的地方政策。这些政策涵盖了财政支持、税收优惠、土地规划等多个方面,如同一场及时雨,为产教融合项目提供了实实在在的扶持。以某省为例,当地政府设立了专门的产教融合专项资金,这就好比是为参与产教融合的企业注入了一针"强心剂"。对于那些深度参与产教融合的企业,给予资金补贴,极大地激发了企业与院校开展合作的积极性。

在产教融合项目审批流程上,政府更是开辟了绿色通道,简化了原本烦琐的手续,缩短了审批周期。这一举措就像为产教融合项目拆除了前进道路上的障碍物,大大降低了合作的制度性成本。政策的持续引导与支持,为产教融合营造了一片肥沃的"制度土壤",让产教双方能够在这片土地上茁壮成长,携手走向深度合作的新天地。

(二)经济利益驱动

从经济利益驱动的角度来看,产教融合的动力与多元主体是息息相关的。

对于企业来说,参与产教融合不仅仅是一种社会责任的体现,更是有着实实在在的经济利益考量。在当今激烈的市场竞争环境下,谁拥有了优质的人才,谁就拥有了发展的先机。通过与院校建立紧密的合作关系,企业能够提前锁定那些符合自身需求的高素质人才。与传统的社会招聘方式相比,从合作院校直接选拔人才具有诸多优势。首先,招聘成本大幅降低。企业在传统的招聘过程中,需要投入大量的人力、物力和财力用于发布招聘信息、组织面试等。而通过与院校合作开展订单班培养等方式,企业可以直接参与到人才培养方案的制订过程中,使学生在校期间就能接受企业化的技能培训。这样,学生毕业后就能够直接进入企业上岗,企业无须再花费大量的时间和精力进行新员工培训。其次,从合作院校选拔出来的人才与企业岗位的匹配度更高。这些毕业生在学习过程中已经对企业文化和工作流程有了一定的了解,入职后能够更快地适应工作环境,迅速为企业创造价值。以制造业企业为例,企业与相关职业院校合作开展订单班培养,可以根据自身的需求定制人才培养方案,让学生在学校里就掌握企业所需的专业技能和知识,到企业入职后成为企业的得力干将。再次,企业还能借助院校的科研力量提升自身的技术创新能力。院校作为知识创新的前沿阵地,拥有丰富的科研资源和优秀的科研人才。企业与院校合作,可以将院校的科研成果转化为实际生产力,开发出新产品、新工艺,从而提高市场竞争力,获取更多的经济效益。例如,一些企业与高校合作成立科研团队,共同研发新技术、新产品,企业在支付相应的技术转让费用或合作研发费用的同时,也获得了技术领先的优势,实现了互利共赢的良好局面。

对于高校而言,与企业合作同样能够带来经济收益。通过与企业的合作,高校能够获得企业提供的资金、设备等资源支持。这些资源可以用于改善教学条件,如购置先进的实验设备、建设现代化的教学设施等。同时,教学质量的提升也会吸引更多优质生源前来报考,进而提高高校的社会声誉和市场价值。在教育市场竞争日益激烈的今天,良好的社会声誉和市场价值是高校生存和发展的重要保障,能够让高校在竞争中占据更加有利的位置。

(三)社会需求拉动

随着社会经济的飞速发展,产业结构不断升级换代,对各个领域都产生了深远的影响。在这样的大背景下,社会对高素质、复合型人才的需求愈发旺盛,呈现出一种供不应求的局面。传统的教育模式由于其自身的局限性,培养出的人才与社会实际需求之间存在一定的脱节现象。这就导致了一种矛盾现象:一方面,企业招不到合适的人才;另一方面,大量毕业生面临就业困难。

这种矛盾现象成为产教融合的强大拉力。社会对人才的迫切需求如同一个强大的磁场,吸引着产教双方走向合作。以新兴的人工智能产业为例,这个领域的技术更新速度极快。企业急需那些既懂理论知识又具备实践操作能力的专业人才来推动产业的发展。一些高校敏锐地捕捉到了这一社会需求信号,积极与企业合作,及时了解行业最新的技术动态和人才需求标准。

根据这些信息,高校迅速调整专业设置和课程体系,通过与企业合作办学、开展实习实训等多种方式,培养出一批又一批符合产业需求的人工智能专业人才,满足了社会对这类人才的需求。这些经过产教融合培养出的人才能够迅速地融入到产业发展中,成为推动产业发展的中坚力量。他们运用自己所学的知识和技术,推动了产业的升级和创新,创造了更多的社会财富。

而产业的进一步发展又会反过来拉动对产教融合的需求,形成一种良性循环。就像滚雪球一样,越滚越大。随着产业对人才要求的不断提高,产教融合也会不断深化和完善,为社会培养出更多、更好的高素质人才,推动整个社会经济不断向前发展。

(四)高校发展需求

当今教育市场竞争日益激烈,高校面临着各种挑战和机遇。为了在这场激烈的竞争中脱颖而出,实现自身的可持续发展,高校对产教融合有着强烈需求。

一方面,产教融合有助于提升高校的人才培养质量。在传统教学中,学生往往侧重于理论知识的学习,而缺乏实践动手能力和解决实际问题的能力。通过与企业的深度合作,院校能够将企业的实际项目、工作流程引入教学中,让学生在实践中学习,在实践中成长。学生仿佛置身于真实的工作场景中,增强了实践动手能力和解决实际问题的能力。这样一来,培养出的人才就像经过千锤百炼的钢铁,更具市场竞争力,能够更好地适应社会和市场的需求。

另一方面,产教融合能够丰富高校的师资队伍。企业的技术骨干和行业专家走进校园担任兼职教师,为院校带来了行业一线的最新知识和实践经验。这些来自企业的专家不仅有着扎实的专业技能,还熟悉行业的发展趋势和企业的实际需求。他们的加入,优化了高校的师资结构,让院校的教学更加贴近实际、贴近市场。

此外,产教融合还提升了高校科研水平。院校与企业合作开展科研项目,共同攻克技术难题。在这个过程中,院校的科研团队与企业的实践团队优势互补。院校的科研人员具有扎实的理论基础和创新思维,企业则提供了实践经验和应用场景。双方携手共进,使科研成果不仅能够应用于企业生产,为企业带来经济效益,也能提升院校的科研水平。较高的科研水平又能为院校争取更多的科研资源和项目,促进院校在教学、科研等多方面实现全面发展。

(五)企业创新需求

在瞬息万变的市场格局下,创新已经成为企业生存与发展的核心动力,没有创新,企业就会失去前进的动力。企业参与产教融合,正是看到了高校丰富的智力资源和科研设施所蕴含的巨大创新潜力。

高校的科研团队就像一座知识的宝库,他们拥有扎实的理论基础和创新思维。企业与院校合作,能够充分利用这座宝库中的资源,激发自身的创新活力。企业的实践经验和市场敏锐度与院校的理论创新相结合,能够为企业带来新的创新思路和方法。例如,在生物医药企业与高校的合作中,高校的科研人员在基础研究方面取得突破性成果后,企业迅速将这些成果转化为实际应用,开发出创新的药物产品。

同时,企业通过参与院校的人才培养过程,能够提前对潜在员工进行创新理念和技能的培育。这就好比是为企业的未来创新发展播下了希望的种子。这些经过培养的潜在员工在进入企业后,能够迅速融入企业的创新文化中,为企业未来的创新发展提供源源不断的动力。这种基于创新需求的产教融合,不仅推动了企业的技术创新和产品升级,也为院校的科研成果转化提供了广阔的实践平台。

站在希望与考验交织的历史节点上,产教融合的这五个动力相互交融、相互促进。政策推动提供了宏观指导和制度保障;经济利益驱动让产教双方看到了合作的广阔前景;社会需求拉动使得产教融合成为必然选择;院校发展需求促使院校积极参与其中;企业创新需求则为产教融合注入了强大动力。在它们的共同作用下,产教融合必将不断发展完善,为实现教育强国、科技强国的目标奠定坚实的基础。

第三节　构建产教融合命运共同体的美好愿景

经过对产教融合动力机制的全面解析,可以清晰地看到,这种融合模式已然成为教育和产业协同发展的必然选择。那么,当产教融合走向成熟时,其终极形态将呈现何种图景?

未来,构建产教融合命运共同体必将成为教育界与产业界共同追逐的宏伟目标。在这个充满无限可能的共同体中,高校、企业、政府、行业协会等各方将紧密携手,如同精密运转的齿轮,形成一种利益共享、风险共担、责任共负的紧密合作机制。

高校将以企业的实际需求为导向,对专业设置与教学内容进行精准调整。就好比是根据不同的食材来精心烹饪不同的美食,高校会根据企业对人才的需求,打造出更贴合市场实际的专业课程。企业也不再是教育的旁观者,而是深度参与到人才培养的全过程中。从课程设计这个人才培养的起点开始,企业就与高校教师共同探讨,将行业最新的知识和技能融入课程体系。在实习指导环节,企业的专业技术人员会手把手地教导学生,让他们在实践中积累宝贵的经验。到了毕业设计阶段,企业会提供真实的项目案例,让学生在解决实际问题的过程中,锻炼自己的综合能力。通过这种深度合作,高校和企业共同为学生的成长和发展添砖加瓦。

政府就像是一位睿智的领航员,发挥着政策引导与宏观调控的作用。政府会制定一系列鼓励企业参与教育的优惠政策,这些政策如同驱动产教融合的"助推引擎",以制度红利吸引企业深度投身产教融合实践。同时,政府搭建产教融合信息平台,该平台作为资源协同枢纽,将高校人才培养方案、企业岗位需求图谱、行业技术迭代动态等关键信息进行集成整合,通过数据互通与需求匹配,推动教育链、人才链与产业链的精准对接。依托政府在政策供给与资源整合层面的统筹作用,产教融合得以在制度框架内实现要素流动的有序化与协同效能的最大化。

行业协则会是一根无形的线,将分散的行业资源串联起来。行业协会会整合行业内的各种资源,包括技术、人才、资金等,为产教融合提供坚实的资源保障。同时,行业协会会根据行业的发展趋势和实际需求,制定科学合理的行业人才标准。这个标准就像是一把精准的尺子,为高校的人才培养和企业的人才招聘提供了明确的参考依据。此外,行业协会还会对产教融合的过程和质量进行监督,确保产教融合能够达到预期的效果。在各方的共同努力下,一个全方位、多层次的产教融合命运共同体逐步形成。

在这个命运共同体下,学生无疑将成为最大的受益者。他们就像是沐浴在阳光雨露中的幼苗,能够获得更优质的教育资源。高校与企业的深度合作,为学生提供了丰富的实践机会和前沿的知识技能,让他们在学习过程中就能接触到行业的实际情况。同时,也将拥有更广阔的职业发展空间。

企业也将在这个共同体中获得巨大的收益。他们能够拥有源源不断的高素质人才支持,这些人才就像是企业发展的"燃料",为企业的创新和发展注入强大的动力。有了高素质人才的保障,企业能够更好地应对市场的竞争和挑战,实现可持续发展。

高校通过与产业的深度融合,也将实现自身的转型升级。高校的教育质量将得到显著提升,因为与企业的合作让高校能够及时了解行业的最新需求和发展动态,从而调整教学内容和方法。同时,高校的社会影响力也将不断扩大,培养出的符合市场需求的高素质人才将为高校赢得良好的口碑和声誉。

产教融合命运共同体的构建,将实现教育与产业的良性互动、协同发展。教育为产业提供了高素质的人才和创新的技术支持,产业则为教育提供了实践的平台和发展的动力。这种良性互动就像是一个循环不息的生态系统,为经济社会的高质量发展奠定坚实的基础。在产教融合命运共同体的推动下,开创一个教育兴、产业强、社会进步的美好未来是必然的趋势。

参考文献

曹韵,2025. 基于产学融合的校企合作人才培养模式思考分析[J]. 产业创新研究(8):184-186.

陈星,2017. 应用型高校产教融合动力研究[D]. 重庆:西南大学,2017.

陈裕先,谢禾生,宋乃庆,2015. 走产教融合之路培养应用型人才[J]. 中国高等教育(Z2):41-43.

丁利强,2023. 深化校企合作落实协同育人培养时代新人[N]. 新华日报,2023-12-08.

范国睿,2000. 教育生态学[M]. 北京:人民教育出版社.

方益权,2024. 复杂适应视阈下高职院校产教融合多维发展关系的重塑[J]. 高等工程教育研究(4):14-20.

黄磊,2024. 德国双元制职业教育的发展与挑战[J]. 检察风云(22):58-59.

姜建明,2025. 应用型高校国际化产教融合共同体:实践、挑战与发展方向[J]. 世界教育信息,38(2):9-16.

靳晓莹,2024. 产教融合背景下高职产业学院发展研究[D]. 昆明:云南师范大学.

刘奉越,2024. 职业教育产教融合组织形态的实践样态及演进逻辑[J]. 高等工程教育研究(1):1-10.

刘文霞,2022. 高职院校与"一带一路"企业的合作模式研究[D]. 上海:华东师范大学.

莫玉婉,2025. 深化国际产教融合推进职业教育"走出去"[J]. 北京教育(高教)(2):17-20.

娜茜泰,翁智,齐志远,2021. 新工科建设背景下地方高校产学研协同育人面临的机遇与挑战[J]. 赤峰学院学报(自然科学版),37(8):92-95.

任幼巧,2022. 新工科背景下产教融合协同育人机制研究[D]. 上海:华东师范大学.

宋佳珍,2023. 新工科建设背景下地方高校产学研协同育人的机遇与挑战[J]. 华章(1):48-50.

王淑慧,2024. 校企合作、产教融合的企业意愿及推进策略研究[D]. 秦皇岛:河北科技师范学院.

张敏,吴美安,2003. 供应链协同的五个悖论[J]. 现代管理科学(1):10-11.

张志军,范豫鲁,张琳琳,2021. 国家产教融合的历史演进、现代意蕴及建设策略[J]. 职业技术教育,42(1):38-44.

周敏,黄琼,韦苏茜,等,2021. 产教融合协同育人的课程教学研究与实践[J]. 西南师范大学学报(自然科学版),46(11):77-83.

周颖,2024. 教育数字化转型背景下地方高校教师专业发展的路径探究[D]. 聊城:聊城大学.

Etzkowitz H,Loet L,1995. The Triple Helix-University-Industry-Government Relations:A Laboratory for Knowledge-Based Economic Development[J]. Science and Public Policy,22(2):143-152.